水肥精准施用新技术

王风云　著

中国农业出版社
北　京

图书在版编目（CIP）数据

水肥精准施用新技术 / 王风云著．—北京：中国农业出版社，2019.10
ISBN 978-7-109-25900-3

Ⅰ．①水…　Ⅱ．①王…　Ⅲ．①肥水管理　Ⅳ．①S365

中国版本图书馆 CIP 数据核字（2019）第 195034 号

水肥精准施用新技术
SHUIFEI JINGZHUN SHIYONG XIN JISHU

中国农业出版社出版
地址：北京市朝阳区麦子店街 18 号楼
邮编：100125
责任编辑：冀　刚
版式设计：杨　婧　　责任校对：巴洪菊
印刷：北京中兴印刷有限公司
版次：2019 年 10 月第 1 版
印次：2019 年 10 月北京第 1 次印刷
发行：新华书店北京发行所
开本：700mm×1000mm　1/16
印张：12.75
字数：310 千字
定价：72.00 元

前言

我国自古以来就是一个农业大国，农业的进步不仅对推动本国国民经济的发展具有深远意义，同时对世界经济的发展具有重要影响作用。2012—2019 年，连续 8 年的中央 1 号文件都将农业现代化作为未来农业发展的重中之重，现代农业技术、现代农业装备将成为提高农业生产力和保障农业可持续发展的重要手段，我国现代农业的发展进入了一个新纪元。

我国是一个干旱缺水严重的国家。《2017 年中国水资源公报》中，全国水资源总量为 28 761.2 亿 m^3，占全球水资源的 6%，仅次于巴西、俄罗斯和加拿大，名列世界第四位。但是，我国的人均水资源量只有 2 200m^3，仅为世界平均水平的 1/4，是全球人均水资源最贫乏的国家之一。然而，中国又是世界上用水量最多的国家。仅 2017 年，全国用水总量达到 6 043.4 亿 m^3，全国耕地实际灌溉亩均用水量 377m^3，农田灌溉水有效利用系数 0.548。且随着工业化和城镇化的不断发展，工业需水量和城市生活需水量也在不断增加，农业可用水量将会逐年减少。

据国家统计局统计，2017 年我国化肥用量为 5 859.41 万 t（折纯），占全球总化肥用量的 1/3 以上。化肥减量增效是农业绿色发展的必然要求。20 世纪 90 年代，我国化肥开始大量施用。2015 年农业化肥总用量为 5 416 万 t，成为全球化肥用量最高的国家，是全球平均用量的 3.4 倍、美国的 3.4 倍、非洲的 27 倍。虽然化肥本身并无害，但施用量超过作物需要就会造成资源环境问题。当前，我国农业的主要矛盾由总量不足转变为结构性矛盾，农业发展面临生产成本“地板”抬升、资源环境“硬约束”加剧等新挑战。近年来，国家相继实施了测土配方施肥和到2020年化肥使用量零增长行动，力求在不同区域，根据不同作物需肥规律、土壤供肥特性及其肥料效应，优化氮、磷、钾及中微量元素及其有机肥施用，实现减肥增效、提质环保的目标。

中共十九大将乡村振兴提高到战略高度，明确提出“产业兴旺、生态宜居、乡风文明、治理有效、生活富裕”的20字总要求，为新时代农业农村经济发展明确了重点、指明了方向。化肥使用量零增长是实现农业转型和绿色发展的必由之路。要在确保国家粮食安全的基础上，坚持质量第一、效益优先、绿色导向，紧紧围绕市场需求变化，以提质增效、节本增效、保障有效供给、增加农民收入为主要目标，进一步推动调优结构减量、精准施肥减量、有机肥替代减量、耕地质量提升减量，提高化肥利用效率，促进农业由过度依赖资源消耗向追求绿色生态可持续转变，走出一条产出高效、产品安全、资源节约、环境友好的现代农业发展之路。

农业转型和绿色发展需要依靠科学的调控技术和现代化的智能装备。随着社会经济发展的需要和政府部门的大力推动，我国的农业现代化进程在不断加快，农业水肥精准施用技术的发展正在经历由量变到质变的重要阶段，多学科交叉、多技术融合的研究已成为必然趋势。

本书共分5章。第一章为绪论，主要对我国农业灌溉水、农用化肥以及水肥一体化概况进行了详细介绍。第二章为水肥精准施用智能感知技术，包括生长环境感知、作物生长感知以及水肥精准施用感知。第三章为水肥精准施用无线通信技术，包括无线通信原理、无线通信传输方式及技术原理、各种主流无线通信技术之间的比较。第四章为水肥精准施用控制算法，包括数字PID控制、模糊逻辑控制和神经网络控制，并给出水肥精准控制算法实例。第五章为水肥精准施用系统，包括水肥精准施用装备及智慧灌溉系统。

本书的出版是多方支持和帮助的结果，凝聚了众多同志的智慧和见解。感谢山东省农业科学院科技信息研究所阮怀军、郑纪业等相关课题研究人员在工作过程中的付出和努力，感谢赵一民先生的大力帮助。

由于本书内容涉及面广，加之现代信息技术以及控制理论创新和实践应用发展迅速，限于著者的知识水平，不妥和错误之处在所难免，诚恳希望同行和专家批评指正，以便今后完善和提高。

著　者

2019年7月

前言

第一章 绪论 …… 1

第一节 我国农业灌溉水概况 …… 1
第二节 我国农用化肥概况 …… 4
第三节 水肥一体化概况 …… 8

第二章 水肥精准施用智能感知技术 …… 13

第一节 生长环境感知 …… 13
第二节 作物生长感知 …… 44
第三节 水肥精准施用感知 …… 52

第三章 水肥精准施用无线通信技术 …… 56

第一节 无线通信原理 …… 56
第二节 无线通信传输方式及技术原理 …… 58
第三节 各种主流无线通信技术之间的比较 …… 97

第四章 水肥精准施用控制算法 …… 100

第一节 数字 PID 控制 …… 100
第二节 模糊逻辑控制 …… 106
第三节 神经网络控制 …… 115
第四节 水肥精准控制算法实例 …… 120

第五章 水肥精准施用系统 …… 130

第一节 水肥精准施用装备 …… 130
第二节 智慧灌溉系统 …… 165

参考文献 …… 193

第一章

绪　　论

第一节　我国农业灌溉水概况

水资源紧缺是我国不可逃避的现状。我国水资源占据世界水资源总量的6%，加上我国农业发展需要大量的水资源以及水资源分布状况较差，严重影响和制约了我国的农业发展。据相关资料统计，我国水资源的总量丰富，但人均占有量不足，约为世界人均水资源量的1/4。我国水资源在地区分布上存在不均衡的情况，表现为东多西少、南多北少的特点。水资源和土地资源的分布不均，对水资源的利用不合理，加剧了我国水资源紧缺的现状。

在我国有70%的淡水资源用于农业生产，而且农业生产中主要的用水方式就是农业灌溉。因此，农业灌溉技术是农业生产建设中的重要环节，农业灌溉技术的水平会直接影响到水资源的使用量。近年来，相关政府加强了对节水灌溉技术的投资，一定程度上缓解了我国当前水资源紧缺的压力。但是，我国节水灌溉技术的推广较差，大部分地区依旧采用落后的传统灌溉方法，节水灌溉技术尚未得到全部普及，农业灌溉中水资源浪费的情况十分普遍。

一、灌溉水量

灌溉用水量即灌区从水源引入的用于灌溉的水量，又称毛灌溉用水量。灌溉用水量包括作物正常生长所需灌溉的水量、渠系输水损失水量和田间灌水损失水量。作物正常生长所需灌溉的水量称为净灌溉用水量，又称有效灌溉水量。在特定条件下，净灌溉用水量还包括为改善作物生态环境（如防霜冻、湿润空气、洗盐、调节土温、喷洒农药等）所需用的水量。灌溉用水量是灌溉工程及灌区规划、设计和管理中不可缺少的数据。

灌溉用水量的大小及其在多年和年内的变化情况，与灌区内的气象、土壤、作物种植情况、渠系工程质量、灌水技术、管理水平等因素有关，可采用下列方法推求：

1. 直接推算法　对于任何一种作物，在典型年的灌溉制度、灌溉面积确定后，便可推算出各次灌水的净灌溉用水量、毛灌溉用水量以及全灌区整个灌溉季节的灌溉用水量等。

某种作物某次灌水的净灌溉用水量为此作物该次灌水定额与其灌水面积的乘积。某种作物某次灌水的毛灌溉用水量为此作物该次净灌溉用水量除以灌溉水利用系数。全灌区一个时段的净灌溉用水量为同期灌水的各种作物的净灌溉用水量之和。

2. 间接推算法 全灌区整个灌溉季节的灌溉用水量也可通过综合净灌溉定额间接推求。全灌区某个时段的毛灌溉用水量为该时段全灌区的净灌溉用水量除以灌溉水利用系数。

综合净灌水定额为任何时段内各种作物灌水定额的面积加权平均值，用公式（1-1）计算：

$$m_a = a_1m_1 + a_2m_2 + \cdots + a_Nm_N \tag{1-1}$$

式中，m_a 为某时段综合净灌水定额（m^3/hm^2）；a_1、a_2、a_3、…、a_N 为第一种、第二种、第三种……第 N 种作物的种植比例；m_1、m_2、…、m_N 为第一种、第二种……第 N 种作物在某时段内的净灌水定额（m^3/hm^2）。

对于大型灌区，若灌区内不同部位的气候、土壤、作物组成等存在明显差异，可先将灌区分成若干个子区，分区计算灌溉用水量，然后总计成全灌区的灌溉用水量。

在用长系列法进行大中型灌溉工程的规划、设计及编制管理运行计划时，往往要用到多年的灌溉用水量系列。这时，可根据历年的灌溉制度，用上述两种方法之一逐年推求灌溉用水量。多年灌溉用水量系列还可用于推求年灌溉用水量频率曲线及按灌溉设计保证率选取灌溉设计典型年。图 1-1 是 2001—2017 年我国耕地实际灌溉亩均用水量（m^3）统计。

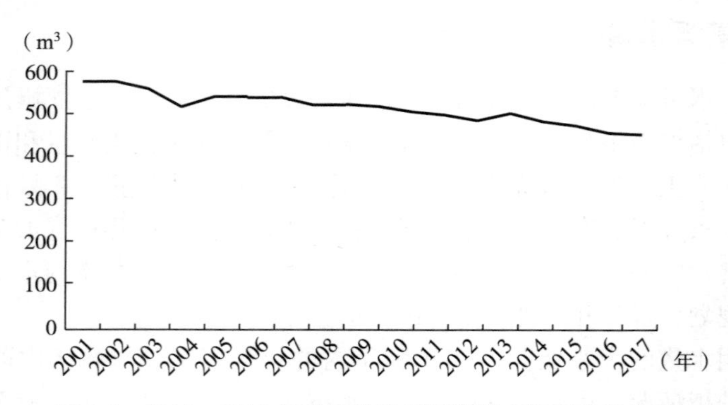

图 1-1 2001—2017 年我国耕地实际灌溉亩均用水量统计

从图 1-1 中可以看出，随着时间的推移，耕地实际灌溉亩均用水量比较稳定，并有减少的趋势。

二、灌溉水利用系数

灌溉水利用系数是指在一次灌水期间被农作物利用的净水量与水源渠首处总引进水量的比值。它是衡量灌区从水源引水到田间作用吸收利用水的过程中水利用程度的一个重要指标，也是集中反映灌溉工程质量、灌溉技术水平和灌溉用水管理的一项综合指标，是评价农业水资源利用、指导节水灌溉和大中型灌区续建配套及节水改造健康发展的重要参考。

灌区灌溉用水除一部分被农作物吸收利用外，其余部分在输水、配水和灌水过程中损失掉。主要有：渗水损失，包括各级输水渠道通过渠底、边坡土壤空隙渗漏的水量，以及田间深层渗漏的水量；漏水损失，包括由于地质条件、生物作用或施工不良而导致裂缝所漏出灌区的水量；蒸发损失。据河南省人民胜利渠的试验资料，三者分别占总输水损失的81%、17%、2%。

1. 首尾测定法　指不必测定灌溉水、配水和灌水过程中的损失，而直接测定灌区渠首引进的水量和最终储存到作物计划湿润层的水量（即净灌水定额），从而求得灌溉水利用系数。这样，可绕开测定渠系水利用系数这个难点，减少了许多测定工作量。

首尾测定法是建立在灌区进行灌溉试验的基础上，因此也可称灌溉试验法或净灌水定额法。该方法克服了传统测定方法工作量大等缺点，适用于各种布置形式的渠系，但只是单纯为了确定灌区的灌溉水利用系数，不能分别反映渠系输水损失和田间水利用的情况。如在任何一级渠道上防渗，降低渠道透水性，提高渠道水利用系数，都会收到同样的效果。

2. 典型渠段测量法　首先选择具有代表性的典型渠段及测流断面，测流段应基本具有稳定规则的断面；其次选择测量方法，测定时尽量采用流速仪表、量水建筑物测流，采用其他方法时，要用流速仪来率定。

3. 综合测定方法　就是将首尾测定法、典型渠段测量法及对灌溉水利用系数的修正等综合考虑的一种方法。它克服了传统测量方法中工作量大，需要大量人力、物力才能完成的缺点，又弥补了只测量典型渠段而引起较大误差的不足。

“十一五”规划纲要中指出，到2010年我国灌溉水有效利用系数为0.5左右；“十二五”规划纲要中指出，2015年我国农业灌溉用水有效利用系数达到0.53，累计增加0.03；2011年中央1号文件中指出，到2020年，农田灌溉水有效利用系数提高到0.55以上；《全国水资源综合规划》中指出，到2030年，农田灌溉水有效利用系数提高到0.6以上。

图1-2为水利部办公厅发布的中国水资源公报中2011—2017年农田灌溉水有效利用系数。

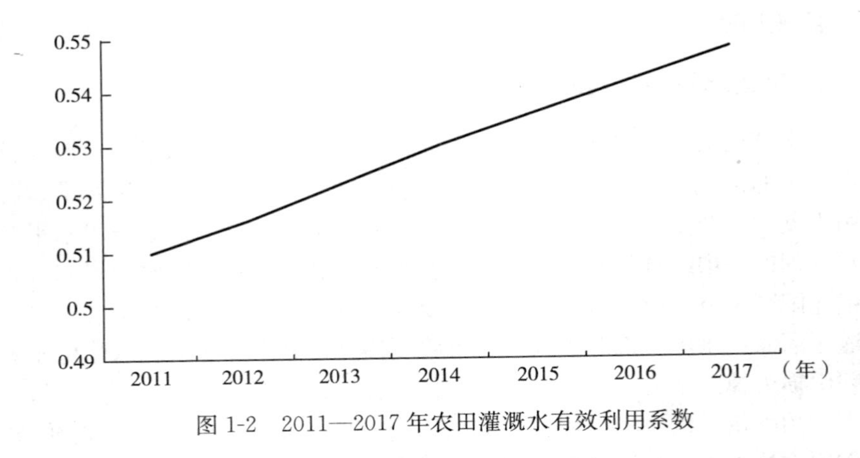

图 1-2　2011—2017 年农田灌溉水有效利用系数

从图 1-2 中可以看出，自 2011 年以来，我国农田灌溉水有效利用系数逐年稳步提高。说明农业水资源利用效率越来越高，节水灌溉和大中型灌区续建配套及节水改造发展趋向健康。

第二节　我国农用化肥概况

20 世纪 80 年代以来，我国农用化肥施用量呈现不断增长的趋势，化肥施用对我国粮食安全起到了不可替代的作用，化肥投入是粮食产量增长的重要因素。同时，化肥不合理施用引发了土壤污染、水污染、大气污染、农产品质量下降等诸多问题，农业资源环境约束愈加趋紧，农业面源污染日益严峻。从不同角度评价我国的化肥施用环境风险，有利于全方位认识化肥施用污染变化趋势和现状，从而有针对性地为促进化肥减施增效、实现化肥零增长提出有效政策建议。

化肥不仅在推动种植业产品增产上发挥巨大作用，而且在推动养殖业增产上也发挥了重要的辅助作用。据中国农业科学院统计，20 世纪 90 年代至今，我国水产、畜牧养殖业用肥比例上升了 40%。目前，海水和淡水养殖、秸秆氨化、草原牧草等方面也开始使用尿素等化肥。本研究主要是针对农户在种植业中使用化肥的情况，因此，为了区分种植业用肥和其他领域用肥，我们把用于种植业的化肥界定为"农用化肥"。就通常而言，农用化肥主要有氮肥、磷肥、钾肥、复合肥、复混肥和中微量元素等。

根据国家统计局网站数据，从图 1-3 可以看出，我国农用化肥施用折纯量自 1999 年到 2014 年期间呈上升趋势；随着测土配方施肥、水肥一体化等方法的使用，到了 2015 年开始出现下降趋势。

在《中国化肥施用环境风险评价研究》一文中，使用了瑞典科学家 Hakanson 提出的潜在生态危害指数法（the potential ecological risk index）进行

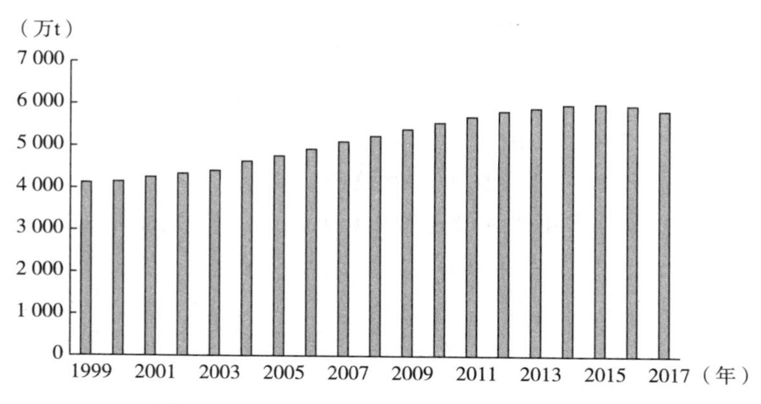

图 1-3 1999—2017 年农用化肥施用折纯量

化肥施用环境风险评价，具体方法如下：

$$R = \frac{F}{T} \tag{1-2}$$

$$F = \frac{M}{A} \tag{1-3}$$

式中，R 为化肥施用环境风险指数；T 为肥料环境安全阈值（kg/hm^2），指为获得某一当季作物产量而不危害环境的单位面积化肥的最大施用量，此处为国际上公认的化肥施用安全上限 $225kg/hm^2$；F 为化肥施用强度（kg/hm^2），指本年内农用化肥施用折纯量与耕地面积之比或主要农作物施肥强度；M 为当年农用化肥施用折纯量（kg）；A 为耕地面积（hm^2）。

由公式（1-2）、公式（1-3）可得，当 R 越大时，化肥施用强度越大，表明化肥施用的环境风险越严重；反之，则环境风险越小。特别地，当 $R=1$ 时，F 和 T 两者相等，是环境安全的临界点。依据 R 值的大小，由低到高，将化肥施用环境风险定义为安全到严重风险，具体分类如表 1-1 所示，共分为 6 个不同的类型。

表 1-1 化肥施用环境风险指数（R）分类

等级	环境风险指数范围	环境风险类型	分类依据
5	$R>4$	严重风险	施肥强度超过安全阈值 4 倍以上
4	$3<R\leqslant 4$	重度风险	施肥强度不超过安全阈值 4 倍
3	$2<R\leqslant 3$	中度风险	施肥强度不超过安全阈值 3 倍
2	$1<R\leqslant 2$	低度风险	施肥强度不超过安全阈值 2 倍
1	$0.5<R\leqslant 1$	比较安全	施肥强度不超过安全阈值
0	$R\leqslant 0.5$	安全	施肥强度低于安全阈值一半

一、1978—2016年我国化肥施用环境风险变化趋势

近40年间，我国化肥施用总量和化肥施用环境风险指数总体呈上升的趋势。由图1-4可以看出，我国农用化肥折纯施用量从1978年的884万t一路升至2015年的6 022.6万t，2016年首次实现负增长，总量为5 984.1万t，化肥施用强度同样于2015年达到最高为446.12kg/hm²，化肥施用环境风险指数从0.4波动上升到1.97。具体地，1978—1979年，$R<0.5$，环境风险类型为安全；1980—1991年，$0.5<R\leqslant1$，环境风险指数直线上升，风险类型转为比较安全；1992—2016年，$1<R\leqslant2$，均处于低度风险状态。由于耕地面积统计口径的不一致，环境风险指数在1999年处出现极度下滑。2000年以后，随着测土配方施肥等政策的实施，环境风险指数上升速度有所放缓。

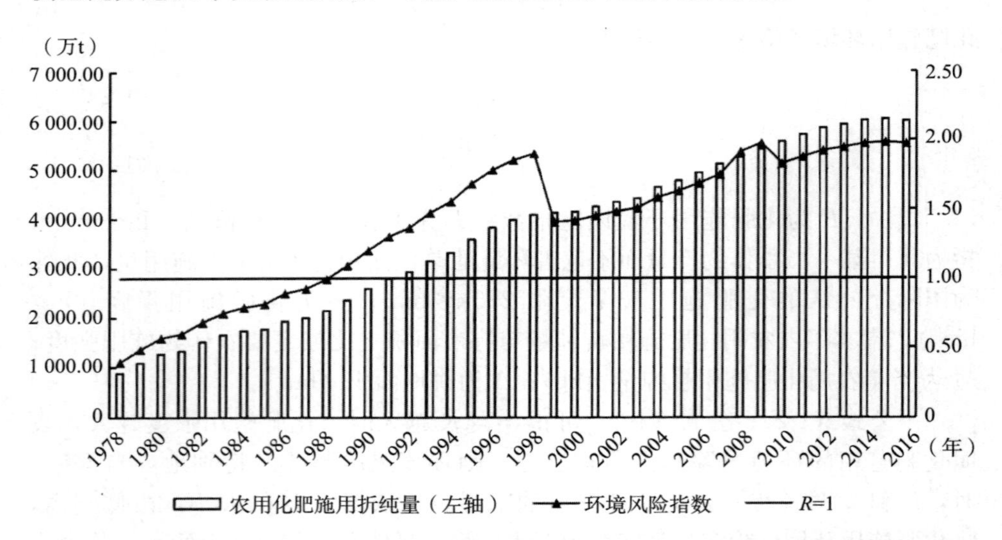

图1-4　1978—2016年我国农用化肥施用折纯量及化肥施用环境风险变化趋势

二、2016年各省份化肥施用环境风险

总体而言，2016年我国化肥施用处于环境低度风险状态。如图1-5所示，仅有西藏、青海、黑龙江、甘肃4省份的环境风险指数不大于1，处于比较安全状态；处于低度风险和中度风险状态的省份各有11个；河南、海南、江苏3省份处于重度风险状态；广东、福建处于严重风险状态。化肥施用带来的面源污染不容忽视。

从环境风险地理分布情况来看，我国中东部地区的化肥施用环境风险明显高于西部。环境风险指数较高的区域形成两大主要片区：一个是河南、江苏中

部片区；另一个是福建、广东、海南3省片区，这些省份均为蔬菜、水果种植大省。同为西部地区，盛产瓜果和棉花的新疆的环境风险指数为2.13，明显高于与其相邻的甘肃、青海、西藏。

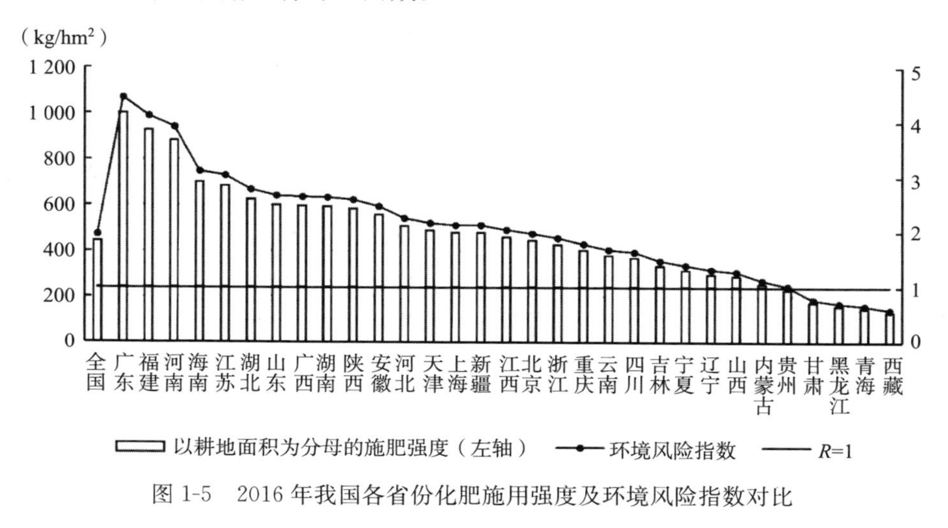

图1-5 2016年我国各省份化肥施用强度及环境风险指数对比

三、2016年主要农作物化肥施用环境风险

由表1-2可看出，从化肥施用环境安全角度看，蔬菜、水果化肥施用环境风险程度明显高于粮、油、糖类等大宗农产品，特别是设施蔬菜化肥施用量均处于重度风险及以上状态。具体而言，同其他农作物相比，大宗油料作物大豆处于化肥施用比较安全程度；小麦、玉米、稻谷、花生、油菜籽等作物处于化肥施用低度环境风险状态；桑蚕茧、甜菜、棉花、烤烟等农作物处于化肥施用中度风险状态；苹果、晾晒烟、橘、长绒棉处于重度风险状态；柑的施肥强度为1 059.60kg/hm²，甘蔗的施肥强度为959.10 kg/hm²，均达到严重风险状态。蔬菜方面，除露地菜花处于化肥使用重度风险外，其他露地蔬菜均处于化肥使用中度或低度风险状态。由此可得，蔬菜、水果化肥施用强度大，带来的环境风险程度较高。

表1-2 2016年主要农作物化肥施用环境风险指数及环境风险程度

主要农作物	施肥强度（kg/hm²）	环境风险指数	环境风险类型	主要农作物	施肥强度（kg/hm²）	环境风险指数	环境风险类型
番茄	629.40	2.80	中度风险	柑	1 059.60	4.71	严重风险
露地番茄	553.05	2.46	中度风险	甘蔗	959.10	4.26	严重风险
设施番茄	705.30	3.13	重度风险	苹果	864.00	3.84	重度风险

（续）

主要农作物	施肥强度（kg/hm^2）	环境风险指数	环境风险类型	主要农作物	施肥强度（kg/hm^2）	环境风险指数	环境风险类型
黄瓜	744.60	3.31	重度风险	晾晒烟	751.05	3.34	重度风险
露地黄瓜	564.90	2.51	中度风险	橘	690.90	3.07	重度风险
设施黄瓜	923.25	4.10	严重风险	长绒棉	677.70	3.01	重度风险
茄子	639.15	2.84	中度风险	桑蚕茧	631.20	2.81	中度风险
露地茄子	564.15	2.51	中度风险	蔬菜平均	578.70	2.57	中度风险
设施茄子	713.10	3.17	重度风险	甜菜	543.75	2.42	中度风险
菜椒	657.30	2.92	中度风险	棉花	530.40	2.36	中度风险
露地菜椒	576.45	2.56	中度风险	烤烟	516.45	2.30	中度风险
设施菜椒	737.10	3.28	重度风险	小麦	410.25	1.82	低度风险
露地圆白菜	510.00	2.27	中度风险	玉米	372.30	1.65	低度风险
露地大白菜	481.80	2.14	中度风险	稻谷	339.45	1.51	低度风险
露地马铃薯	388.05	1.72	低度风险	花生	304.50	1.35	低度风险
露地菜花	807.60	3.59	重度风险	油菜籽	238.80	1.06	低度风险
露地萝卜	489.90	2.18	中度风险	大豆	128.10	0.57	比较安全
露地豆角	422.70	1.88	低度风险				

从以上分析可以看出：

（1）我国农用化肥零增长工作初见成效。1978—2016 年，我国化肥施用总量、化肥施用强度及化肥施用环境风险指数总体呈上升的趋势，并于 2015 年达到最高点，2016 年首次出现化肥施用量负增长。

（2）2016 年，我国化肥施用总体处于环境低度风险状态，中东部地区的化肥施用环境风险明显高于西部。其中，西藏、青海、黑龙江、甘肃 4 省份的环境风险处于比较安全状态，大部分省份处于低度风险和中度风险状态，河南、海南、江苏 3 省处于重度风险状态，广东、福建处于严重风险状态。

（3）从作物品种来看，蔬菜、水果化肥施用环境风险程度明显高于粮、油、糖类等大宗农产品，特别是设施蔬菜化肥施用量均处于重度风险及以上状态。

第三节　水肥一体化概况

水肥一体化技术在我国又称为微灌施肥技术，是借助压力系统（或地形自然落差），将微灌和施肥结合，利用微灌系统中的水为载体，在灌溉的同时进行施肥，实现水和肥一体化利用及管理，并根据不同作物的需肥特点、土壤环境和养分含量状况，以及作物不同生育期需水、需肥规律进行需求设计，使水和肥料在土壤中以优化的组合状态供应给作物吸收利用。

一、国外水肥一体化概况

世界上第一个关于细流灌溉技术的试验可以追溯到 19 世纪，但是真正的开始应该起源于 20 世纪 50 年代和 60 年代初期。在 70 年代，由于便宜的塑料管道大量生产，极大地促进了细流灌溉的发展，推动了细流灌或微灌系统包括滴灌、微喷雾灌以及微喷灌等技术的进步。在过去的 40 多年里，水肥一体化技术在全世界迅猛发展。

在以色列，化肥一体化进程尤为经典。20 世纪中期，随着工业塑料产业的发展，开始开发利用水肥滴灌集成技术。在今天的以色列，该技术被广泛应用于各个方面：果园、大棚、农场、园林等，灌溉区域面积占一半以上的比例，居世界第一位。水肥一体化技术被广泛应用在那些缺水干旱和经济发达的国家。

目前，美国是世界上最大的微灌面积国家，60%的马铃薯、25%的玉米、33%的水果使用水肥一体化技术。开发应用了新型的水溶肥料、农药注入控制装置，用于水肥一体化的专用肥料占肥料总量的 38%。加利福尼亚州目前已建立了完善的水肥一体化服务体系和设施，果树生产均采用了滴灌、渗灌等水肥一体化技术，成为世界高价值农产品现代农业生产体系的典型。

在德国，20 世纪 50 年代以后，随着塑料行业的兴起，高效灌溉技术得到了迅速发展。灌溉和施肥的组合很快就发展成一种高精度控制土壤养分与水分的农业新技术。

荷兰从 20 世纪 50 年代初以来，温室数量大幅增加，通过灌溉系统施用的液体肥料数量也大幅增加，水泵和用于实现养分精准供应的肥料混合罐也得到研制与开发。

在澳大利亚，水肥一体化技术也发展迅速。2006—2007 年设立总额 100 亿澳元的国家水安全计划，用于发展灌溉设施和水肥一体化技术，并建立了系统的墒情监测体系，用于指导灌溉施肥。

水肥一体化发展较快的还有西班牙、意大利、法国、印度、日本、南非等国家。进入 21 世纪，水肥一体化技术发展更加迅速，应用面积进一步扩大，同时与水肥一体化相配套的水溶肥研制和生产取得了长足的进步，一些发达国家已经形成了完善的设备生产、肥料配置、推广服务体系。

二、国内水肥一体化概况

1974 年，我国从墨西哥引进滴灌设备，试点总面积 5.3hm^2，自此开始了滴灌技术的研究工作。1980 年，我国自主研制生产了第一代滴灌设备。自 1981 年后，在引进国外先进生产工艺的基础上，规模化生产在我国逐步形成，在应用上由试验、示范到大面积推广。

20 世纪 90 年代中期，我国开始大量开展技术培训和研讨，水肥一体化理论及应用受到重视。2000 年，水肥一体化技术指导和培训得到进一步发展。目前，水肥一体化技术已经由过去的试验示范到现在的大规模应用。

山东省农业部门从 1997 年开始试验示范水肥一体化技术，为适应不同水源条件、不同管理条件、不同作物的水肥一体化技术发展需要，探索出了 8 种技术应用模式，制定了设施蔬菜和果树 6 种作物水肥一体化技术规程。同时，进行了水肥一体化应用推广培训，大大促进了水肥一体化技术的应用。

当前，水肥一体化技术已经由过去的局部试验、示范，发展为现在的大面积推广应用，辐射范围从华北地区扩大到西北旱区、东北寒温带和华南亚热带地区，覆盖设施栽培、无土栽培、果树栽培，以及蔬菜、花卉、苗木、大田经济作物等多种栽培模式和作物，特别是西北地区膜下滴灌施肥技术处于世界领先水平。

三、水肥一体化技术的优点

1. 节水 传统的灌溉一般采取畦灌和大水漫灌，水量常在运输途中或非根系区内浪费，而水肥一体化技术使水肥相融合，通过可控管道滴状浸润作物根系，减少水分的下渗和蒸发，提高水分利用率，通常可节水 30%～40%。

2. 提高肥料利用率 水肥一体化技术采取定时、定量、定向的施肥方式，在减少肥料挥发、流失及土壤对养分的固定外，实现了集中施肥和平衡施肥。在同等条件下，一般可节约肥料 30%～50%。

3. 减少农药用量 设施蔬菜棚内因采用水肥一体化技术可使其湿度降低 8.5%～15.0%，从而在一定程度上抑制病虫害的发生。此外，棚内由于减少通风降湿的次数而使温度提高 2～4℃，使作物生长更为健壮，增强其抵抗病虫害的能力，从而减少农药用量。

4. 提高作物产量与品质 实行水肥一体化的作物因得到其生理需要的水肥，其果实果型饱满、个头大，通常可增产 10%～20%。此外，由于病虫害的减少，腐烂果及畸形果的数量减少，果实品质得到明显改善。以设施栽培黄瓜为例，实施水肥一体化技术施肥后的黄瓜比常规畦灌施肥减少畸形瓜 21%，黄瓜增产 4 200kg/hm^2，产值增加 20 340 元/hm^2。

5. 节省灌水、施肥时间及用工量 水肥一体化技术是依靠压力差自动进行灌水施肥，节省人工开沟灌水及人工撒施肥料的时间。同时，干燥的田间地头也控制了杂草的产生，从而节约清除杂草的用工量。此外，由于病虫害减少，喷药及通风过程的人工投入减少。

6. 改善土壤微环境 采用水肥一体化技术可明显降低大棚内空气湿度和棚内温度，滴灌施肥与常规畦灌施肥技术相比地温可提高2.7℃。有利于增强土壤微生物活性，促进作物对养分的吸收；有利于改善土壤物理性质，滴灌施肥克服了因灌溉造成的土壤板结，土壤容重降低，孔隙度增加，有效地调控土壤根系的水渍化、盐渍化、土传病害等障碍。水肥一体化技术可严格控制灌溉用水量、化肥施用量、施肥时间，不破坏土壤结构，防止化肥和农药淋洗到深层土壤，造成土壤和地下水的污染。同时，可将硝酸盐产生的农业面源污染降到最低程度，耕地综合生产能力大大提高。

7. 便于精确施肥和标准化栽培 水肥一体化技术可根据作物营养规律有针对性地施肥，做到缺什么补什么，实现精确施肥；可以根据灌溉的流量和时间，准确计算单位面积所用的肥料数量。微量元素通常应用螯合态，价格昂贵，而通过水肥一体化可以做到精确供应，提高肥料利用率，降低微量元素肥料施用成本。水肥一体化技术的采用有利于实现标准化栽培，是现代农业中的一项重要技术措施。在一些地区的《作物标准化栽培手册》中，已将水肥一体化技术作为标准措施推广应用。

8. 适应恶劣环境和多种作物 采用水肥一体化技术可以使作物在恶劣的土壤环境下正常生长，如沙丘或沙地，因持水能力差，水分基本没有横向扩散，传统的灌水容易深层渗漏，作物难以生长；采用水肥一体化技术，可以保证作物在这些条件下正常生长。如以色列南部沙漠地带已广泛应用水肥一体化技术生产甜椒、番茄、花卉等，成为欧洲著名的“菜篮子”和鲜花供应基地。此外，利用水肥一体化技术可以在土层薄、贫瘠、含有惰性介质的土壤上种植作物并获得最大的增产潜力，能够有效地开发利用丘陵地、山地、沙石、轻度盐碱地等边缘土地。目前，水肥一体化技术在我国主要应用的果树有苹果、梨、桃、葡萄等。

四、水肥一体化技术的缺点

水肥一体化是一项新兴技术，而且我国土地类型多样化，各地农业生产发展水平、土壤结构及养分间有很大差别，用于灌溉施肥的化肥种类参差不一。因此，水肥一体化技术在实施过程中，还存在如下诸多缺点：

1. 引起堵塞，技术要求高 灌水器的堵塞是当前水肥一体化技术应用中最主要的问题，也是目前必须解决的关键问题。引起堵塞的原因有化学因素、物理因素，有时生物因素也会引起堵塞。如在南方一些井水灌溉的地方，水中的铁质诱发的铁细菌也会堵塞滴头；藻类植物、浮游动物也是堵塞物的来源，严重时会使整个系统无法正常工作，甚至报废。因此，灌溉时水质要求较严，一般均应经过过滤，必要时还需经过沉淀和化学处理。用于灌溉系统的肥料应详细了解其溶解度等物理化学性质，对不同类型的肥料应有选择地施用。在系统安装、检修过程中，若采取的方法不当，管道屑、锯末或其他杂质可能会从不同途径进入管网系统引起堵塞。对于这种堵塞，首先要加强管理，在安装、检修后应及时用清水冲洗管网系统，同时要加强过滤设备的维护。

2. 引起盐分积累，污染灌溉水源 当在盐量高的土壤上进行滴灌或是利用咸水灌溉时，盐分会积累在湿润区的边缘，如遇到小雨，这些盐分可能会被冲到作物根际区域而引起盐害。这时应继续进行灌溉，但在雨量充沛的地区雨水可以淋洗盐分。在没有充分冲洗条件的地方或是秋季无充足降雨的地方，则不要在高含盐量的土壤上进行灌溉或利用咸水灌。施肥设备与供水管道连通后，若发生特殊情况，如事故、停电，系统内会出现回流现象，这时肥液可能被带到水源处。另外，当饮用水与灌溉水用同一主管网时，如无适当措施，肥液可能进入饮用水管道，造成水源污染。

3. 限制根系发展，降低作物抵御风灾能力 由于灌溉施肥技术只湿润部分土壤，加之作物的根系有向水性，对于多年生果树来说，滴头位置附近根系密度增加，而非湿润区根系因得不到充足的水分供应其生长会受到一定程度的影响。少灌、勤灌的灌水方式会导致果树根系分布变浅，在风力较大的地区可能产生拔根危害。

4. 工程造价高，维护成本高 与地面灌溉相比，滴灌一次性投资和运行费用相对较高，其投资与作物种植密度和自动化程度有关。作物种植密度越大投资就越大，反之越小。根据测算，果树采用水肥一体化技术每 667m^2 投资在1 000～1 500 元，而设施果树水肥一体化的投资比大田更高。使用自动控制设备会明显增加资金的投入，但是可降低运行管理费用，减少劳动力的成本，选用时可根据实际情况而定。

水肥一体化技术是在保持作物得到充足营养肥料的同时节约水肥的重要创新。当今世界上淡水资源严重短缺，我国作为人均淡水量只有世界平均水平1/4 的国家，走高效利用水资源的农业发展道路迫在眉睫。我国也是世界上化肥消费大国，单位面积施肥量在世界排名居于首位。我国化肥生产需要消耗大量的能源，节约肥料也是节约能源的间接有效实施措施。

水肥一体化技术在较大范围内得到有效推广和应用，具有不可替代的重要意义。其意义不仅在于节约用水本身，随着水肥一体化技术在更大区域的推广和跟进，也是我国从传统农业走向现代农业的一项革新。

第二章

水肥精准施用智能感知技术

传感器是一种检测装置，能够感知被测物的信息和状态，可以将自然界中的各种物理量、化学量、生物量转化为可测量的电信号的装置与元件。智能传感器是具有信息处理功能的传感器，集感知、信息处理与通信于一体；能提供以数字量方式传播具有一定知识级别的信息；具有自诊断、自校正、自补偿等功能。目前，传感技术向智能化、网络化、微型化、集成化发展。智能传感器作为网络化、智能化、系统化的自主感知器件，是实现农业物联网的基础。水肥精准施用的智能感知包括作物生长环境感知、作物生长感知以及水肥精准施用感知。

第一节　生长环境感知

一、空气温度感知

温度传感器是指能感受温度并转换成可用输出信号的传感器。按测量方式可分为接触式和非接触式两大类，按照传感器材料及电子元件特性分为热电阻和热电偶两类。

（一）接触式

接触式温度传感器的检测部分与被测对象有良好的接触，又称温度计。通过传导或对流达到热平衡，从而使温度计的示值能直接表示被测对象的温度。

一般测量精度较高。在一定的测温范围内，温度计也可测量物体内部的温度分布。但对于运动体、小目标或热容量很小的对象则会产生较大的测量误差，常用的温度计有双金属温度计、玻璃液体温度计、压力式温度计、电阻温度计、热敏电阻和温差电偶等。它们广泛应用于工业、农业、商业等部门。在日常生活中，人们也常常使用这些温度计。

随着低温技术在国防工程、空间技术、冶金、电子、食品、医药和石油化工等部门的广泛应用和超导技术的研究，测量120K以下温度的低温温度计得到了发展，如低温气体温度计、蒸汽压温度计、声学温度计、顺磁盐温度计、量子温度计、低温热电阻和低温温差电偶等。低温温度计要求感温元件体积小、准确度高、复现性和稳定性好。利用多孔高硅氧玻璃渗碳烧结而成的渗碳玻璃热电阻就是低温温度计的一种感温元件，可用于测量 1.6～300K 范围内的温度。

（二）非接触式

感知温度的敏感元件与被测对象互不接触，又称非接触式测温仪表。这种仪表可用来测量运动物体、小目标和热容量小或温度变化迅速（瞬变）对象的表面温度，也可用于测量温度场的温度分布。

最常用的非接触式测温仪表基于黑体辐射的基本定律，称为辐射测温仪表。

辐射测温法包括亮度法（见光学高温计）、辐射法（见辐射高温计）和比色法（见比色温度计）。各类辐射测温方法只能测出对应的光度温度、辐射温度或比色温度。只有对黑体（吸收全部辐射并不反射光的物体）所测温度才是真实温度。如欲测定物体的真实温度，则必须进行材料表面发射率的修正。而材料表面发射率不仅取决于温度和波长，而且还与表面状态、涂膜和微观组织等有关，因此很难精确测量。在自动化生产中，往往需要利用辐射测温法来测量或控制某些物体的表面温度，如冶金中的钢带轧制温度、轧辊温度、锻件温度和各种熔融金属在冶炼炉或坩埚中的温度。在这些具体情况下，物体表面发射率的测量是相当困难的。对于固体表面温度自动测量和控制，可以采用附加的反射镜使与被测表面一起组成黑体空腔。附加辐射的影响能提高被测表面的有效辐射和有效发射系数。

有效发射系数（ε_σ）公式如下：

$$\varepsilon_\sigma = \frac{\varepsilon}{1-(1-\varepsilon)\rho_m} \tag{2-1}$$

式中，ε 为材料表面发射率；ρ_m 为反射镜的反射率。

利用有效发射系数通过仪表对实测温度进行相应的修正，最终可得到被测表面的真实温度。最为典型的附加反射镜是半球反射镜。球中心附近被测表面的漫射辐射能受半球镜反射回到表面而形成附加辐射，从而提高有效发射系数。

至于气体和液体介质真实温度的辐射测量，则可以用插入耐热材料管至一定深度以形成黑体空腔的方法。通过计算求出与介质达到热平衡后的圆筒空腔的有效发射系数。在自动测量和控制中就可以用此值对所测腔底温度（即介质温度）进行修正而得到介质的真实温度。

非接触式测量，上限不受感温元件耐温程度的限制，因而对最高可测温度原则上没有限制。对于 1 800℃以上的高温，主要采用非接触测温方法。随着红外技术的发展，辐射测温逐渐由可见光向红外线扩展，700℃以下直至常温都已采用，且分辨率很高。

（三）工作原理

1. 金属膨胀原理设计的传感器　金属在环境温度变化后会产生一个相应的延伸，因此传感器可以以不同方式对这种反应进行信号转换。

2. 双金属片式传感器　双金属片由两片不同膨胀系数的金属贴在一起组成，随着温度变化，一种金属比另外一种金属膨胀程度要高，引起金属片弯曲。弯曲的曲率可以转换成一个输出信号。

3. 双金属杆和金属管传感器　随着温度升高，金属管长度增加，而不膨胀钢杆的长度并不增加，这样由于位置的改变，金属管的线性膨胀就可以进行传递。反过来，这种线性膨胀可以转换成一个输出信号。

4. 液体和气体的变形曲线设计的传感器　在温度变化时，液体和气体同样会相应产生体积的变化。

多种类型的结构可以把这种膨胀的变化转换成位置的变化，这样产生位置的变化输出（电位计、感应偏差、挡流板等）。

5. 电阻传感　金属随着温度变化，其电阻值也发生变化。对于不同金属来说，温度每变化1℃，电阻值变化是不同的，而电阻值又可以直接作为输出信号。

电阻共有两种变化类型：

正温度系数：温度升高时，阻值增加；温度降低时，阻值减少。

负温度系数：温度升高时，阻值减少；温度降低时，阻值增加。

热敏电阻是用半导体材料，大多为负温度系数，即阻值随温度增加而降低。

温度变化会造成大的阻值改变，因此它是最灵敏的温度传感器。但热敏电阻的线性度极差，并且与生产工艺有很大关系。制造商给不出标准化的热敏电阻曲线。

热敏电阻体积非常小，对温度变化的响应也快。但热敏电阻需要使用电流源，小尺寸也使它对自热误差极为敏感。

热敏电阻在两条线上测量的是绝对温度，有较好的精度，但它比热电偶贵，可测温度范围也小于热电偶。一种常用热敏电阻在25℃时的阻值为5kΩ，每1℃的温度改变造成200Ω的电阻变化。注意10Ω的引线电阻仅造成可忽略的0.05℃误差。它非常适合需要进行快速和灵敏温度测量的电流控制应用。尺寸小，对于有空间要求的应用是有利的，但必须注意防止自热误差。

热敏电阻还有其自身的测量技巧。热敏电阻体积小是优点，它能很快稳定，不会造成热负载。不过也因此很不结实，大电流会造成自热。由于热敏电阻是一种电阻性器件，任何电流源都会在其上因功率而造成发热。功率等于电流的平方与电阻的积。因此，要使用小的电流源。如果热敏电阻暴露在高热中，将导致永久性的损坏。

6. 热电偶传感 热电偶由两个不同材料的金属线组成，末端焊接在一起。测出不加热部位的环境温度，就可以准确知道加热点的温度。由于它必须有两种不同材质的导体，所以称为热电偶。不同材质做出的热电偶使用于不同的温度范围，它们的灵敏度也各不相同。热电偶的灵敏度是指加热点温度变化1℃时，输出电位差的变化量。对于大多数金属材料支撑的热电偶而言，这个数值在5～40μV/℃。

由于热电偶温度传感器的灵敏度与材料的粗细无关，用非常细的材料也能够做成温度传感器。也由于制作热电偶的金属材料具有很好的延展性，这种细微的测温元件有极高的响应速度，可以测量快速变化的过程。

热电偶主要优点是宽温度范围和适应各种大气环境，而且结实、价低，无须供电，也是最便宜的。热电偶由在一端连接的两条不同金属线（金属A和金属B）构成，当热电偶一端受热时，热电偶电路中就有电势差。可用测量的电势差来计算温度。但是，电压和温度间是非线性关系，需要为参考温度做第二次测量，并利用测试设备软件或硬件在仪器内部处理电压－温度变换，以最终获得热偶温度。

二、空气湿度感知

空气湿度传感器主要用来测量空气湿度，感应部件采用湿敏元件。湿敏元件主要有电阻式、电容式两大类。

（一）湿敏电阻

湿敏电阻的特点是在基片上覆盖一层用感湿材料制成的膜，当空气中的水蒸气吸附在感湿膜上时，元件的电阻率和电阻值都发生变化，利用这一特性即可测量湿度。湿敏电阻的种类很多，如金属氧化性湿敏电阻、硅湿敏电阻、陶瓷湿敏电阻等。湿敏电阻的优点是灵敏度高，主要缺点是线性度和产品的互换性差。

（二）湿敏电容

湿敏电容一般是用高分子薄膜电容制成的，常用的高分子材料有聚苯乙烯、聚酰亚胺、酪酸醋酸纤维等。当环境湿度发生改变时，湿敏电容的介电常数发生变化，使其电容量也发生变化，其电容变化量与相对湿度成正比。湿敏电容的主要优点是灵敏度高、产品互换性好、响应速度快、湿度的滞后量小、便于制造、容易实现小型化和集成化，其精度一般比湿敏电阻要低一些。

除电阻式、电容式湿敏元件之外，还有电解质离子型湿敏元件、重量型湿敏元件（利用感湿膜重量的变化来改变振荡频率）、光强型湿敏元件、声表面波湿敏元件等。湿敏元件的线性度及抗污染性差，在检测环境湿度时，湿敏元件要长期暴露在待测环境中，很容易被污染而影响其测量精度及长期稳定性。

（三）工作原理

常见的空气湿度传感器有氯化锂湿度传感器、碳湿敏元件、氧化铝湿度计、陶瓷湿度传感器等。

1. 氯化锂湿度传感器

（1）电阻式氯化锂湿度计。第一个基于电阻-湿度特性原理的氯化锂湿敏元件是美国国际标准管理局的 F. W. Dunmore 研制出来的。这种元件具有较高的精度，同时结构简单、价廉，适用于常温常湿的测控等一系列优点。

氯化锂元件的测量范围与湿敏层的氯化锂浓度及其他成分有关。单个元件的有效感湿范围一般在 20%RH 以内。例如，0.05%的浓度对应的感湿范围为 80%～100%RH，0.2%的浓度对应范围是 60%～80%RH 等。由此可见，要测量较宽的湿度范围时，必须把不同浓度的元件组合在一起使用。可用于全量程测量的湿度计组合的元件数一般为 5 个，采用元件组合法的氯化锂湿度计可测范围通常为 15%～100%RH，国外有些产品声称其测量范围可达 2%～100%RH。

（2）露点式氯化锂湿度计。露点式氯化锂湿度计是由美国的 Forboro 公司首先研制出来的。其后，我国和许多国家都做了大量的研究工作。这种湿度计和上述电阻式氯化锂湿度计形式相似，但工作原理却完全不同。简而言之，它是利用氯化锂饱和水溶液的饱和水汽压随温度变化而进行工作的。

2. 碳湿敏元件　碳湿敏元件是美国的 E. K. Carver 和 C. W. Breasefield 于 1942 年首先提出来的，与常用的毛发、肠衣和氯化锂等探空元件相比，碳湿敏元件具有响应速度快、重复性好、无冲蚀效应和滞后环窄等优点，因而令人瞩目。我国气象部门于 20 世纪 70 年代初开展碳湿敏元件的研制，并取得了积极的成果，其测量不确定度不超过±5%RH，时间常数在正温时为 2～3s，滞差一般在 7%左右，比阻稳定性也较好。

3. 氧化铝湿度计　氧化铝传感器的突出优点是，体积可以非常小（如用于探空仪的湿敏元件仅 90μm 厚、12mg 重）、灵敏度高（测量下限达－110℃露点）、响应速度快（一般在 0.3～3s）、测量信号直接以电参量的形式输出、大大简化了数据处理程序等。另外，它还适用于测量液体中的水分。如上特点正是工业和气象中某些测量领域所希望的。因此，它被认为是进行高空大气探测可供选择的几种合乎要求的传感器之一。

4. 陶瓷湿度传感器　在湿度测量领域中，对于低湿和高湿及其在低温和高温条件下的测量，截至目前仍然是一个薄弱环节，而其中又以高温条件下的湿度测量技术最为落后。以往，通风干湿球湿度计几乎是在这个温度条件下可以使用的唯一方法。而该法在实际使用中也存在种种问题，无法令人满意。另外，科学技术的进展，要求在高温下测量湿度的场合越来越多，如水泥、金属冶炼、食品加工等涉及工艺条件和质量控制的许多工业过程的湿度测量与控制。因此，自20世纪60年代起，许多国家开始竞相研制适用于高温条件下进行测量的湿度传感器。考虑到传感器的使用条件，人们很自然地把探索方向着眼于既具有吸水性又能耐高温的某些无机物上。实践证明，陶瓷元件不仅具有湿敏特性，而且还可以作为感温元件和气敏元件。这些特性使它极有可能成为一种有发展前途的多功能传感器。寺日、福岛、新田等人在这方面已经迈出了颇为成功的一步。他们于1980年研制成称为“湿瓷-Ⅱ型”和“湿瓷-Ⅲ型”的多功能传感器。

三、大气压感知

大气压传感器是指能感受外界气压变化转换成可用输出信号的传感器，主要用于测量气体的绝对压强的传感器。

根据测量方式可分为微差式测量、偏差式测量和零位式测量。

（一）微差式测量

微差式测量是综合了偏差式测量与零位式测量的优点而提出的一种测量方法。它将被测量与已知的标准量相比较，取得差值后，再用偏差法测得此差值。这种方法的优点是反应快，而且测量精度高，特别适用于在线控制参数的测量。

（二）偏差式测量

用仪表指针的位移（即偏差）决定被测量的量值，这种测量方法称为偏差式测量。应用偏差式测量时，仪表刻度事先用标准器具标定。在测量时，输入被测量，按照仪表指针标识在标尺上的示值，决定被测量的数值。这种方法测量过程比较简单、迅速，但测量结果精度较低。

（三）零位式测量

零位式测量是用指零仪表的零位指示检测测量系统的平衡状态，在测量系统平衡时，用已知的标准量决定被测量的量值的测量方法。应用这种测量方法进行测量时，已知标准量直接与被测量直接相比较，已知量应连续可调，指零仪表指向零位时，被测量与已知标准量相等，如天平、电位差计等。零位式测量的优点是可以获得比较高的测量精度，但测量过程比较复杂，测量时要进行平衡操作，耗时较长，不适用于测量快速变化的信号。

（四）工作原理

常用压力传感器从感测原理来区分，主要包括硅压阻技术、陶瓷电阻技术、玻璃微熔技术、陶瓷电容技术四大类。

1. 硅压阻技术 硅压阻技术由半导体的压阻特性来实现，半导体材料的压阻特性取决于材料种类、掺杂浓度和晶体的晶向等因素。该技术可以采用半导体工艺实现，具有尺寸小、产量高、成本低、信号输出灵敏度高等优势。不足之处主要体现在介质耐受程度低、温度特性差和长期稳定性较差等方面。常见于中低压量程范围，如5～700kPa。业界也有通过特殊封装工艺提高硅压阻技术的介质耐受程度的方案，如充油、背压等技术，但也会带来成本大幅增加等问题。

2. 陶瓷电阻技术 陶瓷电阻技术采用厚膜印刷工艺将惠斯通电桥印刷在陶瓷结构的表面，利用压敏电阻效应，实现将介质的压力信号转换为电压信号。陶瓷电阻技术具有成本适中、工艺简单等优势，目前国内有较多厂家提供陶瓷电阻压力传感器芯体。但该技术信号输出灵敏度低，量程一般限定在500kPa～10MPa，且常规中空结构，仅靠膜片承压，抗过载能力差。当待测介质压力过载时，陶瓷电阻传感器会存在膜片破裂、介质泄露的风险。

3. 玻璃微熔技术 玻璃微熔技术采用高温烧结工艺，将硅应变计与不锈钢结构结合。硅应变计等效的4个电阻组成惠斯通电桥，当不锈钢膜片的另一侧有介质压力时，不锈钢膜片产生微小形变引起电桥变化，形成正比于压力变化的电压信号。玻璃微熔工艺实现难度较大，成本高。主要优势是介质耐受性好、抗过载能力强，一般适用于高压和超高压量程，如10～200MPa，应用较为受限。

4. 陶瓷电容技术 陶瓷电容技术采用固定式陶瓷基座和可动陶瓷膜片结构，可动膜片通过玻璃浆料等方式与基座密封固定在一起。两者之间内侧印刷电极图形，从而形成一个可变电容，当膜片上所承受的介质压力变化时，两者之间的电容量随之发生变化，通过调理芯片将该信号进行转换调理后输出给后级使用。陶瓷电容技术具有成本适中、量程范围宽、温度特性好、一致性、长期稳定性好等优势。从国际上来看，广泛应用于汽车与工业过程控制等领域，分别以美国森萨塔和瑞士E+H为代表。

四、光合有效辐射与光照强度感知

（一）光和有效辐射

太阳辐射中对植物光合作用有效的光谱成分成为光合有效辐射（PAR，photosynthetically active radiation），波长范围380～710nm，与可见光基本重合。

光合有效辐射传感器可测量可见光波段400～700nm的光量子流密度。

1. 光合有效辐射计量系统 光合有效辐射有3种计量系统：

（1）光学系统。这种系统是以人眼对亮度的响应特征为基础的，仪器有照度计等，所观测到的物理量是辐射源所发射的可见光波段的光通量密度，用光照度（lx）来度量。

（2）能量学系统。这种系统以热电偶为传感器，从能力角度测定辐射量的仪器有天空辐射表、直接辐射表、净辐射表、分光辐射表等。用某一特征波长范围内即光合有效波段内的辐射通量密度也称辐照度（W/m^2）来度量。

（3）量子学系统。这种系统以硅、硒光电池等为传感器，从光量子角度测定辐射量的仪器，如光量子通量仪等。用光量子通量密度［$\mu mol/(m^2 \cdot s)$］来度量。

光合有效辐射可用仪器直接测定，也可以通过太阳直接辐射进行估算。为取得太阳直接辐射和散射辐射与光合有效辐射之间的比例系数，可将日射仪或天空辐射表和光合有效辐射仪进行同步观测，计算出日、月、季和年的系数值及其相互关系。苏联 X・莫尔达乌等人研究了太阳直接辐射（S）和漫射辐射（D）与光合有效辐射（Q_p）的定量关系，列出了计算公式并指出在中高纬度4～9月中午太阳高度不低于20°时，该公式对光合有效辐射日总量或月总量的计算误差不超过5%。其计算公式为：$Q_p = 0.43S + 0.57D$ 。

2. 光合有效辐射检测原理 根据太阳光的光合有效辐射的定义，光合有效辐射PAR的理论计算公式为：

$$\mathrm{PAR} = \int_{400}^{700} P_e(\lambda)\,\mathrm{d}\lambda \tag{2-2}$$

式中，λ 为波长（nm）；$P_e(\lambda)$ 为光谱辐射通量（W/nm），可用光谱仪测量。PAR为太阳光在单位时间内辐射400～700nm光的总能量（W）。考虑到被照射物体接受到的辐射通量，实际测量的是单位面积接受到的光合有效辐射通量，可以用光合有效辐照度 E_{PAR} 表示（W/m^2）：

$$E_{PAR} = \int_{400}^{700} E_e(\lambda)\,\mathrm{d}\lambda \tag{2-3}$$

式中，$E_e(\lambda)$ 为光谱辐照度［$W/(m^2 \cdot nm)$］。

光生物学研究领域需要定量研究光量子在植物光合作用过程中的作用，现在普遍使用光合有效光量子流PPFD表示：

$$\mathrm{PPFD} = \int_{400}^{700} \frac{E(\lambda)}{\mathrm{N_A} hc} \lambda\,\mathrm{d}\lambda \tag{2-4}$$

式中，h为普朗克常量（$h = 6.63 \times 10^{-34}$ J・s）；c 为光速（$c = 3.0 \times 10^8$ m/s）；N_A 为阿伏伽德罗常数（$N_A = 6.022 \times 10^{23}$/mol）。

定义

$$\gamma = \mathrm{N_A} hc = 119.8(\mathrm{W \cdot s \cdot nm})/\mu\mathrm{mol}$$

则：

$$\text{PPFD}=\frac{1}{\gamma}\int_{400}^{700}E(\lambda)\lambda\mathrm{d}\lambda \tag{2-5}$$

（二）光照强度

光照传感器是一种用于检测光照强度的传感器。工作原理是将光照强度值转为电压值，主要用于农业、林业温室大棚培育等。根据检测光照强度方式的不同，主要分为对射式光电传感器、漫反射式光电传感器、反射式光电传感器、槽形光电传感器、光纤式光电传感器。

1. 光照强度传感器类型

（1）对射式光电传感器。所谓的对射式传感器就是指组成传感器的发射器和接收器是分开放置的，发射器发射红外光后，会经过一定距离的传输后才能到达接收器的位置处，并且与接收器形成一个通路，当需要检测的物体通过对射式光电传感器时，光路就会被检测物体所阻挡，这时接收器就会及时地反应并输出一个开关控制信号。在粉尘污染比较严重的环境中或是野外的环境中，都可以应用对射式光电传感器。

（2）漫反射式光电传感器。这种传感器的检测头内部也是装有发射器和接收器的，但是并没有反光板。一般情况下，接收器是无法接收到发射器所发出的光的。但是，当需要检测的物体通过光电传感器时，物体会将光线反射回去，接收器接收到光信号，输出一个开关控制信号。漫反射式光电传感器大多应用在自动冲水系统中。

（3）反射式光电传感器。在一个接头装置的内部同时装有发射器、接收器以及反光板。发射器所发出的光电在反射原理的作用下会反射给接收器，这种光电控制的作用也就是所谓的反光板反射式的光电开关。通常情况下，反光板会将发射器所发射的光反射回去，接收器可以接收到。当检测的物体挡住了光路，接收器就接收不到反射光，这时开关就会产生作用，输出开关信号。

（4）槽形光电传感器。其通常也被叫做 U 形光电开关，在 U 形槽的两侧分别装有发射器和接收器，并且两者形成一个统一的光轴。当所检测的物体通过 U 形槽时，光轴就会被隔断，这时光电开关就会产生反应，输出开关信号。槽形光电开关的稳定性和安全性都很高，所以一般用于透明物体、半透明物体以及高速变化物体的检测工作中。

（5）光纤式光电传感器。这种光电传感器的工作原理就是将光源处的光用光纤接到检测点的位置处，调制区内部的光会与待测的物体相互作用，从而改变光的光学性质，之后光接收器就会接收到检测点位置处的光信号，也就形成了光纤式光电开关。

2. 光照强度检测原理　根据爱因斯坦的光子假说：光是一粒一粒运动着

的粒子流，这些光粒子称为光子。每一个光子具有一定的能量，其大小等于普朗克常数 h 乘以光的频率 γ。所以，不同频率的光子具有不同的能量。光的频率越高，其光子能量就越大。

光线照射在某些物体上，使电子从这些物体表面逸出的现象称为外光电效应，也称光电发射。逸出来的电子称为光电子。光电效应一般分为外光电效应、光电导效应和光伏效应 3 类，根据这些效应可制成不同的光电转换器件（称为光敏元件）。照度传感器是以光伏特效应来工作的。

在光照下，若入射光子的能量大于禁带宽度，半导体 PN 结附近被束缚的价电子吸收光子能量，受激发跃迁至导带形成自由电子，而价带则相应地形成自由空穴。这些电子-空穴对，在内电场的作用下，空穴移向 P 区，电子移向 N 区，使 P 区带正电、N 区带负电，于是在 P 区与 N 区之间产生电压，称为光生电动势，这就是光伏效应。利用光伏效应制成的敏感元件有光电池、光敏二极管和光敏三极管等，其应用极为广泛。

利用光敏二极管的光伏效应可以制作照度传感器。光敏二极管的结构与一般二极管相似，装在透明玻璃外壳中，它的 PN 结装在管顶，可直接受到光照射，光敏二极管在电路中一般是处于反向工作状态。光敏二极管在电路中处于反向偏置，在没有光照射时，反向电阻很大，反向电流很小，此反向电流称为暗电流。反向电流小的原因是在 PN 结中，P 型中的电子和 N 型中的空穴（少数载流子）很少。当光照射在 PN 结上，光子打在 PN 结附近，使 PN 结附近产生光生电子和光生空穴对，使少数载流子的浓度大大增加，因此通过 PN 结的反向电流也随着增加。如果入射光照度变化，光生电子-空穴对的浓度也相应变动，通过外电路的光电流强度也随之变动。可见，光敏二极管能将光信号转换为电信号输出。

五、风速感知

风速传感器是一种可以连续测量风速和风量（风量＝风速×横截面积）大小的传感器。常见风速测量仪分为机械式测速仪、超声波式测速仪、皮托管式测速仪、多普勒测速仪。

（一）风速测量仪类型

1. 机械式测速仪　机械式测速仪自从它被发明到现在一直还在使用，空气的流动形成动能能够转变机械能，使机械式测速仪发生转动，角速度能够被很方便地测量出来，然后根据角速度可以推导出空气流速。机械式测速仪主要在气象测量、环境监测方面运用较多，它的体积比较大，不易搬动，对空间状态中的风速影响较大。为了减少对风场的影响，应当在空旷的平原等地方测量，机械式测速仪也可以用来测量风向。机械式测速仪主要包括两种：三杯式测速仪和螺旋桨式测速仪。

2. 超声波式测速仪　流体在静止和流动两种条件下都可以用来传递超声波，但是，此时由于流体运动状态的不同会导致超声波在两者间运动时的速度差异。当超声波传播速度和流体运动速度方向一致时，超声波速度会增大，用两组超声波式测速仪进行测量就可以测量出速度差。流体测速的超声测量方法有多种，如时差法、频差法、超声多普勒法等。

3. 皮托管式测速仪　皮托管，又名“空速管”“风速管”，英文是 Pitot tube。皮托管是测量气流总压和静压以确定气流速度的一种管状装置，由法国H·皮托发明而得名。严格地说，皮托管仅测量气流总压，又名总压管；同时测量总压、静压的才称风速管，但习惯上多把风速管称作皮托管。

4. 多普勒测速仪　当观察者和波源存在着相对运动时，波源发出的频率和观察者接收到的频率存在差异，这种现象就是多普勒效应。多普勒测速仪主要包括两种：超声波多普勒测速仪 ADV（acoustic doppler velocimeter）、激光多普勒测速仪 LDV（laser doppler velocimeter）。多普勒测速仪测量风速时，在流场中加入示踪粒子，此时会对流场产生一些影响，激光或者超声波就会产生反射，通过它们对流体速度进行测量。多普勒测速仪优点较多，测量精度很高，测速范围也较大，但此时对流场影响较大。

（二）工作原理

1. 机械式测速原理

（1）螺旋桨式测速原理。我们知道电扇由电动机带动风扇叶片旋转，在叶片前后产生一个压力差，推动气流流动。螺旋桨式风速计的工作原理恰好与此相反，对准气流的叶片系统受到风压的作用，产生一定的扭力矩使叶片系统旋转。通常螺旋桨式测速传感器通过一组三叶或四叶螺旋桨绕水平轴旋转来测量风速，螺旋桨一般装在一个风标的前部，使其旋转平面始终正对风的来向，它的转速正比于风速。

（2）风杯式测速原理。风杯式风速传感器，是一种十分常见的风速传感器，最早由英国鲁宾孙发明。感应部分是由3～4个圆锥形或半球形的空杯组成。空心杯壳固定在互呈120°的三叉星形支架上或互呈90°的十字形支架上，杯的凹面顺着一个方向排列，整个横臂架则固定在一根垂直的旋转轴上。

当风从左方吹来时，风杯1与风向平行，风对风杯1的压力在垂直于风杯轴方向上的分力近似为零。风杯2与风杯3同风向呈60°角相交。对风杯2而言，其凹面迎着风，承受的风压最大；风杯3的凸面迎风，风的绕流作用使其所受风压比风杯2小。由于风杯2与风杯3在垂直于风杯轴方向上的压力差，使风杯开始顺时针方向旋转。风速越大，起始的压力差越大，产生的加速度越大，风杯转动越快，见图2-1。

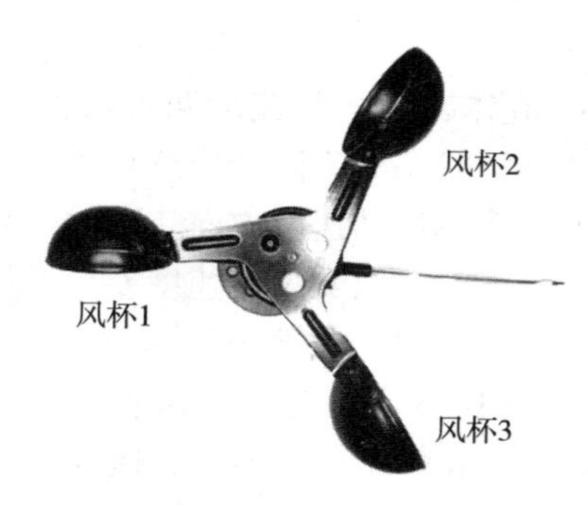

图 2-1　风杯式风速传感器

风杯开始转动后，由于风杯 2 顺着风的方向转动，受风的压力相对减小，而风杯 3 迎着风以同样的速度转动，所受风压相对增大，风压差不断减小，经过一段时间后（风速不变时），作用在 3 个风杯上的分压差为零时，风杯就变做匀速转动。这样根据风杯的转速（每秒钟转的圈数）就可以确定风速的大小。

当风杯转动时，带动同轴的多齿截光盘或磁棒转动，通过电路得到与风杯转速成正比的脉冲信号。该脉冲信号由计数器计数，经换算后就能得出实际风速值。目前新型转杯风速表均是采用 3 杯的，并且锥形杯的性能比半球形的好。当风速增加时，转杯能迅速增加转速，以适应气流速度；风速减小时，由于惯性影响，转速却不能立即下降，旋转式风速仪在阵性风里指示的风速一般是偏高的，称为过高效应（产生的平均误差约为 10%）。

2. 超声波式测速原理　超声测风是超声波检测技术在气体介质中的一种应用。它是利用超声波在空气中传播速度受空气流动（风）的影响来测量风速的。与常规的风杯或旋转式风速仪相比，这种测量方法的最大特点在于整个测风系统没有任何机械转动部件，属于无惯性测量，故能准确测出自然风中阵风脉动的高频成分，结合现代计算机技术，可在更高层次上揭示自然风的特性，对于提高抗风减灾能力和风资源的合理利用有重大意义。

声波（超声波）是机械振动在媒质中的传播过程，其传播速度必然受媒质自身运动的影响。若在风场中沿水平方向平行放置两对超声换能器，T1、T2 为发射，R1、R2 为接收，它们相距为 L，如图 2-2 所示。

3. 皮托管式测速原理　用实验方法直接测量气流的速度比较困难，但气流的压力则可以用测压计方便地测出。它主要是用来测量飞机速度的，同时还兼具其他多种功能。因此，可用皮托管测量压力，再应用伯努利定理算出气流的速度。皮托管由一个圆头的双层套管组成（图 2-3），外套管直径为 D，在圆头中心 O 处开一与内套管相连的总压孔，连接测压计的一头，孔的直径为 $0.3 \sim 0.6D$。在外套管侧表面距 O $3 \sim 8D$ 的 C 处沿周向均匀地开一排与外管壁垂直

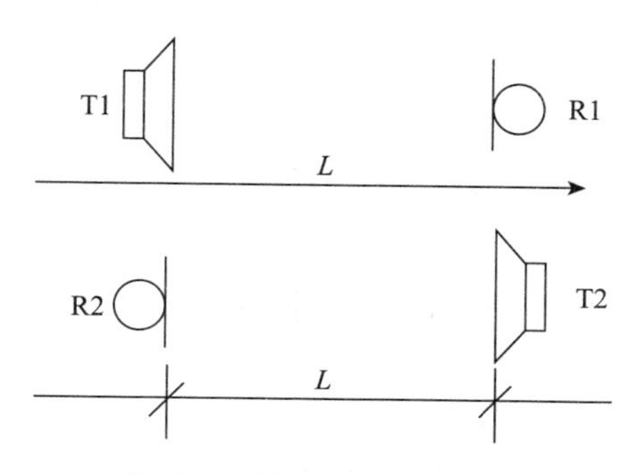

图 2-2　超声波式测速原理

的静压孔，连接测压计另一头，将皮托管安放在欲测速度的定常气流中，使管轴与气流的方向一致，管子前缘对着来流。当气流接近 O 点处，其流速逐渐减低，流至 O 点滞止为零。所以，O 点测出的是总压 P_{Φ}。其次，由于管子很细，C 点距 O 点充分远，因此 C 点处的速度和压力已经基本上恢复到同来流速度 V_{∞} 和压力 P_{∞} 相等的数值，因而在 C 点测出的是静压。对于低速流动（流体可近似认为是不可压缩的），由伯努利定理得出确定流速的公式（2-6）为：

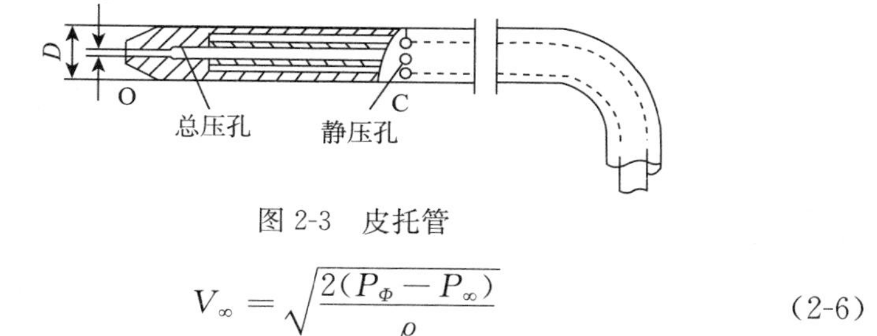

图 2-3　皮托管

$$V_{\infty}=\sqrt{\frac{2(P_{\Phi}-P_{\infty})}{\rho}} \tag{2-6}$$

根据测压计测出的总压和静压差 P_0-P_{∞}，以及流体的密度 ρ，可以按照公式（2-6）求出气流的速度。

对于亚声速流动，以下关系式成立：

$$P_0=P_{\infty}(1+\frac{\gamma-1}{2}M_{a\infty}^2)^{\frac{1}{\gamma-1}}$$
$$V_{\infty}=M_{a\infty}c_{\infty},c_{\infty}=\sqrt{\gamma RT_{\infty}} \tag{2-7}$$

式中，$M_{a\infty}$，c_{∞}，T_{∞} 分别为来流的马赫数、声速和温度；γ 为比热比；R 为气体常数。通过测压计测出总压和静压，利用测温仪器测出来流的温度。于是，流速 V_{∞} 即可根据公式（2-6）和公式（2-7）求出。

对于超声速流动，在皮托管头部会产生离体激波，故以下关系成立：

$$P_{20} = P_{\infty}\left(\frac{\gamma+1}{2}\right)^{\frac{\gamma+1}{\gamma-1}} \frac{M_{a\infty}^{\frac{2\gamma}{\gamma-1}}}{\left(\gamma M_{a\infty}^{2} - \frac{\gamma-1}{2}\right)^{\frac{1}{\gamma-1}}} \tag{2-8}$$

式中，P_{20} 为激波后驻点处的总压。进一步可求出流速 V_{∞}。

在高亚声速流动和超声速流动情形中，由于存在着多种干扰因素，利用静压孔测静压并不准确。这时常常改用其他方法测量静压。

由于测压孔有一定面积，也由于支杆干扰和制作等原因，测压计测得的压差不会正好是 $P_0 - P_{\infty}$。因此，通常在公式（2-6）的根号内乘上一个很接近于1的修正系数（0.98～1.05）。值通过同标准皮托管作校正能求得。对于某些特殊类型的流动，如黏性起主要作用的低雷诺数流动和稀薄气体流动，必须对常规皮托管的计算公式进行适当的修正，才能精确计算流速。

4. 多普勒测速原理 由多普勒效应所形成的频率变化叫做多普勒频移，它与相对速度 V 成正比，与振动的频率成正比。

脉冲多普勒雷达的工作原理可表述如下：当雷达发射一固定频率的脉冲波对空扫描时，如遇到活动目标，回波的频率与发射波的频率出现频率差，称为多普勒频率。根据多普勒频率的大小，可测出目标对雷达的径向相对运动速度；根据脉冲发射和接收的时间差，可以测出目标的距离。同时，用频率过滤方法检测目标的多普勒频率谱线，滤除干扰杂波的谱线，可使雷达从强杂波中分辨出目标信号。所以，脉冲多普勒雷达比普通雷达的抗杂波干扰能力强。机载脉冲多普勒雷达主要由天线、发射机、接收机、伺服系统、数字信号处理机、雷达数据处理机和数据总线等组成。机载脉冲多普勒雷达通常采用相干体制，有着极高的载频稳定度和频谱纯度以及极低的天线旁瓣，并采取先进的数字信号处理技术。脉冲多普勒雷达通常采用较高以及多种重复频率和多种发射信号形式，以在数据处理机中利用代数方法，并可应用滤波理论在数据处理机中对目标坐标数据作进一步滤波或预测。

六、风向感知

风向传感器是以风向箭头的转动探测、感受外界的风向信息，并将其传递给同轴码盘，同时输出对应风向相关数值的一种物理装置。通常有3类：电磁式风向传感器、光电式风向传感器、电阻式风向传感器。

（一）风向感知类型

1. 电磁式风向传感器 利用电磁原理设计，由于原理种类较多，所以结构有所不同。目前部分此类传感器已经开始利用陀螺仪芯片或者电子罗盘作为基本元件，其测量精度得到了进一步的提高。

2. 光电式风向传感器 这种风向传感器采用绝对式格雷码盘作为基本元

件，并且使用了特殊定制的编码器编码，以光电信号转换原理，可以准确地输出相对应的风向信息。

3. 电阻式风向传感器　这种风向传感器采用类似滑动变阻器的结构，将产生的电阻值的最大值与最小值分别标成 360°与 0°，当风向标产生转动的时候，滑动变阻器的滑杆会随着顶部的风向标一起转动，而产生的不同的电压变化就可以计算出风向的角度或者方向了。

（二）工作原理

1. 电磁式传感器　根据电磁感应定律，N 匝线圈在磁场中运动切割磁力线，线圈内产生感应电动势 e。e 的大小与穿过线圈的磁通 Φ 变化率有关。按工作原理不同，磁电感应式传感器可分为恒定磁通式和变磁通式，即动圈式传感器和磁阻式传感器。

恒定磁通式磁电感应式传感器按运动部件的不同可分为动圈式和动铁式。动圈式磁电传感器的中线圈是运动部件，基本形式是速度传感器，能直接测量线速度或角速度，如果在其测量电路中接入积分电路或微分电路，那么还可以用来测量位移或加速；动铁式磁电感应式传感器的运动部件是铁芯，可用于各种振动和加速度的测量。

变磁通式磁电感应传感器中，线圈和磁铁都静止不动，转动物体引起磁阻、磁通变化。常用来测量旋转物体的角速度。

2. 光电式传感器　光电传感器是通过把光强度的变化转换成电信号的变化来实现控制的。

光电传感器在一般情况下，由 3 部分构成，它们分为发送器、接收器和检测电路。

发送器对准目标发射光束，发射的光束一般来源于半导体光源，即发光二极管（LED）、激光二极管及红外发射二极管。光束不间断地发射，或者改变脉冲宽度。接收器有光电二极管、光电三极管、光电池组成。在接收器的前面，装有光学元件，如透镜和光圈等。在其后面是检测电路，它能滤出有效信号和应用该信号。

此外，光电开关的结构元件中还有发射板和光导纤维。

三角反射板是结构牢固的发射装置。它由很小的三角锥体反射材料组成，能够使光束准确地从反射板中返回，具有实用意义。它可以在与光轴 0°～25°的范围改变发射角，使光束几乎是从一根发射线，经过反射后，还是从这根反射线返回。

3. 电阻式传感器　电阻式传感器分为变阻器式传感器、电阻应变式传感器、固态压阻式传感器。

（1）变阻器式传感器。变阻器改变电阻丝接入电路的有效长度来改变电阻；变阻器与用电器并联来分流，即改变电流。

用电器接在变阻器的滑片上，此时，变阻器起分压器的作用，即改变电压不分正负极，但不同的使用目的，接法不同。

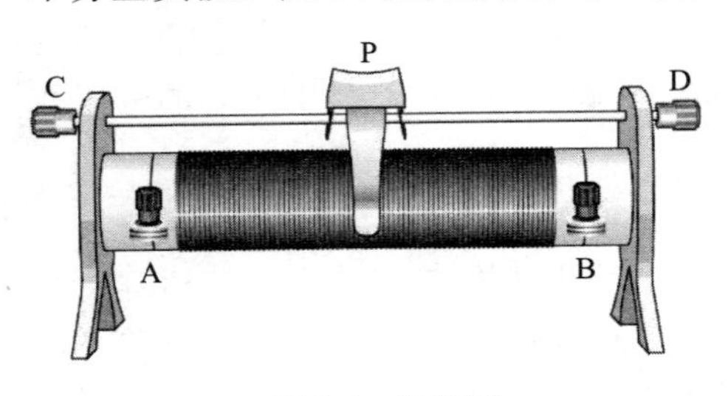

图 2-4　变阻器

电阻丝外面涂着绝缘层，绕在绝缘管上，它的两端连在 A、B 两个接线柱上。滑片 P 通过金属杆和接线柱 C 相连，滑片移动到不同位置时，A、C 两个接线柱间电阻丝的长度不一样，这样就可以改变接入电路中电阻的大小（图 2-4）。

作限流用的话，接一个端点和滑动端，且接通电源前，滑动端 T 应置于电阻最大位置；作分压用的话，主回路接左、右端点（把电阻全部接入），分回路接一个端点和滑动端，且接通电源前，滑动端 T 应置于电阻最小位置。

（2）电阻应变式传感器。金属的电阻应变效应：金属导体在外力作用下发生机械变形时，其电阻值随着它所受机械变形（伸长或缩短）的变化而发生变化的现象。

$$K_0 = \frac{dR/R}{\varepsilon} = (1+2\mu) + \frac{d\rho/\rho}{\varepsilon} \tag{2-9}$$

公式推导：

若金属丝的长度为 L，截面积为 S，电阻率为 ρ，其未受力时的电阻为 R，则：

$$R = \rho\frac{L}{S} \tag{2-10}$$

如果金属丝沿轴向方向受拉力而变形，其长度 L 变化 dL，截面积 S 变化 dS，电阻率 ρ 变化，因而引起电阻 R 变化 dR。将公式（2-9）微分，整理可得：

$$\frac{dR}{R} = \frac{dL}{L} - \frac{dS}{S} \tag{2-11}$$

对于圆形截面有：

$$S = \pi r^2 \tag{2-12}$$

$$\frac{dS}{S} = 2\frac{dr}{r} \tag{2-13}$$

$\frac{dL}{L} = \varepsilon$ 为金属丝轴向相对伸长，即轴向应变；而 $\frac{dr}{r}$ 则为电阻丝径向相对伸长，即径向应变；两者之比即为金属丝材料的泊松系数 μ，负号表示符号相反，有：

$$\frac{dr}{r} = -\mu \frac{dL}{L} = -\mu\varepsilon \tag{2-14}$$

得：

$$\frac{dS}{S} = -2\mu\varepsilon \tag{2-15}$$

整理得：

$$\frac{dR}{R} = (1 + 2\mu)\varepsilon + \frac{d\rho}{\rho} \tag{2-16}$$

或

$$K_0 = \frac{dR/R}{\varepsilon} = (1 + 2\mu) + \frac{d\rho/\rho}{\varepsilon}$$

K_0 为金属丝的灵敏系数，其物理意义是单位应变所引起的电阻相对变化。

$$\frac{dR}{R} = K_0\varepsilon \tag{2-17}$$

公式简化过程：

由式 $K_0 = \frac{dR/R}{\varepsilon} = (1 + 2\mu) + \frac{d\rho/\rho}{\varepsilon}$ 可以明显看出，金属材料的灵敏系数受两个因素影响：一个是受力后材料的几何尺寸变化所引起的，即 $(1 + 2\mu)$ 项；另一个是受力后材料的电阻率变化所引起的，即 $\frac{d\rho/\rho}{\varepsilon}$ 项。对于金属材料 $\frac{d\rho/\rho}{\varepsilon}$ 项比 $(1 + 2\mu)$ 项小得多。大量实验表明，在电阻丝拉伸比例极限范围内，电阻的相对变化与其所受的轴向应变是成正比的，即 K_0 为常数，于是可以写成：

$$\frac{dR}{R} = K_0\varepsilon \tag{2-18}$$

通常金属电阻丝的 $K_0 = 1.7 \sim 4.6$。

（3）固态压阻式传感器。压阻式传感器是根据半导体材料的压阻效应在半导体材料的基片上经扩散电阻而制成的器件。其基片可直接作为测量传感元件，扩散电阻在基片内接成电桥形式。当基片受到外力作用而产生形变时，各电阻值将发生变化，电桥就会产生相应的不平衡输出。用作压阻式传感器的基片（或称膜片）材料主要为硅片和锗片，硅片为敏感材料而制成的硅压阻传感器越来越受到人们的重视，尤其是以测量压力和速度的固态压阻式传感器应用最为普遍。

七、雨量感知

雨量计（rainfall recorder），也称量雨计、测雨计，是一种气象学家和水文学家用来测量一段时间内某地区的降雨量的仪器（降雪量的测量则需要使用雪量计）。常见的有虹吸式、称重式和翻斗式3种。

1. 雨量感知类型

（1）虹吸式雨量计。虹吸式雨量计能连续记录液体降雨量和降雨时数，从降雨记录上还可以了解降雨强度。可用来测定降雨强度和降雨起止时间，适用于气象台（站）、水文站、农业、林业等有关单位。盛水口使用铸铜件，筒身使用镀锌铁板锡焊成型。

虹吸式雨量计由盛水器、浮子室、自记笔和虹吸管等主要部件组成。当盛水器将收集到的降雨，通过漏斗导管进入浮子室时，浮子随着注入雨水的增加而上升，并带动自记笔在附有时钟的转筒上的记录纸画出曲线。记录纸上纵坐标表示雨量，横坐标表示时间，记录纸上记录下来的曲线是累积曲线，既表示雨量的大小，又表示降雨过程的变化情况，曲线的坡度表示降雨强度，虹吸式雨量计分辨率为0.1mm，降雨强度适应范围0.01～4.0mm/min。但缺点是浮子室内一般只能积存10mm的雨量，到达10mm雨量时要排空存水，排空时的降雨也会造成误差，且虹吸管容易发生故障，需要经常进行检定。

虹吸式雨量计的优缺点：

优点：节约能源，降水有记录，不需要人守候；虹吸式雨量计性能可靠，测量数据准确，可记录全天的降雨过程。

缺点：必须定时到现场去更换记录纸，操作烦琐（现已有自动虹吸式雨量计），不能用于无人值守的站点，虹吸管易堵塞。

（2）称重式雨量计。称重式雨量计可以连续记录接雨杯上的以及存储在其内的降雨的重量。记录方式可以用机械发条装置或平衡锤系统，将全部降雨量的重量如数记录下来，并能够记录雪、冰雹及雨雪混合降水。用以连续测量记录降雨量、降雨历时和降雨强度。适用于气象台（站）、水文站、环保、防汛排涝以及农、林等有关部门用来测量降雨量。

（3）翻斗式雨量计。翻斗式雨量传感器是一种水文、气象仪器，用以测量自然界降雨量，同时将降雨量转换为以开关量形式表示的数字信息量输出，以满足信息传输、处理、记录和显示等的需要。国内首先研制成功的0.2mm、0.5mm翻斗式雨量计，可用于国家水文、气象站网雨量数据长期收集的雨量传感器。翻斗式雨量计是降雨量测量一次仪表，其性能符合国家标准GB/T 11832—2002《翻斗式雨量计》和国家标准GB/T 11831—2002《水文测报装置遥测雨量计》相关要求。

该仪器与记录或显示部分配套，可进行有线雨量数据传输、显示、自记。与无线水情自动测报系统配套，作为专设站雨情遥测报汛的传感器。广泛用于全国各水文站，并且批量出口，获国家实用新型专利。该型雨量传感器经中国气象局产业发展与装备部选型试验、考核，证明性能稳定性达到国际先进水平。

2. 工作原理

（1）虹吸式雨量计。虹吸式雨量计由盛水器、浮子室、虹吸管、自记笔4个部分组成。在盛水器下有一浮子室，室内装有一个浮子，浮子杆上带有自记笔，当雨水流入盛水器时，浮子随之上升，同时带动浮子杆上的自记笔上抬，在转动钟筒的自记纸上绘出一条随时间变化的降雨量上升曲线。当浮子室内的水位达到虹吸管的顶部时，虹吸管便将浮子室内的雨水在短时间内迅速排出而完成一次虹吸。虹吸一次，雨量为10mm。如果降雨现象继续，则又重复上述过程。最后可以看出一次降雨过程的强度变化、起止时间，并算出降雨量。

（2）称重式雨量计。称重式雨量计是利用电子秤称出容器内收集的降雨重量，然后换算为降雨量。一般电子秤可以分辨0.1g的重量，气象业务上使用的只要能分辨0.1mm降雨的重量即可，因此采用称重式雨量传感器可以达到很高的精度。

称重式雨量计口径为200mm，自然降雨0.1mm，即可获得降雨31.4mL相对于3.14g。也就是说，要测量0.1mm降雨，称重传感器能分辨1g质量即可满足。称重总重量为12kg，那么仅相当于万分之二左右，而风以及温度、随机误差的影响每分钟就产生0～4g的变化量。如何区分这些变化量是由降雨，还是由于风、温度或者随机误差引起，便是至关重要的。这便涉及数据的滤波算法，消除误差因子引起的波动，尽量得到真正的降雨变化量。

（3）翻斗式雨量计。翻斗式雨量计是由感应器及信号记录器组成的遥测雨量仪器，感应器由盛水器、上翻斗、计量翻斗、计数翻斗、干簧开关等构成；记录器由计数器、记录笔、自记钟、控制线路板等构成。

其工作原理为：雨水由最上端的盛水口进入盛水器，落入接水漏斗，经漏斗口流入翻斗，当积水量达到一定高度（如0.01mm）时，翻斗失去平衡翻倒。而每一次翻斗倾倒，都使开关接通电路，向记录器输送一个脉冲信号，记录器控制自记笔将雨量记录下来，如此往复即可将降雨过程测量下来。

八、土壤温度感知

土壤温度传感器可以监测土壤、大气还有水的温度。输出信号分为电阻信号、电压信号、电流信号。使用时一般埋于土壤表层，也可分层测量。可以采用土钻在地面选好的测试点进行挖掘一个理想深度的洞，将传感器埋进去。

根据传感器温度检测部分的不同，常分为热电偶传感器、热敏电阻传感器、模拟温度传感器、数字式温度传感器4类。

1. 土壤温度感知类型

（1）热电偶传感器。两种不同导体或半导体的组合称为热电偶。热电势EAB（T，T_0）是由接触电势和温差电势合成的，接触电势是指两种不同的导体或半导体在接触处产生的电势，此电势与两种导体或半导体的性质及在接触点的温度有关。当有两种不同的导体与半导体 A 和 B 组成一个回路，其相互连接时，只要两结点处的温度不同，一端温度为 T，称为工作端；另一端温度为 T_0，称为自由端，则回路中就有电流产生，即回路中存在的电动势称为热电动势。这种由于温度不同而产生电动势的现象称为塞贝克效应。

（2）热敏电阻传感器。热敏电阻是敏感元件的一类，热敏电阻的电阻值会随着温度的变化而改变。与一般的固定电阻不同，属于可变电阻的一类，广泛应用于各种电子元器件中。不同于电阻温度计使用纯金属，在热敏电阻器中使用的材料通常是陶瓷或聚合物，正温度系数热敏电阻器在温度越高时电阻值越大，负温度系数热敏电阻器在温度越高时电阻值越低。它们同属于半导体器件，热敏电阻通常在有限的温度范围内实现较高的精度，通常是－90～130℃。

（3）模拟温度传感器。HTG3515CH 是一款电压输出型温度传感器，输出电压 1～3.6V，精度为±3%RH，0～100%RH 相对湿度范围，工作温度范围－40～110℃，5s 响应时间，（0±1）%RH 迟滞，是一个带温湿度一体输出接口的模块，专门为 OEM 客户设计应用在需要一个可靠、精密测量的地方，带有微型控制芯片；湿度为线性电压输出；带 10kΩ NTC 温度输出，HTG3515CH 可用于大批量生产和要求测量精度较高的地方。

（4）数字式温度传感器。它采用硅工艺生产的数字式温度传感器，其采用PTAT 结构，这种半导体结构具有精确的、与温度相关的良好输出特性，PTAT 的输出通过占空比比较器调制成数字信号，占空比与温度的关系如公式（2-19）所示：

$$C = 0.32 + 0.0047 \times t \qquad (2\text{-}19)$$

式中，t 为温度（℃）。

输出数字信号故与微处理器 MCU 兼容，通过处理器的高频采样可算出输出电压方波信号的占空比，即可得到温度。该款温度传感器因其特殊工艺，分辨率优于 0.005K。测量温度范围－45～130℃，故广泛被用于高精度场合。

2. 工作原理

（1）热电偶传感器。热电偶是一种感温元件，是一次仪表，它直接测量温度，并把温度信号转换成热电动势信号，再通过电气仪表（二次仪表）转换成被测介质的温度。热电偶测温的基本原理是两种不同成分的材质导体组成闭合回路，当两端存在温度梯度时，回路中就会有电流通过，此时两端之间就存在电动势——热电动势。

两种不同成分的均质导体为热电极，温度较高的一端为工作端，温度较低的一端为自由端，自由端通常处于某个恒定的温度下。根据热电动势与温度的函数关系，制成热电偶分度表；分度表是自由端温度在0℃时的条件下得到的，不同的热电偶具有不同的分度表。

在热电偶回路中接入第三种金属材料时，只要该材料两个接点的温度相同，热电偶所产生的热电势将保持不变，即不受第三种金属接入回路中的影响。因此，在热电偶测温时，可接入测量仪表，测得热电动势后，即可知道被测介质的温度。热电偶将两种不同材料的导体或半导体A和B焊接起来，构成一个闭合回路。

当导体A和B的两个执着点1和2之间存在温差时，两者之间便产生电动势，因而在回路中形成一个大小的电流，这种现象称为热电效应。热电偶就是利用这一效应来工作的。

两种不同成分的导体（称为热电偶丝材或热电极）两端接合成回路，当两个接合点的温度不同时，在回路中就会产生电动势，这种现象称为热电效应，而这种电动势称为热电势。热电偶就是利用这种原理进行温度测量的，其中，直接用作测量介质温度的一端叫做工作端（也称为测量端），另一端叫做冷端（也称为补偿端）；冷端与显示仪表或配套仪表连接，显示仪表会指出热电偶所产生的热电势。

（2）热敏电阻传感器。热敏电阻测温原理与热电偶的测温原理不同的是，热电阻是基于电阻的热效应进行温度测量的，即电阻体的阻值随温度的变化而变化的特性。因此，只要测量出感温热电阻的阻值变化，就可以测量出温度。目前，主要有金属热电阻和半导体热敏电阻两类。金属热电阻的电阻值和温度一般可以用以下的近似关系式表示，即

$$R_t = R_{t0}[1+\alpha(t-t_0)] \quad (2\text{-}20)$$

式中，R_t为温度t时的阻值；R_{t0}为温度t_0（通常$t_0=0℃$）时对应的电阻值；α为温度系数。

半导体热敏电阻的阻值和温度关系为

$$R_t = \mathrm{A_e B}/t \quad (2\text{-}21)$$

式中，R_t为温度t时的阻值；A、B取决于半导体材料的结构的常数。

相比较而言，热敏电阻的温度系数更大，常温下的电阻值更高（通常在数千欧以上），但互换性较差，非线性严重，测温范围只有−50～300℃，大量用于家电和汽车用温度检测和控制。金属热电阻一般适用于−200～500℃范围内的温度测量，其特点是测量准确、稳定性好、性能可靠，在程控制中的应用极其广泛。

任何电阻都会随温度升高阻值增大，热敏电阻变化更明显，但与温度的变化不是线性关系，而是曲线。一般取近似直线的一段。如果要求精度更高，可采用软件补偿。实际电路一般都是测量热电阻电压，阻值变化，电压也会变化，再通过 AD 转换成数字信号。

九、土壤水分感知

土壤湿度传感器，又名土壤水分传感器、土壤墒情传感器、土壤含水量传感器，用来测量土壤容积含水量。目前，常用到的土壤湿度传感器有 FDR 型和 TDR 型，即频域型和时域型。

1. 土壤水分感知类型

（1）FDR 型（频域型）。FDR（frequency domain reflectometry，频域反射仪）是一种用于测量土壤水分的仪器，它利用电磁脉冲原理、根据电磁波在介质中传播频率来测量土壤的表观介电常数（ε），从而得到土壤容积含水量（θ_v）。FDR 具有简便安全、快速准确、定点连续、自动化、宽量程、少标定等优点，是一种值得推荐的土壤水分测定仪器。

（2）TDR 型（时域型）。TDR（time-domain reflectometry，时域反射仪法）是指通过测定土壤的介电常数，进而计算土壤含水量的方法，简写为 TDR 法。由于土壤中水的介电常数远大于土壤中的固体颗粒和空气的介电常数，因此随土壤水分含量升高，介电常数值增大，而电磁波在介质中传播的速度与介电常数的平方根成反比，因此沿波导棒的电磁波传播时间也随之延长。通过测定土壤中高频电磁脉冲沿波导棒的传播速度，就可以确定土壤含水量。

此方法获得的含水量是整个探针长度范围内的平均值，所以同一土体中埋置方式不同可能会得到不同的结果。因此，在使用 TDR 时，应根据实验要求选择适宜的探针埋置方式。此法测定土壤表层的含水量比中子仪精度高，且有快速、准确、安全无辐射、便于自动控制等特点。适于原位连续测量，且测量范围广；既可做成便携式仪器进行田间实时测量，又可通过导线与计算机相连，进行远距离多点自动监测。但此法不适宜于盐碱土进行水分测量。

（3）按照电信号输出类型进行区分，基本为电压输出型号和电流输出型号两种。

电压输出型号：通常采用 0.1～10V 输出，采用两线到三线数据线路作为输出方式。

电流输出型号：电流输出型号是比较常见的简单方式，这种方式大多采用两线制输出方式。

2. 工作原理 按照其测量的原理，一般可分为电容型、电阻型、离子敏型、光强型、声表面波型等。

（1）电容型土壤湿度传感器。电容型土壤湿度传感器的敏感元件为湿敏电容，主要材料一般为金属氧化物、高分子聚合物。这些材料对水分子有较强的吸附能力，吸附水分的多少随环境湿度的变化而变化。由于水分子有较大的电偶极矩，吸水后材料的电容率发生变化，电容器的电容值也就发生变化。把电容值的变化转变为电信号，就可以对湿度进行监测。湿敏电容一般是用高分子薄膜电容制成的，当环境湿度发生改变时，湿敏电容的介电常数发生变化，使其电容量也发生变化，其电容变化量与相对湿度成正比，利用这一特性即可测量湿度。常用的电容型土壤湿度传感器的感湿介质主要有多孔硅、聚酞亚胺、聚砜（PSF）、聚苯乙烯（PS）、PMMA（线性、交联、等离子聚合）。

为了获得良好的感湿性能，希望电容型土壤湿度传感器的两极越接近、作用面积和感湿介质的介电常数变化越大越好，所以通常采用三明治型结构的电容土壤湿度传感器。它的优势在于可以使电容型土壤湿度传感器的两极较接近，从而提高电容型土壤湿度传感器的灵敏度。

图 2-5 为常见的电容型土壤湿度传感器结构示意图。交叉指状的铝条构成了电容器的两个电极，每个电极有若干铝条，每条铝条长 400μm、宽 8μm，铝条间有一定的间距。铝条及铝条间的空隙都暴露在空气中，这使得空气充当电容器的电介质。由于空气的介电常数随空气相对湿度的变化而变化，电容器的电容值随之变化，因而该电容器可用作湿度传感器。多晶硅的作用是制造加热电阻，该电阻工作时，可以利用热效应排除沾在湿度传感器表面的可挥发性物质。

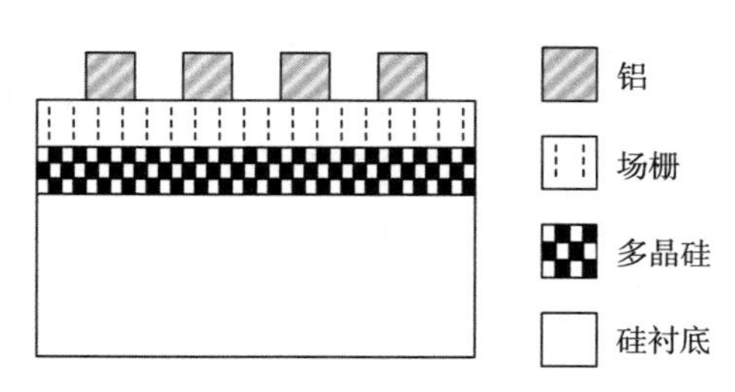

图 2-5　电容型土壤湿度传感器结构示意图

电容型土壤湿度传感器在测量过程中，就相当于一个微小电容。对于电容的测量，主要涉及两个参数，即电容值 C 和品质参数 Q。土壤湿度传感器并不是一个纯电容，它的等效形式如图 2-6 虚线部分所示，相当于一个电容和一个电阻的并联。

（2）电阻型土壤湿度传感器。电阻型土壤湿度传感器的敏感元件为湿敏电阻，其主要的材料一般为电介质、半导体、多孔陶瓷等。这些材料对水的吸附

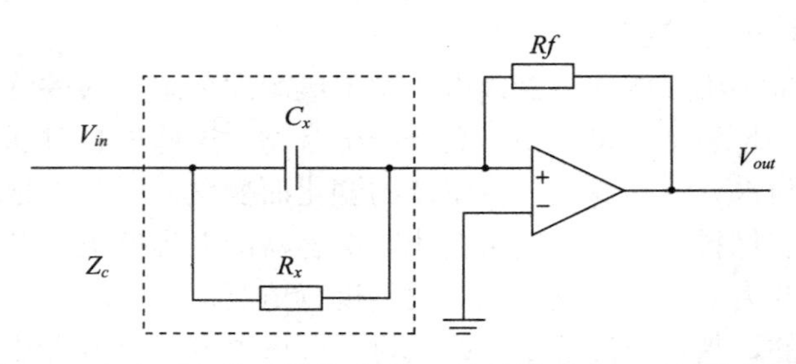

图 2-6　电容型土壤湿度传感器 Z_c 的等效形式及测量微分电路

较强，吸附水分后电阻率/电导率会随湿度的变化而变化。这样湿度的变化可导致湿敏电阻阻值的变化，电阻值的变化就可以转化为需要的电信号。例如，氯化锂的水溶液在基板上形成薄膜，随着空气中水蒸气含量的增减，薄膜吸湿脱湿，溶液中的盐的浓度减小、增大，电阻率随之增大、减小，两极间电阻也就增大、减小。又如多孔陶瓷湿敏电阻，陶瓷本身是由许多小晶颗粒构成的，其中的气孔多与外界相通，通过毛孔可以吸附水分子，引起离子浓度的变化，从而导致两极间的电阻变化。

湿敏电阻的特点是在基片上覆盖一层用感湿材料制成的膜，当空气中的水蒸气吸附在感湿膜上时，元件的电阻率和电阻值发生变化，利用这一特性即可测量湿度。

电阻型土壤湿度传感器可分为两类：电子导电型和离子导电型。电子导电型土壤湿度传感器也称为“浓缩型土壤湿度传感器”，它通过将导电体粉末分散于膨胀性吸湿高分子中制成湿敏膜。随湿度变化，膜发生膨胀或收缩，从而使导电粉末间距变化，电阻随之改变。但是，这类传感器长期稳定性差，且难以实现规模化生产，所以应用较少。离子导电型土壤湿度传感器，它是高分子湿敏膜吸湿后，在水分子作用下，离子相互作用减弱，迁移率增加，同时吸附的水分子电离使离子载体增多，膜电导随湿度增加而增加，由电导的变化可测知环境湿度，这类传感器应用较多。在电阻型土壤湿度传感器中，通过使用小尺寸传感器和高阻值的电阻薄膜，可以改善电流的静态损耗。

电阻型土壤湿度传感器结构模型示意图如图 2-7 所示。金属层 1 作为连续的电极，它与另一个电极是隔开的。活性物质被淀积在薄膜上，用来作为两个电极之间的连接。并且，这个连接是通过感湿传感层的，湿敏薄膜则直接暴露在空气中，在金属层 2 上挖去一定的区域直到金属层 1，用这些区域作为传感区。金属层 1 和金属层 2 只是作为电极，它们之间是没有直接接触的。整个传感器是由许多这样的小单元组成的。根据传感器所需的电阻值不同，小单元的数目是可以调节的。因为两个电极之间的连接只能在每个小单元中确定，所以整个传感器的构造可以看成是一系列的平行电阻。

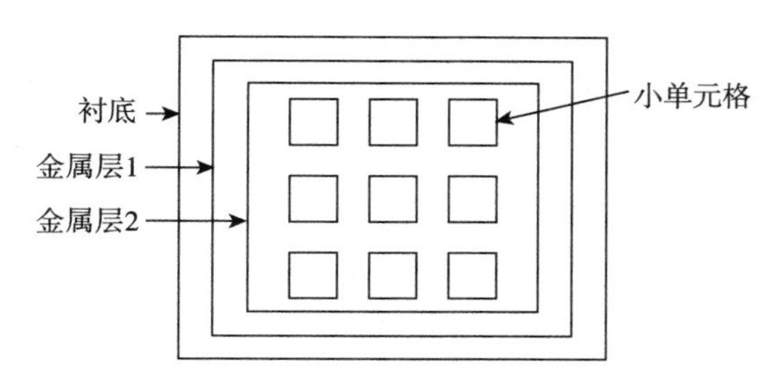

图 2-7　电阻型土壤湿度传感器结构模型示意图

（3）离子敏型土壤湿度传感器。离子敏场效应管（ISFET）属于半导体生物传感器，是 20 世纪 70 年代由 P. Bergeld 发明的。ISFET 通过栅极上不同敏感薄膜材料直接与被测溶液中离子缓冲溶液接触，进而可以测出溶液中的离子浓度。

离子敏型土壤湿度传感器由离子选择膜（敏感膜）和转换器两部分组成，敏感膜用以识别离子的种类和浓度，转换器则将敏感膜感知的信息转换为电信号。离子敏场效应管在绝缘栅上制作一层敏感膜，不同的敏感膜所检测的离子种类也不同，从而具有离子选择性。

离子敏场效应管（ISFET）兼有电化学与金属-氧化物半导体场效应管（MOSFET）的双重特性，与传统的离子选择性电极（ISE）相比，ISFET 具有体积小、灵敏、响应快、无标记、检测方便、容易集成化与批量生产的特点。但是，离子敏场效应管（ISFET）与普通的 MOSFET 相似，只是将 MOSFET 栅极的多晶硅层移去，用湿敏材料所代替。当湿度发生变化时，栅极的两个金属电极之间的电势会发生变化，栅极上湿敏材料的介电常数的变化将会影响通过非导电物质的电荷流。

十、土壤电导率感知

土壤中的总盐量是表示土壤中所含盐类的总含量。由于土壤浸出液中各种盐类一般均以离子的形式存在，所以总盐量也可以表示为土壤浸出液中各种阳离子的量和各种阴离子的量之和。在描述土壤盐分状况时，常用的指标是土壤浸出液电导率。

土壤电导率传感器是检测土壤浸出液电导率大小的传感器。

土壤电导率传感器根据测量原理与方法的不同，可以分为电极型电导率传感器、电感型电导率传感器和超声波电导率传感器。电极型电导率传感器根据电解导电原理，采用电阻测量法对电导率实现测量，其电导测量电极在测量过程中表现为一个复杂的电化学系统；电感型电导率传感器依据电磁感应原理实现对液体电导率的测量；超声波电导率传感器根据超声波在液体中变化对电导率进行测量，其中前 2 种传感器应用最为广泛。

（一）土壤电导率感知类型

1. 电极型电导率传感器 电极型电导率传感器根据电解导电原理，采用电阻测量法对电导率实现测量，其电导测量电极在测量过程中表现为一个复杂的电化学系统。电极型电导率传感器应用最为广泛。

（1）两电极型电导率传感器。两电极型电导率传感器电导池由一对电极组成，在电极上施加一恒定的电压，电导池中液体电阻的变化导致测量电极的电流发生变化，并符合欧姆定律，用电导率代替电阻率，用电导代替金属中的电阻，即用电导率和电导来表示液体的导电能力，从而实现液体电导率的测量。

传统电极型电导率传感器电极是由一对平板电极组成，电极的正对面积与距离决定了电极常数。这种电极结构简单，制作工艺简单，但这种电极存在电力线边缘效应以及电极正对面积、电极间距难以确定等问题。电极常数不能通过尺寸测量计算得出，需要通过标准进行标定，最常用的一种标准溶液是 0.01mol/L 氯化钾标准溶液。结合电导池原理对平板电极进行改进，开发出了圆柱形电极、点电极、线电极、复合电极等。

（2）四电极型电导率传感器。四电极电导池由 2 个电流电极和 2 个电压电极组成，电压电极和电流电极同轴。测量时，被测液体在 2 个电流电极间的缝隙中通过，电流电极两端施加了一个交流信号并通过电流，在液体介质里建立起电场，2 个电压电极感应产生电压，使 2 个电压电极两端的电压保持恒定，通过 2 个电流电极间的电流和液体电导率呈线性关系。

为了满足海洋研究开发的需要，中国国家海洋技术中心李建国对开放式四电极电导率传感器展开了研究与开发，成功研制了用于海水电导率测量的四电极电导率传感器，其性能指标达到了国际先进水平：测量范围为 0～65mS/cm；测量精度为±0.007mS/cm。

目前，成熟的四电极电导率传感器其测量范围为 0～2S/cm，并且电极常数不同具有不同的测量范围。

2. 电感型电导率传感器 电感型电导率传感器采用电磁感应原理对电导率进行测量，液体的电导率在一定范围内与感应电压/激磁电压呈正比关系。激磁电压保持不变，电导率与感应电压呈正比关系。

电感型电导率传感器检测器不直接与被测液体接触，因此，不存在电极极化与电极被污染的问题。电感型电导率传感器的原理决定了这类传感器仅适用于测量具有高电导率的液体，测量范围为 $1\times10^{3}\sim2\times10^{7}\mu S/cm$。

（二）工作原理

1. 电极型电导率传感器

（1）测量原理。电导率测量较为复杂，测量溶液的电导率时，电极表面会产生一系列电化学反应，即电极极化效应，从而影响测量精度。采用交流供电可以使电极上通过的电流近似为零，从而大大消除电极对溶液的电解作用；四电极测量体系将电流电极和电压电极分开，见图 2-8，进一步消除了电极极化的影响，这样就可以得到被测溶液等效电阻两端的准确电压值。

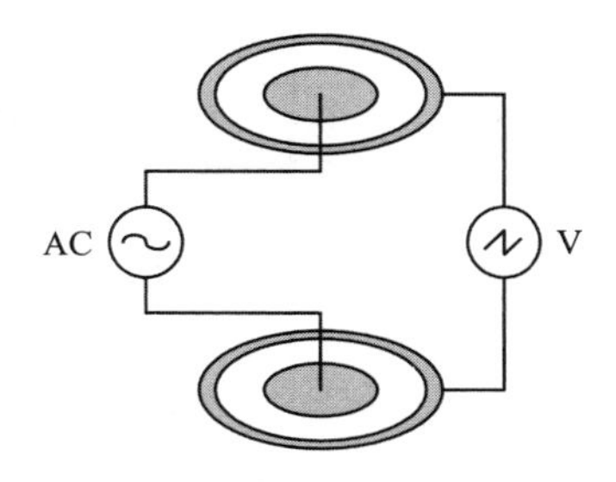

图 2-8　四电极电导率测量原理

（2）电解质导电机理。电流 I 与施于导体两端的电压 V 和电阻 R 的关系可由欧姆定律给出，见公式（2-22）。

$$I=\frac{V}{R} \tag{2-22}$$

在一定温度下，电阻值与导体的几何因素之间的关系见公式（2-23）。

$$R=\rho\frac{l}{A} \tag{2-23}$$

式中，I 为导体长度（m）；A 为导体截面积（m^2）；ρ 为电阻率（$\Omega \cdot m$）。

电解质溶液同样遵从欧姆定律，也具有电阻 R，并服从公式（2-23）。但在习惯上，用电导和电导率来表示溶液的导电能力，即见公式（2-24）～（2-25）。

$$G=\frac{i}{R} \tag{2-24}$$

$$k=\frac{i}{\rho} \tag{2-25}$$

因此有

$$G=k\frac{A}{l} \tag{2-26}$$

式中，G 为电导（S），$1S=1\Omega^{-1}$；k 为电导率，表示边长为 1m 的立方体溶液的电导（S/m）；ρ 为电阻率（$\Omega \cdot m$）。

（3）检测工作原理。四电极测量原理如图 2-9 所示，其中，b、b′为电流电极极（激励电极），a、a′为电压电极（工作电极），G 为正弦波信号电压发生器。

由于集成运放 A 的输入阻抗足够高，使得流经电压电极 a、a′两端的电流

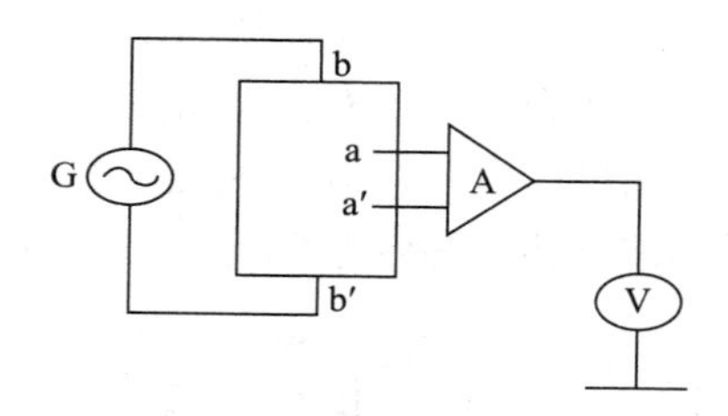

图 2-9　四电极测量电导率原理

近似为零，这样电压电极上就不会产生极化电压，从而很大程度上消除了极化效应对测量的影响。电流电极两端施加了一个恒定的交流电压信号，由电压电极来感应产生电压，通过反馈电路调整电流，使电压电极两端的电压保持恒定。于是，通过电流电极间的电流和液体电导率呈线性关系。根据电流和电压值，计算出液体的电导率值。由公式（2-27）表示：

$$\sigma=\frac{\mathrm{k}}{R_C}=\mathrm{k}\frac{I_C}{V_C} \tag{2-27}$$

式中，σ 为电导率（S/m）；k 为电导池常数，与 4 个电极的形状、位置、大小等因素有关；V_C 为 R_C 两端固定压降（即电压两极之间的电压）（V）；I_C 为通过电流两极的电流。

2. 电感型电导率传感器　电感型电导率传感器是采用原级和次级两个磁环绕组并列安装在同一轴线上，两个磁环之间的距离一般为 1～3cm。原级绕组为发射线圈，次级绕组为接收线圈。若把传感器置于空气中，因为磁环的磁导率 U_c 远大于空气的磁导率 U_o，所以原级绕组磁力线基本上都经本级磁环而闭合，漏磁通非常小。因此，原次级线圈之间没有直接的耦合，这样，即使在原级线圈中通有 20kHz 的交变电流，次级线圈也不能感应出交变电压。若把传感器置于钻井液（或其他溶液）中，钻井液经过传感器探测头孔而呈现闭合状态。此时，原次级线圈之间通过有一定导电能力的钻井液而耦合，这样在原级线圈中通有 20kHz 的交变电流时，原级线圈磁环中的交变磁通能够使经过传感器探测头孔而呈现闭合状态钻井液产生交变电流，该交变电流同时也产生交变磁场，该交变磁场又使次级线圈感应出交变电势。次级感应出的交变电势信号经专用电路处理后，送出电导率参数的检测信号。

次级线圈感应电势高低取决于经过传感器探测头孔而呈现闭合状态钻井液产生交变电流的大小，该交变电流大小又取决于钻井液的电导率 σ 的高低。通常在原级线圈加给的电压是恒定的，如 TDC 综合录井仪的电导率面板对电导率传感器的原级线圈恒定加给 AC4V、20kHz 交变电压。由此可以看出，次级线圈感应电势高低主要取决于钻井液的电导率 σ 的高低。

十一、土壤 pH 感知

pH 传感器是用来检测被测物中氢离子浓度并转换成相应的可用输出信号的传感器，通常由化学部分和信号传输部分构成。

用氢离子玻璃电极与参比电极组成原电池，在玻璃膜与被测溶液中氢离子进行离子交换过程中，通过测量电极之间的电位差来检测溶液中的氢离子浓度，从而测得被测液体的 pH。

pH 传感器俗称 pH 探头，由玻璃电极和参比电极两部分组成。玻璃电极由玻璃支杆、玻璃膜、内参比溶液、内参比电极、电极帽、电线等组成。参比电极具有已知和恒定的电极电位，常用甘汞电极或银/氯化银电极。由于 pH 与温度有关，所以，一般还要增加一个温度电极进行温度补偿，组成三极复合电极。

工作原理：pH 测量属于原电池系统，它的作用是使化学能转换成电能，此电池的端电压被称为电极电位；此电位由两个半电池构成，其中一个称为测量电极，另一个称为参比电极。

结合吉布斯等温方程，对于化学反应：

$$0 = \sum_B \nu_B B \tag{2-28}$$

有

$$\Delta_r G_m = \Delta_r G_m^{\ominus} + RT\ln\prod_B (\tilde{p}_B / p^{\ominus})^{\nu_B} \tag{2-29}$$

或

$$\Delta_r G_m = \Delta_r G_m^{\ominus} + RT\ln\prod_B \alpha_B^{\nu_B} \tag{2-30}$$

上式普遍适用于各类反应，同样也适用于电池反应。式中，$\Delta_r G_m^{\ominus}$ 为标准摩尔吉布斯函数变，根据 $\Delta_r G_m = zFE$ ，相应有：

$$\Delta_r G_m^{\ominus} = -zFE^{\ominus} \tag{2-31}$$

式中，$E^{\ominus}$ 为原电池的标准电动势，它等于参加电池反应的各物质均处在各自标准态时的电动势。

$$E = E^{\ominus} - \frac{RT}{zF}\ln\prod_B \alpha_B^{\nu_B} \tag{2-32}$$

对于 pH 电极，它是一支端部吹成泡状的对于 pH 敏感的玻璃膜的玻璃管。管内充填有含饱和 AgCl 的 3mol/L KCl 缓冲溶液，pH 为 7。存在于玻璃膜二面的反映 pH 的电位差用 Ag/AgCl 传导系统，如第二电极导出。pH 复合电极如图 2-10 所示。

此电位差遵循能斯特公式：

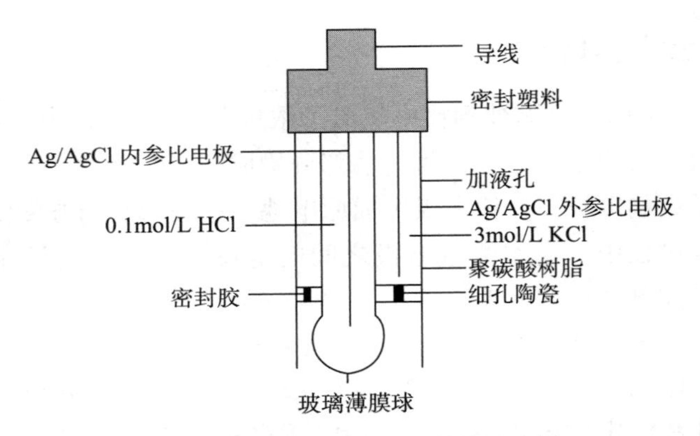

图 2-10　复合 pH 电极的结构示意图

$$E = E_0 + \frac{RT}{nF}\ln a_{H_3O^+} \tag{2-33}$$

$$E = 59.16\text{mV}/25℃ \text{ per PH}$$

式中，R 和 F 为常数；n 为化合价，每种离子都有其固定的值。对于氢离子来讲，$n=1$。温度 T 作为变量，在能斯特公式中起很大作用。随着温度的上升，电位值将随之增大。对于每 1℃的温度变化，将引起电位 0.2mV/per pH 变化。用 pH 来表示，则每变化 1℃，pH 变化 0.003 3pH。

这也就是说，对于温度在 20～30℃和 pH 在 7 左右的测量，不需要对温度变化进行补偿；而对于温度＞30℃或＜20℃和 pH＞8 或＜6 的应用场合，则必须对温度变化进行补偿。

内参比电极的电位是恒定不变的，它与待测试液中的 H^+ 活度（pH）无关，pH 玻璃电极之所以能作为 H^+ 的指示电极，其主要作用体现在玻璃膜上。当玻璃电极浸入被测溶液时，玻璃膜处于内部溶液 $a_{H^+,内}$ 和待测溶液 $a_{H^+,试}$ 之间，这时跨越玻璃膜产生一电位差 ΔE_M，它与氢离子活度之间的关系符合能斯特公式：

$$\Delta E_M = \frac{2.303RT}{F}\lg\frac{a_{H^+,试}}{a_{H^+,内}} \tag{2-34}$$

$a_{H^+,内}$ 为一常数，故：

$$\Delta E_M = K + \frac{2.303RT}{F}\lg a_{H^+,试} = K - \frac{2.303RT}{F}\text{pH}_{试} \tag{2-35}$$

当 $a_{H^+,内} = a_{H^+,试}$ 时，$\Delta E_M = 0$。实际上 $\Delta E_M \neq 0$，跨越玻璃膜仍有一定的电位差，这种电位差称为不对称电位（ΔE 不对称），它是由玻璃膜内外表面情况不完全相同而产生的。此式表明玻璃电极 ΔE_M 与 pH 成正比。因此，可作为测量 pH 的指示电极。

十二、土壤水分蒸发量感知

目前常用的土壤表面蒸发测定技术主要有蒸渗仪法、水量平衡法、波文比能量平衡法、涡度相关法和空气动力学方法，也可以利用 Penman-Monteith 公式等和遥感技术估测区域蒸散。但是，这些方法获得的都是地表以上而不是土壤中的蒸发量，也无法得到近地面的蒸发状况。

由于土壤特性的时空变异性，对土壤含水量、温度、热特性以及其他物理参数的动态监测是土壤学研究的重要课题。利用热脉冲技术测定土壤温度和热特性是目前广泛采用的一项技术。

热脉冲技术是指通过对加热探针施以较短时长的直流电流，利用其两侧的温度感应器检测温度变化。在已知脉冲时长、探针间距和温度随时间的变化值后，通过求解各向同性的热传导方程，反求得到土壤的热物理参数，如热导率、热容量、热扩散系数等。

利用热脉冲技术和潜热通量技术计算土壤的蒸发量：在已测定土壤各层热导率的情况下，通过热电偶感应探针准确测定各层地温动态，从而计算获取土壤各层热通量；然后在热脉冲技术获取土壤热容量的基础上，利用监测的地温动态获取土壤热储量变化；最终利用热量平衡原理，计算得到各层的潜热通量，并换算为土壤蒸发量。在新的研究领域内，如何更加准确地测定各层潜热通量，是有待解决的一项技术课题。

热脉冲技术工作原理：依据热传导原理，土壤中的热量平衡方程为：

$$(H_1 - H_2) - \Delta S = LE \tag{2-36}$$

式中，H_1 和 H_2 分别为土壤内部两个不同深度的热通量（W/m^2）；ΔS 为热储量变化（W/m^2）；LE 为蒸发潜热（W/m^2）；L 为汽化潜热（J/m^3），已知量；E 为蒸发量（mm/h）。

通过 Fourier 定律可以得到土壤各层热通量：

$$H = -\lambda \times dT/dz \tag{2-37}$$

式中，λ 为土壤热导率（$W \cdot m^{-1}K^{-1}$）；dT/dz 为温度梯度。

土壤中的热储量变化 ΔS 可以利用公式（2-38）计算：

$$\Delta S = \sum_{i=1}^{N} C_{i,j-1} - \frac{T_{i,j} - T_{i,j-1}}{t_i - t_{j-1}}(z_i - z_{i-1}) \tag{2-38}$$

式中，i 和 j 分别为不同的土层和时间；C 为土壤热容量［$MJ/(m^3 \cdot ℃)$］。

因此，只要测定土壤各层的温度和热特性，就可以计算出其热通量和热储量变化，继而利用热平衡方程求出土壤各层的蒸发速率 E。

第二节 作物生长感知

一、叶面温度感知

农作物叶片在进行光合作用时，叶面会释放一定的热量，该热量所表现的温度数值能够直接反映出叶片的生长状态。研究作物辐射平衡、热量平衡、光合作用、呼吸作用、蒸腾作用及极端温度危害时，用叶温更准确、客观。植物体中热量的得失和叶温的变化不仅取决于环境温度，还和植物体本身与周围环境进行热量交换有关。

叶温的测量方法一般分为接触式和非接触式。

1. 接触式测温法 接触式测温法就是利用水银温度计、半导体点温度计、热电偶等温度计直接与叶面接触测量叶面的温度。优点是可直接测得作物叶面温度，使用携带方便，价格便宜；缺点是工作量大，不适用于大面积测量，并且会改变叶片周围环境，影响测量精度。

2. 非接触式测温法 非接触式测温测得的并不是叶面温度，而是冠层温度。就是利用红外测温仪、遥感卫星等设备通过接收物体所发射的光波反映出物体表面温度，根据作物冠层遥感图像判读冠层温度。优点是测量速度快、精度较高；缺点是价格高、不利于测量中间层叶面的温度。

光学系统汇集其视场内的目标红外辐射能量，视场的大小由测温仪的光学零件以及位置决定。红外能量聚焦在光电探测仪上并转变为相应的电信号。该信号经过放大器和信号处理电路按照仪器内部的算法和目标发射率校正后转变为被测目标的温度值。除此之外，还应考虑目标和测温仪所在的环境条件，如温度、气氛、污染和干扰等因素对性能指标的影响及修正方法。

一切温度高于绝对零度的物体都在不停地向周围空间发出红外辐射能量。物体红外辐射能量的大小及其按波长的分布——与它的表面温度有着十分密切的关系。因此，通过对物体自身辐射的红外能量的测量，便能准确地测定它的表面温度。这就是红外辐射测温所依据的客观基础。

黑体是一种理想化的辐射体，它吸收所有波长的辐射能量，没有能量的反射和透过，其表面的发射率为1。但是，自然界中存在的实际物体，几乎都不是黑体。为了弄清和获得红外辐射分布规律，在理论研究中必须选择合适的模型。这就是普朗克提出的体腔辐射的量子化振子模型，从而导出了普朗克黑体辐射的定律，即以波长表示的黑体光谱辐射度。这是一切红外辐射理论的出发点，故称黑体辐射定律。所有实际物体的辐射量除依赖于辐射波长及物体的温度之外，还与构成物体的材料种类、制备方法、热过程以及表面状态和环境条件等因素有关。因此，为使黑体辐射定律适用于所有实际物体，必须引入一个与材料性质及表面状态有关的比例系数，即发射率。

该系数表示实际物体的热辐射与黑体辐射的接近程度，其值在0和小于1的数值之间。根据辐射定律，只要知道了材料的发射率，就知道了任何物体的红外辐射特性。影响发射率的主要因素有材料种类、表面粗糙度、理化结构和材料厚度等。当用红外辐射测温仪测量目标的温度时，首先要测量出目标在其波段范围内的红外辐射量，然后由测温仪计算出被测目标的温度。单色测温仪与波段内的辐射量成比例，双色测温仪与两个波段的辐射量之比成比例。

二、叶面湿度感知

1. 叶面湿度传感器 叶面湿度传感器是测量植物叶面湿度的专业仪器，也称叶面湿度仪、叶面湿度测量仪、叶面湿度记录仪。

土壤、水分和阳光是关系到植物生长的重要因素，现在利用各种农业仪器已经实现了对土壤养分、水分和光照度的监测。而研究表明，实际上一些其他的因素，如叶面湿度对作物生长的影响也是有非常重要影响的。因此，利用叶面湿度传感器来精确测量植物叶片表面水分的百分比含量，来进一步指导农业生产作业，巩固农业生产的成果，实现更高的生产目标。

2. 叶面湿度传感器的构成和工作原理 湿度传感器主要是由叶面模拟板、信号处理电路、温度校正电路、灌封壳体等部分组成。在测量的过程中，其内部处理器会将整个叶面板当做介电常数介质来测量，通过高频信号源及其处理电路实现湿度信息的测量。同时，为了防止温度以及漂移的影响，内部还使用温度校正以及信号漂移补偿电路，从而实现精准可靠测量。

叶面湿度传感器能够对叶面湿度进行精准的测量，它能够监测到叶面的微量水分或冰晶残留。一般传感器外形采用仿叶片设计，真实模拟叶面特性，因而能够更准确地反映出叶面环境的情况。通过仿叶片介质上的表面介电常数的变化，来测量水或冰的存在量。与基于电阻测量的传感器不同的是，它不要求着色或使用校准，同时还能提供冰的有效监测。

三、叶片厚度感知

1. 叶片厚度测量仪 叶片是植物的重要组成部分，大多数人了解叶片，都知道它是植物进行光合作用的重要场所，而实际上叶片还会进行蒸腾作用，蒸腾作用就与水分的交换有关。叶片越厚，储存水分越多，保水能力越强，越可以耐干旱；反之，叶片越薄，储存水分越少，保水能力越差，越不能耐干旱。因此，利用叶片厚度测量仪测量叶片厚度，来获得精准的叶片厚度测量数据，就可以从专业的角度进行数据分析，了解植物的水分状况，为实现智能的节水灌溉提供重要依据。

2. 叶片厚度测量仪功能 不同种类的植物，其叶片性状各异，厚度也不同，叶片的厚度主要与其生长环境有关。生长环境较差的植物，其叶片又小、又薄；而生长在肥沃土壤中的植物，其叶面积较大，叶绿素含量更高，叶片更厚，同时叶片储存水分也会更多。经叶片厚度测量仪检测，发现不同厚度的叶片，其作用也会不同。例如，沙漠中的仙人掌，针形叶是为了减少水分的散发；再比如温带、热带的阔叶，宽大的叶片主要是为了加快有氧呼吸。植物叶片的厚度一般会因为季节的变化而有所改变。气候温湿的时候叶片会比较厚，其主要目的是保持旺盛的新陈代谢；而气候寒冷的时候叶片会比较薄，其主要目的是减少有氧呼吸，保持养分。

叶片是植物重要的器官，其形态变化可以反映出植物生长状态的变化，如光合作用、水分情况、养分情况等。研究表明，叶片厚度变化具有周期规律性，可分为长周期和短周期（24h）。掌握这些规律对研究植物水分状态具有重要意义。

四、茎流感知

茎流计又称树液仪，是通过加热植物茎干来测量茎流速率进而计算植物蒸腾量的一种仪器。不同类型茎流计测定液流速率的方法和原理不同，主要有热脉冲速率法、茎干热平衡法、热扩散法及激光热脉冲法。

1. 茎流计发展史 德国植物生理学家 Huber 于 1932 年提出热脉冲法，最先利用热脉冲作为植株液流的示踪物，并率先运用于实际研究。Huber 使用一根电阻线作为热脉冲源，通过安装在电阻线下方的单个热电偶感知热脉冲到达的时间，此即茎流计的雏形。但此法却很难清楚地解释热电偶的温度升降变化。Huber 等后来又采用了在热源上下不等距设置热电偶探头的方法，将热脉冲在液流传导系统中的运动和外界环境中的热干扰有效地区分开。然而，Huber 测得的热脉冲传导速率却显著低于实际液流速率。

Marshall 改进了 Huber 的茎流计设计，将加热元件和测温结点插入植物的木质部。他假定热脉冲在移动时，液流跟木质部之间不存在阻碍，热量可以在树液和边材之间自由交换。但依据 Marshall 的理论计算出的液流速率也低于实际速率，需进行修正。

Swanson 发现，以往测算中热脉冲速率和实际液流量存在偏差的真正原因“因伤效应”，从而否定了 Marshall 关于茎内木质部同质性的假设。他认为，在安装茎流计热敏探头时，探头周围损伤部位会产生愈伤组织，使得探头周围区域的热传导性能降低，导致热脉冲速率低于真实液流速率。如果计算中对这种损伤作用加以修正，将大大提高热脉冲技术的可应用性。

Granier又在热脉冲速率法的基础上做出改进，将利用脉冲滞后效应为原理的热脉冲液流检测仪改进为利用双热电偶检测热耗散为原理的热扩散液流探针测量装置。与热脉冲方法相比较，热扩散探针的一个突出特点是能够连续放热，实现连续或任意时间间隔液流速率的测定。热扩散法具有更高准确度，茎流计也越来越多地使用该原理。

针对热脉冲和热扩散方法插针损伤植物茎干且干扰液流的缺点，William等提出了液流激光测量系统，利用二极管激光器取代加热金属丝，用红外温度计来取代热敏电阻。这样的改进避免植物茎干内部组织受到破坏，也能消除因茎流计位置变动所造成的误差。可惜因该系统造价高昂，目前应用并不广泛。

2. 茎流计工作原理

（1）热脉冲速率法茎流计。热脉冲感应部分主要由一个热源和两个传感器探针组成。此外，还有数据采集器、数据分析软件等组件，装置属于插针式茎流计。该方法最早由德国植物生理学家Huber于1932年提出，基于热源发出热脉冲，然后测定热源上下游树液温度的升高来推算蒸腾耗水量。

该方法在树木茎干的茎向同一直线上，先将热源探针插入，然后分别在其上、下部位1.0cm和0.5cm处插入两传感器探针，打开热源发出小段热脉冲，因为离热源距离不同，上面传感器测得的温度应该小于下面传感器温度，但液流能携带一部分热量给上面的传感器，在一定时间内两个温度会相等。

（2）茎干热平衡法茎流计。茎干热平衡法茎流计由Sakuratani提出，经Baker和Van Bavel等改进。该测量系统提供稳定热源，因达到稳定状态需一定时间，在液流变化与茎流计反应之间有时间滞后。

该方法测量探头设计成包裹式，在结构上有许多独特之处：探头外层是泡沫绝热材料，起密封和绝热作用；内层则由特殊设计的恒定供热装置——加热器及其他组件组成。由3组温度测量探头所构成的茎流测量装置，可以确定茎干中液流运动所产生的热传输和散发至周围环境中的辐射热通量。

该茎流计通常用于测定直径较小的植物或器官，如小枝、苗木和作物等。安装时，要保证探测器与茎表面接触良好。与热脉冲法相比，最大的两个特点是其无须标定，也无须将温度探头插入茎干中，可以直接得到测量结果。

（3）热扩散法茎流计。1986年，Granier等提出用热扩散法测定树木茎干液流速率，测量装置包括两根圆柱形探针（直径2mm，一根含有热源和热电偶，一根只有热电偶），属于插针式茎流计。

该茎流计测量原理：将一对内置有热电偶的探针（上面的探针内置有线形加热器和热电偶，下面的探针作为参考，仅内置热电偶）插入具有水分传输功能的树干边材中，上面的探针加热后，与下面感测周围温度的探针作为对比，通过检测热电偶之间的温差ΔT，计算液流热耗散（液流携带的热量），建立温差与液流速率的关系，进而确定液流速率的大小。

（4）光热脉冲法茎流计。2000 年 7 月，针对测量过程中用热电阻插入茎干内部加热造成的误差，美国的学者提出了一套新的测量植株茎流装置。与以前的测量系统相比，用一个二极管激光器代替了热电阻来提供热源，并用非接触红外温度计代替之前所使用的温度计。

该茎流计测量原理跟利用热脉冲速率法来计算液流速率是一样的。但是，因为不需要将热源插入植物茎干内，避免了对茎干内组织破坏而造成的误差。光热脉冲法茎流计能克服之前的 3 个茎：流计缺点，得到的数据更加准确。

五、果实膨大感知

1. 果实膨大测量 果实膨大传感器一般采用高精度位移增量传感器，位移传感器记录了完整果实的生长尺寸。

位移传感器又称为线性传感器，是一种属于金属感应的线性器件，传感器的作用是把各种被测物理量转换为电量。在生产过程中，位移的测量一般分为测量实物尺寸和机械位移两种。按被测变量变换的形式不同，位移传感器可分为模拟式和数字式两种。模拟式又可分为物性型和结构型两种。常用位移传感器以模拟式结构型居多，包括电位器式位移传感器、电感式位移传感器、自整角机、电容式位移传感器、电涡流式位移传感器、霍尔式位移传感器等。

2. 果实膨大传感器（位移传感器）**工作原理** 电位器式位移传感器，它通过电位器元件将机械位移转换成与之呈线性或任意函数关系的电阻或电压输出。普通直线电位器和圆形电位器都可分别用作直线位移和角位移传感器。但是，为实现测量位移目的而设计的电位器，要求在位移变化和电阻变化之间有一个确定关系。电位器式位移传感器的可动电刷与被测物体相连。

物体的位移引起电位器移动端的电阻变化。阻值的变化量反映了位移的量值，阻值的增加还是减小则表明了位移的方向。通常在电位器上通以电源电压，以把电阻变化转换为电压输出。线绕式电位器由于其电刷移动时电阻以匝电阻为阶梯而变化，其输出特性也呈阶梯形。如果这种位移传感器在伺服系统中用作位移反馈元件，则过大的阶跃电压会引起系统振荡。因此，在电位器的制作中应尽量减小每匝的电阻值。

磁致伸缩位移传感器通过非接触式的测控技术精确地检测活动磁环的绝对位置来测量被检测产品的实际位移值，该传感器的高精度和高可靠性已被广泛应用于成千上万的实际案例中。

由于作为确定位置的活动磁环和敏感元件并无直接接触，因此传感器可应用在极恶劣的工业环境中，不易受油渍、溶液、尘埃或其他污染的影响，IP 防护等级在 IP67 以上。此外，传感器采用了高科技材料和先进的电子处理技术，因而它能应用在高温、高压和高振荡的环境中。传感器输出信号为绝对位移值，即使电源中断、重接，数据也不会丢失，更无须重新归零。由于敏感元件是非接触的，就算不断重复检测，也不会对传感器造成任何磨损，可以大大地提高检测的可靠性和使用寿命。

磁致伸缩位移传感器是利用磁致伸缩原理，通过两个不同磁场相交产生一个应变脉冲信号来准确地测量位置的。测量元件是一根波导管，波导管内的敏感元件由特殊的磁致伸缩材料制成的。测量过程是由传感器的电子室内产生电流脉冲，该电流脉冲在波导管内传输，从而在波导管外产生一个圆周磁场。当该磁场和套在波导管上作为位置变化的活动磁环产生的磁场相交时，由于磁致伸缩的作用，波导管内会产生一个应变机械波脉冲信号。这个应变机械波脉冲信号以固定的声音速度传输，并很快被电子室所检测到。

由于这个应变机械波脉冲信号在波导管内的传输时间和活动磁环与电子室之间的距离成正比，通过测量时间，就可以高度精确地确定这个距离。由于输出信号是一个真正的绝对值，而不是比例的或放大处理的信号，所以不存在信号漂移或变值的情况，更无须定期重标。

磁致伸缩位移传感器是根据磁致伸缩原理制造的高精度、长行程绝对位置测量的位移传感器。它采用非接触的测量方式，由于测量用的活动磁环和传感器自身并无直接接触，不至于被摩擦、磨损，因而其使用寿命长、环境适应能力强、可靠性高、安全性好，便于系统自动化工作。即使在恶劣的工业环境下，也能正常工作。此外，它还能承受高温、高压和强振动，现已被广泛应用于机械位移的测量、控制中。

六、果实营养感知

果实营养感知主要是包括对果实营养的常规检测（表 2-1）、营养元素检测（表 2-2）和分析方法检测（表 2-3）。

表 2-1　常规检测

膳食纤维	酸性洗涤纤维、中性洗涤纤维、膳食纤维、果胶、纤维素、半纤维素、木质素
农药残留	微量元素、铵态氮、硝态氮、有效磷、有效钾
维生素	维生素 A、B 族维生素、维生素 C、维生素 D、维生素 E 等
普通理化指标	水分、灰分、粗脂肪、淀粉种类及含量、纤维素种类及含量、糖类、粗蛋白、碳水化合物、pH 等
初级代谢产物	脂肪酸分析、氨基酸分析、糖类物质分析、各类酶活分析等
次级代谢产物	植物内源激素检测、酚酸和有机酸、黄酮类物质、生物碱类物质、挥发油（精油）、风味物质分析等

表 2-2　营养元素检测

常量元素检测	氮、磷、碳、氢、氧、硫
微量元素检测	钾、钙、镁、铜、铁、锰、锌等
糖类物质检测	多糖中单糖的组成分析、多糖分子量分布、葡萄糖、总糖、还原糖、果糖、半乳糖、乳糖、麦芽糖、蔗糖、核糖、甘露糖、鼠李糖、木糖、淀粉等
植物激素检测	赤霉素（GA_3）、吲哚乙酸（IAA）、脱落酸（ABA）、水杨酸（SA）、吲哚丁酸（IBA）等
脂肪酸检测	C_2～C_{24}等 41 种脂肪酸
氨基酸检测	谷氨酸、蛋氨酸、组氨酸等 20 种氨基酸

表 2-3　分析方法检测

脂肪酸分析	目前检测脂肪酸的手段包括红外吸收光谱法、毛细管电泳法、气相色谱法、阴离子色谱法、ELISA 法和气质联用法等
氨基酸分析	常见的氨基酸检测方法有 3 种：高效液相色谱法（HPLC）、氨基酸分析仪和液质联用检测技术（LC-MS/MS）
微量元素分析	目前比较成熟和稳定的微量元素分析方法有 ICP-MS 和 ICP-OES 等

七、植物蒸腾量感知

植物蒸腾作为水循环中的重要环节，是分析陆面生态过程与气候相互作用、预测生态环境变化的重要手段，也是计算植物生态需水量的依据。

1. 早期研究方法　早期的树木蒸腾的测定方法是称重法，包括快速离体称重法和盆栽苗木称重法。

（1）快速离体称重法。快速离体称重法的基本原理是树木枝叶离体短时间内蒸腾的变化不大，则可剪取枝叶在田间进行 2 次间隔称重，用离体失水量和间隔时间换算蒸腾速率，代表正常生长情况下的蒸腾速率。这种方法简单易行，适用于在不同的时间、不同的天气下，对不同的树种蒸腾量进行比较。缺点在于测定的间断性，在测定的过程中必须将枝叶与树体分离，且取叶次数增多将影响树木生长，尤其对幼树的影响十分明显。

（2）盆栽苗木称重法。盆栽苗木称重法虽然克服了离体测定产生的误差，但是受苗木和叶片年龄的限制而具有一定的局限性。此外，对于气象因素和自然状态下的林分结构无法进行人为的控制和模拟。

2. 迅速发展阶段　在迅速发展阶段涌现出了许多蒸腾的测定方法。

（1）蒸渗仪法。蒸渗仪法是 Fritschen 等人于 1937 年根据水量平衡原理设计的一种测量蒸腾的方法。测定时，将研究区的原状土填入四周和底部封闭但装有特制排水、供水系统的圆柱桶内，埋设于自然的土壤中，并通过对其土壤水分进行调控来有效地模拟实际的蒸散过程，再通过对蒸渗仪进行称量就可得到蒸散量。常用的蒸渗仪包括称重型和渗漏型 2 种。此方法可以同时测定林地的蒸发和植物的蒸腾。在测定植物蒸腾时，对于土壤和水系统的细小变化非常敏感，应用范围较狭窄，但测定精度高，是农田、草原、小型林地蒸散研究中较为有效和经济的测定方法。但它所测得数据仅能代表整个田间某一地块的蒸发蒸腾量，而且仪器的埋入有可能影响植物的根系生长，因此不宜用于高大植物。由于该法必须将植被及其根系土壤置于容器内，当蒸散损失的水量远小于仪器内植被和土壤的重量时，称重式蒸渗仪的测量误差将会很大，而且随着树形的增大，对设备的要求也会更高，这就限制了蒸渗仪在植被蒸散研究中的应用。

（2）空调室法。空调室法是由 Greenwood 和 Beresford 最早提出来并应用的。该方法的原理是通过测定空调室气体的水汽含量差及室内的水汽增量来计算蒸散量的。但该方法不适于大面积应用，而且室内环境与自然环境相比有很大差别，所得的结果与实际有很大差距。

（3）化学示踪法。化学示踪法是 Greenige 于 1955 年提出来的，是利用一些化学元素作为示踪剂如氘、磷 32 等元素，定期注射于林木木质部内以研究水分传导速率。

3. 逐步完善阶段 研究表明，植物根部所吸收的水分有 99.8%以上消耗在冠层蒸腾上。因此，通过测量植物干部茎的液流能够间接计算出其蒸腾量，是测定树木蒸腾时常用的方法。热技术法主要包括热平衡法、热脉冲法和热扩散法。热脉冲法和热扩散法都是利用了热平衡法的原理，即向树干供应恒定的热量，在理想状态下，被树体液流带走的热量等于供给的热量。其优点是可以直接给出液流量，但仍然需要液流等于零时的加热功率及温度变化为依据进行零值校正。

（1）热脉冲法。热脉冲技术于 1932 年由 Huber 首先用于测量木质部液流，Marshall 和 Swanson 对其进行了改进，Edward 总结成系统的理论技术。该方法用热脉冲加热树液，在上下方固定距离安装热敏探头来测定温度变化，以确定断面流速然后积分得到断面流量。由于木质部边材各个位点液流速率的异质性，因而需要测定不同方向、不同深度处的液流速率，然后根据统计方法将点上的速率整合到整个边材面积上。Hatton 等于 1995 年对热脉冲法进行了分析，认为它是估计树木个体水平上水分利用的有效方法，并且是测量位于复杂地形的林地蒸腾量的唯一有效方法。在利用此方法时，提出了采用依树干深度和象限进行分层取样和置入探针的做法来有效降低试验误差。在利用热脉冲法对整个林分进行估计时，最大误差源可能是对树木个体茎干通量的测量。刘奉觉、李海涛应用该法测定了杨树、棘皮桦和五角枫的日蒸腾耗水量。

经常研究利用液流通量的方法进行单棵树木水平上蒸腾量的估计，然后将单棵树的蒸腾量上推到整个林分，进而再上推到流域尺度上。但是，关于此方法与其他方法的比较研究却很少。Ford 等对依据液流通量密度和利用流域水量平衡估计蒸腾量的方法进行了比较。水量平衡法估算蒸腾量，原理简单，可操作性强，还能充分考虑水分运动的形态，且不受地理与气象条件制约，但水量平衡方程式中各分量的准确测定较难，土壤水分的空间变异也会降低观测精度。通过分析，发现利用液流通量密度得来的蒸散发量低于通过水量平衡估计而来的蒸散发量，在利用液流通量进行尺度上推的每一步中都存在相当多的变异性，而最大的变异来源是林分密度和边材面积的差异性。

此外，该方法对较细的枝干液流的测值误差很大，在进行尺度上推时，会导致较大的误差且该方法无法获取土壤蒸发耗水量，在实际测量时，常造成研究地区蒸散发量偏低。传感器的植入过程也会造成植物干部的损伤，从而对液流变化产生影响。

（2）热平衡法。热平衡法与热脉冲法的原理相同，区别在于此法在无损伤植物枝干的前提下对液流进行连续测定，而且该法目前能够测定直径约为5mm 细枝的液流，弥补了热脉冲法因探头植入造成植物茎秆损伤的不足。

此外，还有气孔计法、波文比法、涡度相关法、遥感技术等方法研究植物的蒸腾作用。

第三节　水肥精准施用感知

一、流量感知

1. 文丘里管　文丘里管是测量流体压差的一种装置，是由意大利物理学家 G. B・文丘里发明的，见图 2-11。文丘里管是先收缩而后逐渐扩大的管道。测出其入口截面和最小截面处的压力差，用伯努利定理即可求出流量。

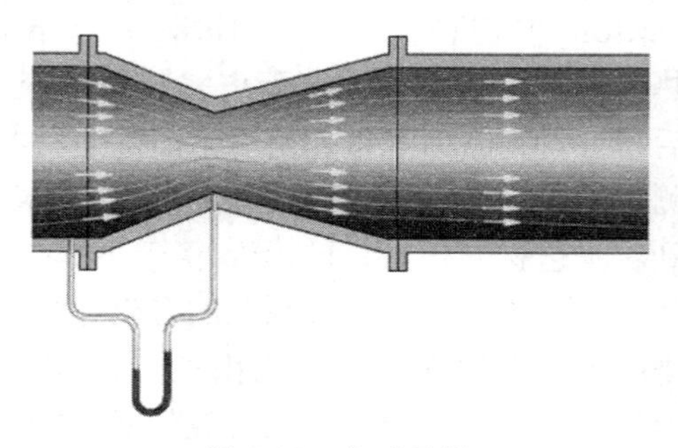

图 2-11　文丘里管

内文丘里管由一圆形测量管和置入测量管内并与测量管同轴的特型芯体所构成。特型芯体的径向外表面具有与经典文丘里管内表面相似的几何廓形，并与测量管内表面之间构成一个异径环形过流缝隙。流体流经内文丘里管的节流过程同流体流经经典文丘里管、环形孔板的节流过程基本相似。内文丘里管的这种结构特点，使之在使用过程中不存在类似孔板节流件的锐缘磨蚀与积污问题，并能对节流前管内流体速度分布梯度及可能存在的各种非轴对称速度分布进行有效的流动调整（整流），从而实现了高精确度与高稳定性的流量测量。

优点：如果能完全按照 ASME 标准精确制造，测量精度也可以达到 0.5%。但是，国产文丘里管由于其制造技术问题，精度很难保证，国内技术力量雄厚的开封仪表厂也只能保证 4%测量精度。对于超超临界发电的工况，这种喉管处的均压环在高温高压下使用是一个很危险的环节；不采用均压环，就不符合 ASNE ISO 5167 标准，测量精度就无法保证。这是高压经典式文丘里管制造中的一个矛盾。

缺点：喉管和进口/出口一样材质，流体对喉管的冲刷和磨损严重，无法保证长期测量精度。结构长度必须按 ISO 5167 规定制造，否则就达不到所需精度。由于 ISO 5167 对经典文丘里管的严格结构规定，使得它的流量测量范围最大/最小流量比很小，一般在 3～5，很难满足流量变化幅度大的流量测量。

工作原理：测出其入口截面和最小截面处的压力差，用伯努利定理即可求出流量。在喉道中央处也有一个多孔道的测压环通向压力计。通过压力计的刻度或自动记录仪，可测出入口截面同最小截面（即喉道截面）处的压力差。

设入口截面处和喉道处的平均速度、平均压力和截面积分别为 V_1、P_1、S_1，V_2、P_2、S_2；流体密度为 ρ。应用伯努利定理和连续性方程并注意到平均运动的流线是等高的，可得出：

$$S_1 v_1 = S_2 v_2 = Q \tag{2-39}$$

$$\frac{V_1^2}{2} = \frac{P_1}{\rho} = \frac{V_2^2}{2} + \frac{P_2}{\rho} \tag{2-40}$$

可得计算流量 Q 的公式：

$$Q = S_2 \sqrt{\frac{2(P_1 - P_2)}{\rho\left[1 - (\frac{S_2}{S_1})^2\right]}} \tag{2-41}$$

2. 压力式液位计　压力式液位计是一种测量液位的压力传感器，包括静压液位计、液位变送器、液位传感器、水位传感器、压力变送器等，是基于所测液体静压与该液体的高度成比例的原理，采用隔离型扩散硅敏感元件或陶瓷电容压力敏感传感器，将静压转换为电信号，再经过温度补偿和线性修正，转化成标准电信号（一般为1～5 VDC 4～20mA）。

其特点是不需建静水测井，可以将传感器固定在所测点，用引压管消除大气压力，从而直接测得水位。压力式液位计有两类：一类为气泡型，在引压管中不断输气，用自动调节的压力天平将水压力转换成机械转角量，从而带动记录机构。另一类为电测型，它应用固态压阻器件作传感器，可直接将水压力转变成电压模量或频率量输出，用导线传输至岸上进行处理和记录。

工作原理：压力式液位计采用静压测量原理，当液位变送器投入到被测液体中某一深度时，传感器迎液面受到压力的同时，通过导气不锈钢将液体的压力引入到传感器的正压腔，再将液面上的大气压 P_0 与传感器的负压腔相连，以抵消传感器背面的 P_0，使传感器测得压力为 $\rho \cdot g \cdot H$，通过测取压力 P，可以得到液位深度。

其公式为：

$$P = \rho \cdot g \cdot H + P_0 \tag{2-42}$$

式中，g 为当地重力加速度；P_0 为液面上大气压；ρ 为被测液体密度；P 为变送器迎液面所受压力；H 为变送器投入液体的深度。

二、水肥 pH 感知

水肥 pH 计是测量和反映导管内溶液酸碱度的重要工具，pH 计的型号和产品多种多样，显示方式也有指针显示和数字显示两种可选。但是，无论 pH 计的类型如何变化，它的工作原理都是相同的，其主体是一个精密的电位计。

水肥 pH 计是以电位测定法来测量导管内溶液 pH 的，因此水肥 pH 计的工作方式，除了能测量溶液的 pH 以外，还可以测量电池的电动势。pH 在拉丁文中，是 *Pondus hydrogenii* 的缩写，是物质中氢离子的活度，pH 则是氢离子浓度的负对数。水肥 pH 计的主要测量部件是玻璃电极和参比电极，玻璃电极对 pH 敏感，而参比电极的电位稳定。水肥 pH 计的这两个电极一起放入同一溶液中，就构成了一个原电池。而这个原电池的电位，就是这玻璃电极和参比电极电位的代数和。

水肥 pH 计的参比电极电位稳定，那么在温度保持稳定的情况下，溶液和电极所组成的原电池的电位变化，只和玻璃电极的电位有关，而玻璃电极的电位取决于导管溶液的 pH。因此，通过对电位的变化测量，就可以得出导管内溶液的 pH。

水肥 pH 计传感器与土壤 pH 传感器工作原理相同，这里不再做叙述。

三、水肥电导率感知

1. 水肥电导率传感器 水肥电导率传感器是测量导管内溶液的电导率的

传感器，水肥一体机通过水肥电导率传感器与土壤电导率传感器相互配合，控制水肥浓度与流量，形成闭环控制。

2. 水肥电导率传感器测量方法　电导率的测量通常是溶液的电导率测量。固体导体的电阻率可以通过欧姆定律和电阻定律测量。导管内溶液电导率的测量一般采用交流信号作用于电导池的两电极板，由测量到的电导池常数 k 和两电极板之间的电导 G 而求得电导率 σ。

电导率测量中最早采用的是交流电桥法，它直接测量到的是电导值。最常用的仪器设置有常数调节器、温度系数调节器和自动温度补偿器，在一次仪表部分由电导池和温度传感器组成，可以直接测量电解质溶液电导率。

3. 水肥电导率传感器测量原理　电导率的测量原理是将相互平行且距离是固定值 L 的两块极板（或圆柱电极），放到被测溶液中，在极板的两端加上一定的电势（为了避免溶液电解，通常为正弦波电压，频率 1～3kHz）。然后，通过电导仪测量极板间电导。

电导率的测量需要两方面信息：一个是溶液的电导 G，另一个是溶液的电导池常数 k。电导可以通过电流、电压的测量得到。

根据关系式 $K=Q\times G$ 可以得到电导率的数值。这一测量原理在直接显示测量仪表中得到广泛应用。

而
$$Q=L/A \tag{2-43}$$

式中，A 为测量电极的有效极板面积；L 为两极板的距离。

这一值则被称为电极常数。在电极间存在均匀电场的情况下，电极常数可以通过几何尺寸算出。当 2 个面积为 1cm^2 的方形极板，之间相隔 1cm 组成电极时，此电极的常数 $Q=1\text{cm}^{-1}$。如果用此对电极测得电导值 $G=1\ 000\mu\text{S}$，则被测溶液的电导率 $\sigma=1\ 000\mu\text{S/cm}$。

一般情况下，电极常形成部分非均匀电场。此时，电极常数必须用标准溶液进行确定。标准溶液一般都使用 KCl 溶液，这是因为 KCl 的电导率在不同的温度和浓度情况下非常稳定、准确。0.1mol/L 的 KCl 溶液在 25℃时电导率为 12.8mS/cm。

所谓非均匀电场（也称作杂散场、漏泄场）没有常数，而是与离子的种类和浓度有关。因此，一个纯杂散场电极是最复杂的电极，它通过一次校准不能满足宽测量范围的需要。

第三章

水肥精准施用无线通信技术

水肥精准施用技术区别于水肥一体化技术的核心就是利用物联网技术，将作物生长环境以及水肥一体机设备监测参数无线实时地传输至控制端，进行实时分析与判断，输出精准施用指令。

无线通信是利用电磁波信号可以在自由空间中传播的特性进行信息交换的一种通信方式。近年来，随着电子技术、计算机技术的发展，无线通信技术蓬勃发展，出现了各种标准的无线数据传输标准。本章讨论目前应用的无线通信技术，并进行分析对比，给出其优缺点和不同的应用场合。

第一节　无线通信原理

在通信系统中，模拟信号与数字信号是基本的概念，弄清模拟和数字的关系是理解无线通信原理的基础。

模拟信号是连续变化的电磁波，数字信号是电压脉冲序列。看一个实例，图 3-1 选自经典教材《无线通信与网络（第二版）》，电话通信是典型的模拟数

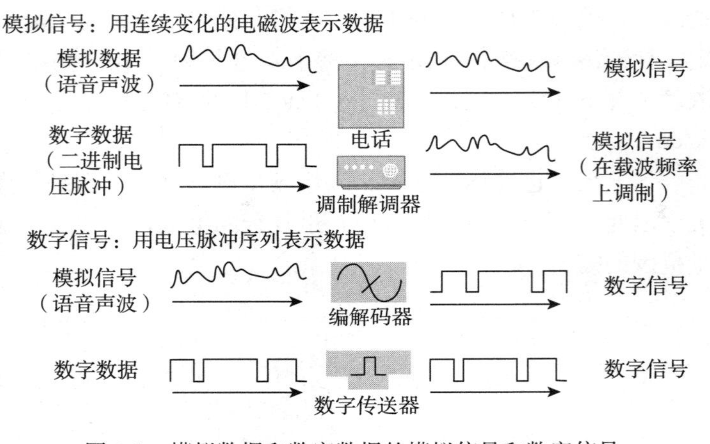

图 3-1　模拟数据和数字数据的模拟信号和数字信号

据（声波）通过模拟信号传输；家庭宽带拨号上网是典型的数字数据（计算机只能处理数字信号）通过模拟信号（由“猫”完成调制）传输，同时模拟信号也可以转换成数字信号（由“猫”完成解调）；计算机局域共享则是典型的数字数据通过数字信号传输。

通信信号的第一个“敌人”是噪声，如图 3-2 所示，噪声会影响数字位，足以将 1 变为 0，或将 0 变为 1。

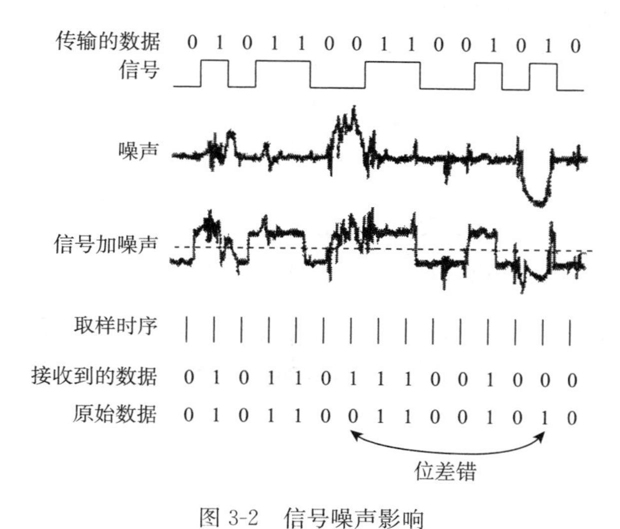

图 3-2　信号噪声影响

无线传播主要有 3 种类型：地波传播、天波传播和直线传播，如图 3-3 所示。

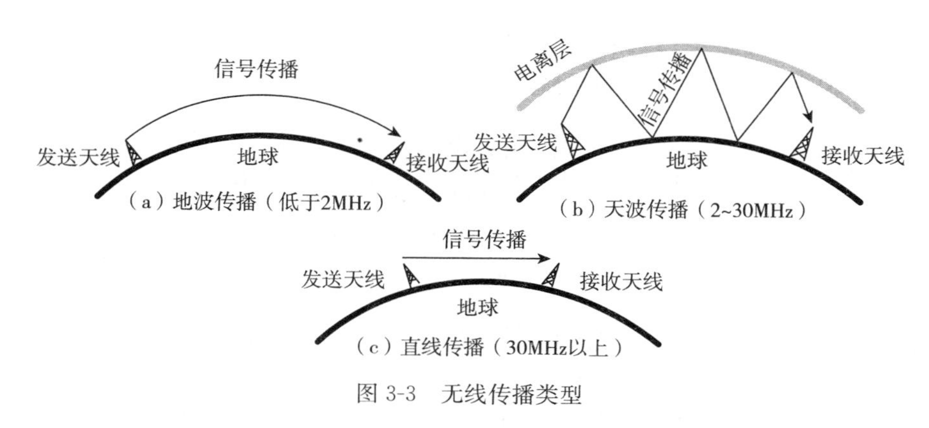

图 3-3　无线传播类型

无线信号除直线传播外，因为阻碍物的存在，还会发现如图 3-4 所示的 3 种传播机制：反射（R）、散射（S）和衍射（D）。由传输路径的不同而引起多径衰退是无线通信的一个挑战。

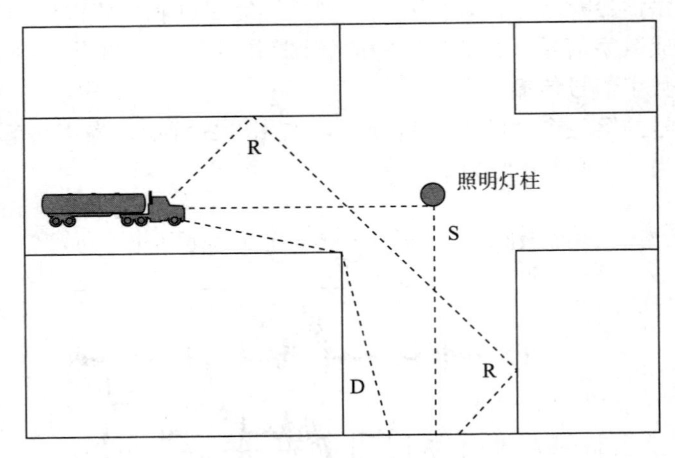

图 3-4　3 种传播机制：反射（R）、散射（S）和衍射（D）

因为电磁波是连续的模拟信号，无线通信中数字数据都需要调制成模拟信号。常见的方法有 ASK（幅移键控）、FSK（频移键控）和 PSK（相移键控），如图 3-5 所示。

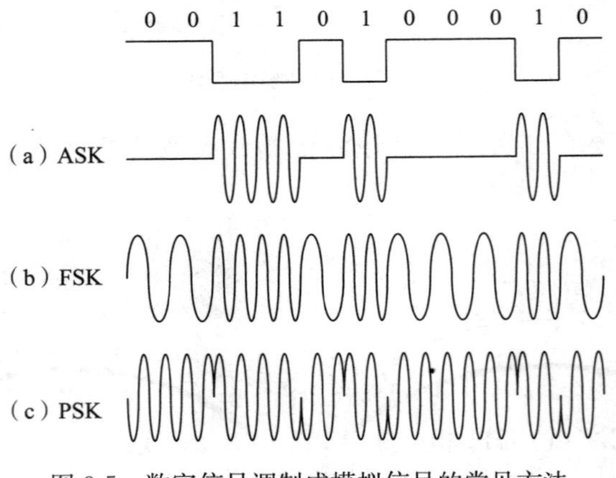

图 3-5　数字信号调制成模拟信号的常见方法

第二节　无线通信传输方式及技术原理

无线通信是利用电磁波信号在自由空间中传播的特性进行信息交换的一种通信方式。无线通信技术自身有很多优点，成本较低，无线通信技术不必建立物理线路，更不用大量的人力去铺设电缆，而且无线通信技术不受工业环境的限制，对抗环境的变化能力较强，故障诊断也较为容易，相对于传统的有线通信的设置与维修，无线网络的维修可以通过远程诊断完成，更加便捷；扩展性强，当网络需要扩展时，无线通信不需要扩展布线；灵活性强，无线网络不受环境、地形等限制，而且在使用环境发生变化时，无线网络只需要做很少的调整，就能适应新环境的要求。

常见的无线通信传输方式及技术分为两种：近距离无线通信技术和远距离无线传输技术。

一、近距离无线通信技术

近距离无线通信技术是指通信双方通过无线电波传输数据，并且传输距离在较近的范围内，其应用范围非常广泛。近年来，应用较为广泛及具有较好发展前景的短距离无线通信标准有 Zig-Bee、蓝牙（Bluetooth）、无线宽带（Wi-Fi）、超宽带（UWB）、近场通信（NFC）LoRa、NB-Iot 和 LTECat M1。

（一）Zig-Bee

Zig-Bee 是基于 IEEE 802.15.4 标准而建立的一种短距离、低功耗的无线通信技术。Zig-Bee 来源于蜜蜂群的通信方式，由于蜜蜂（Bee）是靠飞翔和“嗡嗡”（Zig）地抖动翅膀来与同伴确定食物源的方向、位置和距离等信息，从而构成了蜂群的通信网络。具有如下特点：

1. 低功耗　在低耗电待机模式下，2 节 5 号干电池可支持 1 个节点工作 6～24 个月，甚至更长。这是 Zig-Bee 的突出优势。相比较，蓝牙能工作数周、Wi-Fi 可工作数小时。

TI 公司和德国的 Micropelt 公司共同推出新能源的 Zig-Bee 节点。该节点采用 Micropelt 公司的热电发电机给 TI 公司的 Zig-Bee 提供电源。

2. 低成本　通过大幅简化协议（不到蓝牙的 1/10），降低了对通信控制器的要求。按预测分析，以 8051 的 8 位微控制器测算，全功能的主节点需要 32kb 代码，子功能节点少至 4kb 代码，而且 Zig-Bee 免协议专利费。每块芯片的价格大约为 2 美元。

3. 低速率　Zig-Bee 工作在 20～250kbps 的速率，分别提供 250kbps（2.4GHz）、40kbps（915MHz）和 20kbps（868MHz）的原始数据吞吐率，满足低速率传输数据的应用需求。

4. 近距离　传输范围一般介于 10～100m，在增加发射功率后，也可增加到 1～3km。这指的是相邻节点间的距离。如果通过路由和节点间通信的接力，传输距离将可以更远。

5. 短时延　Zig-Bee 的响应速度较快，一般从睡眠转入工作状态只需

15ms，节点连接进入网络只需 30ms，进一步节省了电能。相比较，蓝牙需要 3～10s、Wi-Fi 需要 3s。

6. 高容量 Zig-Bee 可采用星状、片状和网状网络结构，由一个主节点管理若干子节点，最多一个主节点可管理 254 个子节点；同时，主节点还可由上一层网络节点管理，最多可组成 65 000 个节点的大网。

7. 高安全 Zig-Bee 提供了三级安全模式，包括安全设定、使用访问控制清单（access control list，ACL）防止非法获取数据以及采用高级加密标准（AES128）的对称密码，以灵活确定其安全属性。

8. 免执照频段 使用工业科学医疗（ISM）频段——915MHz（美国）、868MHz（欧洲）、2.4GHz（全球），由于此 3 个频带物理层并不相同，其各自信道带宽也不同，分别为 0.6MHz、2MHz 和 5MHz，分别有 1 个、10 个和 16 个信道。

这 3 个频带的扩频和调制方式也有区别。扩频都使用直接序列扩频（DSSS)，但从比特到码片的变换差别较大。调制方式都用了调相技术，但 868MHz 和 915MHz 频段采用的是 BPSK，而 2.4GHz 频段采用的是 OQPSK。

在发射功率为 0dBm 的情况下，蓝牙通常能有 10m 的作用范围。而 Zig-Bee 在室内通常能达到 30～50m 的作用距离，在室外空旷地带甚至可以达到 400m（TICC2530 不加功率放大)。

所以，Zig-Bee 可归为低速率的短距离无线通信技术。

（二）蓝牙（Bluetooth）

蓝牙是一种无线技术标准，可实现固定设备、移动设备和楼宇个人域网之间的短距离数据交换。蓝牙技术最初由电信巨头爱立信公司于 1994 年创制，当时是作为 RS232 数据线的替代方案。蓝牙可连接多个设备，克服了数据同步的难题。

能够在 10m 的半径范围内实现点对点或一点对多点的无线数据和声音传输，其数据传输带宽可达 1Mbps 通信介质为频率在 2.402～2.480GHz 的电磁波。蓝牙技术可以广泛应用于局域网络中各类数据及语音设备，如 PC、拨号网络、笔记本电脑、打印机、传真机、数码相机、移动电话和高品质耳机等，实现各类设备之间随时随地进行通信。

1. 传输与应用 蓝牙使用跳频技术，将传输的数据分割成数据包，通过 79 个指定的蓝牙频道分别传输数据包。每个频道的频宽为 1MHz。蓝牙 4.0 使用 2MHz 间距，可容纳 40 个频道。第一个频道始于 2 402MHz，每 1MHz 一个频道，至 2 480MHz。有了适配跳频（adaptive frequency-hopping，AFH）功能，通常每秒跳 1 600 次。

最初，高斯频移键控（gaussian frequency-shift keying，GFSK）调制是

唯一可用的调制方案。然而，蓝牙 2.0＋EDR 使得 π/4-DQPSK 和 8DPSK 调制在兼容设备中的使用变为可能。运行 GFSK 的设备据说可以基础速率（basic rate，BR）运行，瞬时速率可达 1Mbit/s。增强数据率（enhanced data rate，EDR）一词用于描述 π/4-DPSK 和 8DPSK 方案，分别可达 2Mbit/s 和 3Mbit/s。在蓝牙无线电技术中，两种模式（BR 和 EDR）的结合统称为“BR/EDR 射频”。

蓝牙是基于数据包、有着主从架构的协议。一个主设备至多可和同一微微网（一个采用蓝牙技术的临时计算机网络）中的 7 个从设备通信。所有设备共享主设备的时钟。分组交换基于主设备定义的、以 312.5μs 为间隔运行的基础时钟。两个时钟周期构成一个 625μs 的槽，两个时间隙就构成了一个 1 250μs 的缝隙对。在单槽封包的简单情况下，主设备在双数槽发送信息、单数槽接受信息。而从设备则正好相反。封包容量可长达 1 个、3 个或 5 个时间隙，但无论是哪种情况，主设备都会从双数槽开始传输，从设备从单数槽开始传输。

2. 通信连接　蓝牙主设备最多可与一个微微网中的 7 个设备通信，当然并不是所有设备都能够达到这一最大量。设备之间可通过协议转换角色，从设备也可转换为主设备（例如，一个头戴式耳机如果向手机发起连接请求，它作为连接的发起者，自然就是主设备，但是随后也许会作为从设备运行）。

蓝牙核心规格提供两个或以上的微微网连接以形成分布式网络，让特定的设备在这些微微网中自动同时地分别扮演主和从的角色。

数据传输可随时在主设备和其他设备之间进行（应用极少的广播模式除外）。主设备可选择要访问的从设备；典型的情况是，它可以在设备之间以轮替的方式快速转换。因为是主设备来选择要访问的从设备，理论上从设备就要在接收槽内待命，主设备的负担要比从设备少一些。主设备可以与 7 个从设备相连接，但是从设备却很难与一个以上的主设备相连。规格对于散射网中的行为要求是模糊的。

许多 USB 蓝牙适配器或“软件狗”是可用的，其中一些还包括一个 IrDA 适配器。

3. 蓝牙协议栈　蓝牙被定义为协议层架构，包括核心协议、电缆替代协议、电话传送控制协议、选用协议。所有蓝牙堆栈的强制性协议包括 LMP、L2CAP 和 SDP。此外，与蓝牙通信的设备基本普遍都能使用 HCI 和 RFCOMM 这些协议。

（1）LMP。链路管理协议（LMP）用于两个设备之间无线链路的建立和控制，应用于控制器上。

（2）L2CAP。逻辑链路控制与适配协议（L2CAP）常用来建立两个使用不同高级协议的设备之间的多路逻辑连接传输。提供无线数据包的分割和重新组装。

在基本模式下，L2CAP 能最大提供 64kb 的有效数据包，并且有 672 字节作为默认 MTU（最大传输单元）以及最小 48 字节的指令传输单元。

在重复传输和流控制模式下，L2CAP 可以通过执行重复传输和 CRC 校验（循环冗余校验）来检验每个通道数据是否正确或者是否同步。

在蓝牙核心规格中添加了两个附加的 L2CAP 模式。这些模式有效地否决了原始的重传和流控模式。

①增强型重传模式（enhanced retransmission mode，ERTM）：该模式是原始重传模式的改进版，提供可靠的 L2CAP 通道。

②流模式（streaming mode，SM）：这是一个非常简单的模式，没有重传或流控。该模式提供不可靠的 L2CAP 通道。

其中任何一种模式的可靠性都是可选择的，并/或由底层蓝牙 BDR/EDR 空中接口通过配置重传数量和刷新超时而额外保障的。顺序是由底层保障的。

只有 ERTM 和 SM 中配置的 L2CAP 通道才有可能在 AMP 逻辑链路上运作。

（3）SDP。服务发现协议（SDP）允许一个设备发现其他设备支持的服务，以及与这些服务相关的参数。例如，当用手机去连接蓝牙耳机［其中包含耳机的配置信息、设备状态信息以及高级音频分类信息（A2DP）等］。并且，这些众多协议的切换需要被每个连接它们的设备设置。每个服务都会被全局独立性识别号（UUID）所识别。根据官方蓝牙配置文档给出了一个 UUID 的简短格式（16 位）。

（4）RFCOMM。射频通信（RFCOMM）常用于建立虚拟的串行数据流。RFCOMM 提供了基于蓝牙带宽层的二进制数据转换和模拟 EIA-232（即早前的 RS-232）串行控制信号。也就是说，它是串口仿真。

RFCOMM 向用户提供了简单而且可靠的串行数据流，类似 TCP。它可作为 AT 指令的载体直接用于许多电话相关的协议，以及通过蓝牙作为 OBEX 的传输层。

许多蓝牙应用都使用 RFCOMM，由于串行数据的广泛应用和大多数操作系统都提供了可用的 API。所以，使用串行接口通信的程序可以很快地移植到 RFCOMM 上面。

（5）BNEP。网络封装协议（BNEP）用于通过 L2CAP 传输另一协议栈的数据。主要目的是传输个人区域网络配置文件中的 IP 封包。BNEP 在无线局域网中的功能与 SNAP 类似。

（6）AVCTP。音频/视频控制传输协议（AVCTP）被远程控制协议用来通过 L2CAP 传输 AV/C 指令。立体声耳机上的音乐控制按钮可通过这一协议控制音乐播放器。

（7）AVDTP。音视频分发传输协议（AVDTP）被高级音频分发协议用来通过 L2CAP 向立体声耳机传输音乐文件。适用于蓝牙传输中的视频分发协议。

（8）TCS。电话控制协议-二进制（TCS BIN）是面向字节协议，为蓝牙设备之间的语音和数据通话的建立定义了呼叫控制信令。此外，TCS BIN 还为蓝牙 TCS 设备的群组管理定义了移动管理规程。TCS-BIN 仅用于无绳电话协议，因此并未引起广泛关注。

（9）采用的协议。采用的协议是由其他标准制定组织定义并包含在蓝牙协议栈中，仅在必要时才允许蓝牙对协议进行编码。采用的协议包括：

①点对点协议（PPP）：通过点对点链接传输 IP 数据报的互联网标准协议。

②TCP/IP/UDP：TCP/IP 协议组的基础协议。

③对象交换协议（OBEX）：用于对象交换的会话层协议，为对象与操作表达提供模型。

④无线应用环境/无线应用协议（WAE/WAP）：WAE 明确了无线设备的应用框架，WAP 是向移动用户提供电话和信息服务接入的开放标准。

4. 蓝牙基带纠错　根据不同的封包类型，每个封包可能受到纠错功能的保护，或者是 1/3 速率的前向纠错（FEC）或者是 2/3 速率。此外，出现 CRC 错误的封包将会被重发，直至被自动重传请求（ARQ）承认。

5. 蓝牙设置连接　任何可发现模式下的蓝牙设备都可按需传输以下信息：

（1）设备名称。

（2）设备类别。

（3）服务列表。

（4）技术信息（如设备特性、制造商、所使用的蓝牙版本、时钟偏移等）。

任何设备都可以对其他设备发出连接请求，任何设备也都可能添加可回应请求的配置。但如果试图发出连接请求的设备知道对方设备的地址，它就总会回应直接连接请求，且如果有必要会发送上述列表中的信息。设备服务的使用也许会要求配对或设备持有者的接受，但连接本身可由任何设备发起，持续至设备走出连接范围。有些设备在与一台设备建立连接之后，就无法再与其他设备同时建立连接，直至最初的连接断开，才能再被查询到。

每个设备都有一个唯一的 48 位的地址。然而，这些地址并不会显示于连接请求中。但是，用户可自行为他的蓝牙设备命名（蓝牙设备名称），这一名称即可显示在其他设备的扫描结果和配对设备列表中。

多数手机都有蓝牙设备名称（Bluetooth name），通常默认为制造商名称和手机型号。多数手机和笔记本电脑都会只显示蓝牙设备名称，想要获得远程设备的更多信息则需要有特定的程序。当某一范围内有多个相同型号的手机（如 Sony Ericsson T610）时，也许会让人分辨哪个才是它的目标设备（详见 Blue jacking）。

6. 蓝牙配对和连接

（1）动机。蓝牙所能提供很多服务都可能显示个人数据或受控于相连的设备。出于安全上的考量，有必要识别特定的设备，以确保能够控制哪些设备能与蓝牙设备相连。同时，蓝牙设备也有必要让蓝牙设备能够无须用户干预即可建立连接（如在进入连接范围的同时）。

为解决该矛盾，蓝牙可使用一种叫 bonding（连接）的过程。Bond 是通过配对（paring）过程生成的。配对过程通过或被自用户的特定请求引发而生成 bond（如用户明确要求“添加蓝牙设备”），或是当连接到一个出于安全考量要求需要提供设备 ID 的服务时自动引发。这两种情况分别称为 dedicated bonding 和 general bonding。

配对通常包括一定程度上的用户互动以确认设备 ID。成功完成配对后，两个设备之间会形成 bond，日后再相连时，则无须为了确认设备 ID 而重复配对过程。用户也可以按需移除连接关系。

（2）实施。配对过程中，两个设备可通过创建一种称为链路字的共享密钥建立关系。如果两个设备都存有相同的链路字，它们就可以实现 paring 或 bonding。一个只想与已经 bonding 的设备通信的设备可以使用密码验证对方设备的身份，以确保这是之前配对的设备。一旦链路字生成，两个设备间也许会加密一个认证的异步无连接（asynchronous connection-less，ACL）链路，以防止交换的数据被窃取。用户可删除任何一方设备上的链路字，即可移除两设备之间的 bond。也就是说，一个设备可能存有一个已经不再与其配对的设备的链路字。

蓝牙服务通常要求加密或认证，因此要求在允许设备远程连接之前先配对。一些服务，如对象推送模式，选择不明确要求认证或加密，因此配对不会影响服务用例相关的用户体验。

（3）配对机制。在蓝牙 2.1 版本推出安全简易配对（secure simple pairing）之后，配对机制有了很大的改变。以下是关于配对机制的简要总结：

①旧有配对：这是蓝牙 2.0 版及其早前版本配对的唯一方法。每个设备必须输入 PIN 码；只有当两个设备都输入相同的 PIN 码方能配对成功。任何 16bit 的 UTF-8 字符串都能用作 PIN 码。然而，并非所有的设备都能够输入所有可能的 PIN 码。

——有限的输入设备：显而易见的例子是蓝牙免提耳机，它几乎没有输入界面。这些设备通常有固定的 PIN，如“0000”或“1234”，是设备硬编码的。

——数字输入设备：如移动电话就是经典的这类设备。用户可输入长达 16 位的数值。

——字母数字输入设备：如个人计算机和智能电话。用户可输入完整的 UTF-8 字符作为 PIN 码。如果是与一个输入能力有限的设备配对，就必须考虑到对方设备的输入限制，并没有可行的机制能够让一个具有足够输入能力的设备去决定应该如何限制用户可能使用的输入。

②安全简易配对（SSP）：这是蓝牙 2.1 版本要求的，尽管蓝牙 2.1 版本也许设备只能使用旧有配对方式与早前版本的设备互操作。安全简易配对使用一种公钥密码学（public key cryptography），某些类型还能防御中间人（man in the middle，MITM）攻击。SSP 有以下特点：

——即刻运行（just works）：正如其字面含义，这一方法可直接运行，无须用户互动。但是，设备也许会提示用户确认配对过程。此方法的典型应用见于输入输出功能受限的耳机，且较固定 PIN 机制更为安全。此方法不提供中间人（MITM）保护。

——数值比较（numeric comparison）：如果两个设备都有显示屏，且至少一个能接受二进制的“是/否”用户输入，它们就能使用数值比较。此方法可在双方设备上显示 6 位数的数字代码，用户需比较并确认数字的一致性。如果比较成功，用户应在可接受输入的设备上确认配对。此方法可提供中间人（MITM）保护，但需要用户在两个设备上都确认，并正确地完成比较。

——万能钥匙进入（passkey entry）：此方法可用于一个有显示屏的设备和一个有数字键盘输入的设备（如计算机键盘），或两个有数字键盘输入的设备。第一种情况下，显示屏上显示 6 位数字代码，用户可在另一设备的键盘上输入该代码。第二种情况下，两个设备需同时在键盘上输入相同的 6 位数字代码。两种方式都能提供中间人（MITM）保护。

——非蓝牙传输方式（OOB）：此方法使用外部通信方式，如近场通信（NFC），交换在配对过程中使用的一些信息。配对通过蓝牙射频完成，但是还要求非蓝牙传输机制提供信息。这种方式仅提供 OOB 机制中所体现的 MITM 保护水平。

SSP 被认为简单的原因如下：①多数情况下无须用户生成万能钥匙。②用于无须 MITM 保护和用户互动的用例。③用于数值比较，MITM 保护可通过用户简单的等式比较来获得。④使用 NFC 等 OOB，当设备靠近时进行配对，而非需要一个漫长的发现过程。

（4）安全性担忧。蓝牙 2.1 之前版本是不要求加密的，可随时关闭。而且，密钥的有效时限也仅有约 23.5h。单一密钥的使用如超出此时限，则简单的 XOR 攻击有可能窃取密钥。

一些常规操作要求关闭加密，如果加密因合理的理由或安全考量而被关闭，就会给设备探测带来问题。

蓝牙 2.1 版本从一些几个方面进行了说明：

①加密是所有非 SDP（服务发现协议）连接所必需的。

②新的加密暂停和继续功能用于所有要求关闭加密的常规操作，更容易辨认是常规操作还是安全攻击。

③加密必须在过期之前再刷新。

链路字可能储存于设备文件系统，而不是在蓝牙芯片本身。许多蓝牙芯片制造商将链路字储存于设备。然而，如果设备是可移动的，就意味着链路字也可能随设备移动。

7. 蓝牙空中接口 这一协议在无须认证的 2.402～2.480GHz ISM 频段上运行。为避免与其他使用 2.45 GHz 频段的协议发生干扰，蓝牙协议将该频段分割为间隔为 1MHz 的 79 个频段并以 1 660hop/s 的跳频速率变化通道。1.1 版本和 1.2 版本的速率可达 723.1kbit/s。2.0 版本有蓝牙增强数据率（EDR）功能，速率可达 2.1Mbit/s；这也导致了相应的功耗增加。在某些情况下，更高的数据速率能够抵消功耗的增加。

蓝牙技术被广泛应用于无线办公环境、汽车工业、信息家电、医疗设备以及学校教育和工厂自动控制等领域。蓝牙目前存在的主要问题是芯片较大和价格较高、抗干扰能力较弱。

（三）无线宽带（Wi-Fi）

无线宽频（Wireless broadband），一种无线通信技术，在广大区域中提供高速的无线上网，或是计算机网络存取。Wi-Fi 第一个版本发表于 1997 年，其中定义了介质访问接入控制层（MAC 层）和物理层。物理层定义了工作在 2.4GHz 的 ISM 频段上的两种无线调频方式和一种红外传输的方式，总数据传输速率设计为 2Mbit/s。两个设备之间的通信可以自由直接（ad hoc）的方式进行，也可以在基站（base station，BS）或者访问点（access point，AP）的协调下进行。

1999 年加上了两个补充版本：802.11a 定义了一个在 5GHz ISM 频段上的数据传输速率可达 54Mbit/s 的物理层，802.11b 定义了一个在 2.4GHz 的 ISM 频段上但数据传输速率高达 11Mbit/s 的物理层。

2.4GHz 的 ISM 频段为世界上绝大多数国家通用，因此 802.11b 得到了最为广泛的应用。苹果公司把自己开发的 802.11 标准起名叫 AirPort。1999 年，工业界成立了 Wi-Fi 联盟，致力解决符合 802.11 标准的产品生产和设备兼容性问题。

1. 运作原理　Wi-Fi 的设置至少需要一个 access point（AP）和一个或一个以上的 client（用户端）。AP 每 100ms 将 SSID（service set identifier）经由 beacons（信号台）封包广播一次，beacons 封包的传输速率是 1 Mbit/s，并且长度相当得短。所以，这个广播动作对网络效能的影响不大。因为 Wi-Fi 规定的最低传输速率是 1 Mbit/s，所以确保所有的 Wi-Fi client 端都能收到这个 SSID 广播封包，client 可以借此决定是否要和这一个 SSID 的 AP 连线。使用者可以设定要连线到哪一个 SSID。Wi-Fi 系统总是对用户端开放其连接标准，并支援漫游，这就是 Wi-Fi 的好处。但也意味着，一个无线适配器有可能在性能上优于其他的适配器。由于 Wi-Fi 通过空气传送信号，所以与非交换以太网有相同的特点。近两年，出现一种 Wi-Fi over cable 的新方案。此方案属于 EOC（ethernet over cable）中的一种技术。通过将 2.4G Wi-Fi 射频降频后在 cable 中传输。此种方案已经在我国小范围内试商用。

2. 热点　Wi-Fi 热点是通过在互联网连接上安装访问点来创建的。这个访问点将无线信号通过短程进行传输，一般覆盖约 90M。当一台支持 Wi-Fi 的设备（如 Pocket PC）遇到一个热点时，这个设备可以用无线方式连接到那个网络。大部分热点都位于供大众访问的地方，如机场、咖啡店、旅馆、书店以及校园等。许多家庭和办公室也拥有 Wi-Fi 网络。虽然有些热点是免费的，但是大部分稳定的公共 Wi-Fi 网络是由私人互联网服务提供商（ISP）提供的，因此会在用户连接到互联网时收取一定费用。其网络成员和结构如下：

（1）站点（station）。网络最基本的组成部分。

（2）基本服务单元（basic service set，BSS）。网络最基本的服务单元。最简单的服务单元可以只由两个站点组成。站点可以动态地联结（associate）到基本服务单元中。

（3）分配系统（distribution system，DS）。分配系统用于连接不同的基本服务单元。分配系统使用的媒介（medium）逻辑上和基本服务单元使用的媒介是截然分开的，尽管它们物理上可能会是同一个媒介，如同一个无线频段。

（4）接入点（access point，AP）。接入点即有普通站点的身份，又有接入到分配系统的功能。

（5）扩展服务单元（extended service set，ESS）。由分配系统和基本服务单元组合而成。这种组合是逻辑上，并非物理上的，不同的基本服务单元有可能在地理位置上相去甚远。分配系统也可以使用各种各样的技术。

（6）关口（portal）。关口也是一个逻辑成分。用于将无线局域网和有线局域网或其他网络联系起来。

有 3 种媒介：站点使用的无线的媒介、分配系统使用的媒介以及与无线局域网集成一起的其他局域网使用的媒介。物理上它们可能互相重叠。

IEEE 802.11 只负责在站点使用的无线的媒介上的寻址（addressing）。分配系统和其他局域网的寻址不属无线局域网的范围。

IEEE 802.11 没有具体定义分配系统，只是定义了分配系统应该提供的服务（service）。整个无线局域网定义了 9 种服务，5 种服务属于分配系统的任务，分别为联接（association）、结束联接（diassociation）、分配（distribution）、集成（integration）、再联接（reassociation）。4 种服务属于站点的任务，分别为鉴权（authentication）、结束鉴权（deauthentication）、隐私（privacy）、MAC 数据传输（MSDU delivery）。

Wi-Fi 是一种无线传输的规范，一般带有这个标志的产品表明了你可以利用它们方便地组建一个无线局域网。而无线局域网又有什么好处呢？很明显，无须布线和使用相对自由。

3. 特点

（1）传输距离远。无线电波的覆盖范围广，基于蓝牙技术的电波覆盖范围较小，半径大约 15m，而 Wi-Fi 的半径约为 90m，可在整栋大楼中使用。近期研发的新型交换机能够把目前 Wi-Fi 无线网络约 90m 的通信距离扩大到约 6.5km。

（2）传输速度快。由 Wi-Fi 技术传输的无线通信传输速度非常快，可以达到 11Mbps，符合个人和社会信息化的需求。

（3）业务集成。Wi-Fi 技术在设计结构的第二层以上与以太网完全一致，所以能够将 Wi-Fi 集成到已有的宽带网络中，也能将已有的宽带业务应用到 Wi-Fi 中。这样，就可以利用已有的宽带有线接入资源，迅速地部署网络，形成无缝覆盖。

（4）建设便捷。Wi-Fi 最主要的优势在于不需要布线，不受布线条件的限制。因此，非常适合移动办公用户的需要，具有广阔的市场前景。目前，它已经从传统的医疗保健、库存控制和管理服务等特殊行业向更多的行业拓展开去，甚至开始进入家庭以及教育机构等领域。

（5）使用安全。IEEE 802.11 规定的发射功率不可超过 100mW，实际发射功率 60～70mW，明显低于手机 200mW～1W、手持对讲机 5W 的发射功率，而且无线网络使用方式并非像手机一样直接接触人体，是绝对安全的。

（四）超宽带（UWB）

超宽带技术（ultra wide band，UWB）技术是一种新型的无线通信技术。它通过对具有很陡上升和下降时间的冲激脉冲进行直接调制，使信号具有 GHz 量级的带宽。

超宽带技术解决了困扰传统无线技术多年的有关传播方面的重大难题，它具有对信道衰落不敏感、发射信号功率谱密度低、低截获能力、系统复杂度低、能提供数厘米的定位精度等优点。

超宽带（UWB）在早期应用于近距离高速数据传输，近年来，国外开始利用其亚纳秒级超窄脉冲来做近距离精确室内定位。

1. 信号及其特点　美联邦通信委员会（FCC）规定：部分带宽 $\frac{2\times(f_H-f_L)}{f_H+f_L}>25\%$ 的信号称为 UWB 信号。其中，部分带宽为信号功率谱密度在 -10dB 处测量的值。一种典型的脉位调制（PPM）方式的 UWB 信号形式为：$S_{tr}^{(k)}(t)=\sum_{j=-\infty}^{+\infty}w(t-jT_f-c_j^{(k)}T_c-\delta d_{j/N_s}^{(k)})$，$S_{tr}(k)(t)$ 表示第 k 个用户的发射信号，它是大量的具有不同时移的单周期脉冲之和。$w(t)$ 表示传输的单周期脉冲波形，可以为单周期高斯脉冲或其一阶、二阶微分脉冲，从该发射机时钟的零时刻 $[t(k)=0]$ 开始。第 j 个脉冲的起始时间为 $jT_f+C_j^{(k)}T_c+\delta d_{j/N_s}^{(k)}$。

仔细分析每个时移分量：

（1）相同时移的脉冲序列。相同时移的脉冲序列：$\sum_{j=-\infty}^{+\infty}w(t-jT_f)$ 形式的脉冲表示时间步长为 T_f 的单周期脉冲，其占空比极低，帧长或脉冲重复时间 T_f（frame time）的典型值为单周期脉冲宽度的 100～1 000 倍。类似于 ALOHA 系统，这样的脉冲序列极容易导致随机碰撞。

（2）伪随机跳时。为减少多址接入时的冲突，给每个用户分配一个特定的伪随机序列 $\{c_j^{(k)}\}$，称为跳时码，其周期为 N_p。跳时码的每个码元都是整数，且满足 $O\leqslant c_j^{(k)}<N_h$。这样跳时码给每个脉冲附加了时移，第 j 个单周期脉冲的附加时移为 $c_j^{(k)}T_c$ 秒。由于读出单周期脉冲相关器的输出要占用一定的时间，N_hT_c/T_f 应严格小于 1。然而，如果 N_hT_c 太小，那么多个用户接入时发生冲突的概率仍然会很大。相反，如果 N_hT_c 足够大且跳时码设计合理，就可以将多用户干扰近似为加性高斯白噪声 AWGN（additive white Gauss noise）信号。由于跳时码是周期为 N_p 的周期序列，那 $\sum_j w(t-jT_f-c_j^{(k)}T_c)$ 也为 N_p 周期序列，其周期为 $T_p=N_pT_f$。跳时码的另外一个作用是使 UWB 信号的功率谱密度更为平坦。

（3）数据调制。第 k 个用户发送的数据序列 $\{di(k)\}$ 为二进制数据流。每个码元传输 N_s 个单周期脉冲，这样增加了信号的处理增益。在这种调制方式下，一个符号（或码元）的持续时间为 $T_s=N_sT_f$。对于固定的脉冲重复时间 T_f，二进制的符号速率 R_s（1/s），为：

$$R_s=\frac{1}{T_s}=\frac{1}{N_sT_f} \tag{3-1}$$

显然，采用上述信号的超宽带脉冲通信系统具有以下特点：信号持续时间极短，为纳秒、亚纳秒级脉冲，信号占空比极低（1%～0.1%），故有很好的多径免疫力；频谱相当宽，达 GHz 量级，且功率谱密度低，故 UWB 信号对其他系统干扰小、抗截获能力强；UWB 系统处理增益很高，其总处理增益 PG 为：

$$PG = 10\log\frac{T_f}{T_c} + 10\log(N_s) \quad (3\text{-}2)$$

例如，当某二进制 UWB 通信系统 $T_f=1\mu s$，$T_c=1ns$，$N_s=100$，比特速率 $R_s=10kbps$ 时，该系统 UWB 信号的处理增益为 50dB。与其他通信系统相比，其处理增益非常高。另外，UWB 信号为极窄脉冲的序列，故有非常强的穿透能力，可以辨别出隐藏的物体或墙体后运动着的物体，能实现雷达、定位、通信 3 种功能的结合，适合军用战术通信。

2. 发射机、接收机基本结构

（1）发射机和相关接收机模型。与传统的无线收发信机结构相比，UWB 收发信机的结构相对简单。在发射端，数据直接对射频脉冲调制，再通过可编程延时器件对脉冲进一步时延控制，最后通过超宽带天线发射出去。在接收端，信号通过相关器与本地模板波形相乘，积分后通过抽样保持电路送到基带信号处理电路中，由捕获跟踪部分、时钟振荡器和（跳时）码产生器控制可编程延时器，根据相应的时延产生本地模板波形，与接收信号相乘。整个收发信机几乎全部由数字电路构成，便于降低成本和小型化。

（2）Rake 接收机模型。由于 UWB 信号需要用时域的方法进行分析，多用于户内密集多径（多径可达到 30 条）的条件下，而且每条路径的信号能量都很小，难以对每条信道做出估计，所以使 UWB 信号的 Rake 接收成为可能。Rake 接收机使原来能量很小的多径信号经过能量合并后提高的信噪比，进而提高系统性能。

3. 性能特点 UWB 是一种“特立独行”的无线通信技术，它将会为无线局域网（LAN）和个人局域网（PAN）的接口卡和接入技术带来低功耗、高带宽并且相对简单的无线通信技术。UWB 具有以下特点：

（1）抗干扰性能。UWB 信号在发射时将微弱的无线电脉冲信号分散在宽阔的频带中，输出功率甚至低于普通设备产生的噪声。接收时，将信号能量还原出来，在解扩过程中产生扩频增益。因此，与 IEEE 802.11a、IEEE 802.11b 和蓝牙相比，在同等码速条件下，UWB 具有更强的抗干扰性。

（2）传输速率高。UWB 的数据速率每秒可以达到几十兆比特到几百兆比特，有望高于蓝牙 100 倍，也可以高于 IEEE 802.11a 和 IEEE 802.11b。

（3）带宽极宽。UWB 使用的带宽在 1GHz 以上，高达几吉赫兹，并且可以和窄带通信系统同时工作而互不干扰。这在频率资源日益紧张时开辟了一种新的时域无线电资源。

(4) 系统容量大。因为不需要产生正弦载波信号，可以直接发射冲激序列，因而UWB系统具有很宽的频谱和很低的平均功率，有利于与其他系统共存，从而提高频谱利用率，带来了极大的系统容量。

(5) 发射功率低。在短距离的通信应用中，超宽带发射机的发射功率通常可做到低于1mW，从理论上而言，超宽带信号所产生的干扰仅仅相当于一宽带的白噪声。这样有助于超宽带与现有窄带通信之间的良好共存，对于提高无线频谱的利用率具有很大的意义，更好地缓解日益紧张的无线频谱资源问题。并且，超宽带信号的隐蔽性较强，不容易被发现和拦截，具有较高的保密性。

(6) 保密性好。UWB保密性表现为两方面：一是采用跳时扩频，接收机只有已知发送端扩频码时才能解出发射数据；二是系统的发射功率谱密度极低，用传统的接收机无法接收。

(7) 通信距离短。信号传输受距离和高频信号强度的影响会衰减很快，因此超宽频带的使用更加适用于短距离之间的通信。

(8) 多径分辨率。因为其采用的是持续时间极短的窄脉冲，所以其时间上和空间上的分辨率都是很强的，方便进行测距、定位、跟踪等活动的开展。并且，窄脉冲具有良好的穿透性，所遇超宽带在红外通信中也得到广泛的使用。

(9) 便携。此技术使用基带传输，无须射频调制和解调。因此，其设备功耗小，成本也较低，灵活的使用特性也使其更适合于便携型无线通信的使用。

4. 技术应用 由于UWB通信利用了一个相当宽的带宽，就好像使用了整个频谱，并且它能够与其他的应用共存，因此UWB可以应用在很多领域，如个域网、智能交通系统、无线传感网、射频标识、成像应用。

(1) 个域网中应用。UWB可以在限定的范围内（如4m）以很高的数据速率（如480Mbit/s）、很低的功率（200μW）传输信息，这比蓝牙好很多。蓝牙的数据速率是1Mbit/s，功率是1mW。UWB能够提供快速的无线外设访问来传输照片、文件、视频。因此，UWB特别适合于个域网。通过UWB，可以在家和办公室方便地以无线的方式将视频摄像机中的内容下载到PC中进行编辑，然后送到TV中浏览，轻松地以无线的方式实现个人数字助理(PDA)、手机与PC数据同步，装载游戏和音频/视频文件到PDA，音频文件在MP3播放器与多媒体PC之间传送等。

(2) 智能交通应用。利用UWB的定位和搜索能力，可以制造防碰和防障碍物的雷达。装载了这种雷达的汽车会非常容易驾驶。当汽车的前方、后方、旁边有障碍物时，该雷达会提醒司机。在停车的时候，这种基于UWB的雷达是司机强有力的助手。利用UWB还可以建立智能交通管理系统，这种系统应该由若干个站台装置和一些车载装置组成无线通信网，两种装置之间通过

UWB进行通信完成各种功能。例如，实现不停车的自动收费、汽车的实时定位、道路信息和行驶建议的随时获取、站台方对移动汽车的定位搜索和速度测量等。

（3）传感器联网。利用UWB低成本、低功耗的特点，可以将UWB用于无线传感网。在大多数的应用中，传感器被用在特定的局域场所。传感器通过无线的方式而不是有线的方式传输数据将特别方便。作为无线传感网的通信技术，它必须是低成本的；同时，它应该是低功耗的，以免频繁地更换电池。UWB是无线传感网通信技术的最合适候选者。

（4）成像应用。由于UWB具有良好的穿透墙、楼层的能力，UWB可以应用于成像系统。利用UWB技术，可以制造穿墙雷达、穿地雷达。穿墙雷达可以用在战场上和警察的防暴行动中，定位墙后和角落的敌人；地面穿透雷达可以用来探测矿产，在地震或其他灾难后搜寻幸存者。基于UWB的成像系统也可以用于避免使用X射线的医学系统。

由于UWB有着很多优点，它还可以用于智能标识、有线网络的无线延伸以及在军事方面用来实现超保密的通信系统。

（五）NFC

近场通信（near field communication，NFC）又称近距离无线通信，是一种新兴的、短距离的高频无线通信技术，允许电子设备之间进行非接触式点对点数据传输、交换数据。这个技术由免接触式射频识别（RFID）演变而来，由飞利浦和索尼共同研制开发，其基础是RFID及互联技术。近场通信是一种短距高频的无线电技术，在13.56MHz频率运行于20cm距离内。其传输速度有106kbit/s、212kbit/s或者424kbit/s 3种。使用了NFC技术的设备（如手机）可以在彼此靠近的情况下进行数据交换，通过在单一芯片上集成感应式读卡器、感应式卡片和点对点通信的功能，利用移动终端实现移动支付、电子票务、门禁、移动身份识别、防伪等应用。

近场通信业务结合了近场通信技术和移动通信技术，实现了电子支付、身份认证、票务、数据交换、防伪、广告等多种功能，是移动通信领域的一种新型业务。近场通信业务改变了用户使用移动电话的方式，使用户的消费行为逐步走向电子化，建立了一种新型的用户消费和业务模式。

NFC技术的应用在世界范围内受到了广泛关注，国内外的电信运营商、手机厂商等不同角色纷纷开展应用试点，一些国际性协会组织也积极进行标准化促进工作。据业内相关机构预测，基于近场通信技术的手机应用将会成为移动增值业务的下一个杀手级应用。

1. 原理　近场通信的技术原理非常简单，它可以通过主动与被动两种模式交换数据。在被动模式下，启动近场通信的设备，也称为发起设备（主设

备），在整个通信过程中提供射频场（RF-field）。它可以选择 106kbit/s、212kbit/s 或 424kbit/s 其中的一种传输速度，将数据发送到另一台设备。另一台设备称为目标设备（从设备），不必产生射频场，而使用负载调制（load modulation）技术，以相同的速度将数据传回发起设备。而在主动模式下，发起设备和目标设备都要产生自己的射频场，以进行通信。

近场通信的传输距离极短，建立连接速度快。因此，近场通信技术通常作为芯片内置在设备中，或者整合在手机的 SIM 卡或 microSD 卡中。当设备进行应用时，通过简单的碰一碰即可以建立连接。例如，在用于门禁管制或检票之类的应用时，用户只需将储存有票证或门禁代码的设备靠近阅读器即可；在移动付费之类的应用中，用户将设备靠近后，输入密码确认交易或者接受交易即可；在数据传输时，用户将两台支持近场通信的设备靠近，即可建立连接，进行下载音乐、交换图像或同步处理通讯录等操作。

2. 技术标准　近场通信技术是由诺基亚（Nokia）、飞利浦（Philips）和索尼（Sony）共同制定的标准，在 ISO 18092、ECMA 340 和 ETSI TS 102 190 框架下推动标准化，同时也兼容应用广泛的 ISO 14443、Type-A、ISO 15693、B 以及 Felica 标准非接触式智能卡的基础架构。

2003 年 12 月 8 日，通过 ISO/IEC（International Organization for Standardization/International Electrotechnical Commission）机构的审核而成为国际标准。2004 年 3 月 18 日，由 ECMA（European Computer Manufacturers Association）认定为欧洲标准，已通过的标准编列有 ISO/IEC 18092（NFCIP-1）、ECMA-340、ECMA-352、ECMA-356、ECMA-362、ISO/IEC 21481（NFCIP-2）。

近场通信标准详细规定近场通信设备的调制方案、编码、传输速度与 RF 接口的帧格式，以及主动与被动近场通信模式初始化过程中数据冲突控制所需的初始化方案和条件。此外，还定义了传输协议，包括协议启动和数据交换方法等。

3. 特征　近场通信是基于 RFID 技术发展起来的一种近距离无线通信技术。与 RFID 一样，近场通信信息也是通过频谱中无线频率部分的电磁感应耦合方式传递，但两者之间还是存在很大的区别。近场通信的传输范围比 RFID 小，RFID 的传输范围可以达到 0～1m，但由于近场通信采取了独特的信号衰减技术，相对于 RFID 来说，近场通信具有成本低、带宽高、能耗低等特点。近场通信技术的主要特征如下：

（1）用于近距离（10cm 以内）安全通信的无线通信技术。

（2）射频频率：13.56MHz。

（3）射频兼容：ISO 14443、ISO 15693、Felica 标准。

（4）数据传输速度：106kbit/s、212kbit/s、424kbit/s。

4. 应用类型 NFC设备可以用作非接触式智能卡、智能卡的读写器终端以及设备对设备的数据传输链路。其应用广泛，NFC应用可以分为4个基本类型：

（1）接触、完成。诸如门禁管制或交通/活动检票之类的应用，用户只需将储存有票证或门禁代码的设备靠近阅读器即可。还可用于简单的数据撷取应用，如从海报上的智能标签读取网址。

（2）接触、确认。移动付费之类的应用，用户必须输入密码确认交易或者仅接受交易。

（3）接触、连接。将两台支持NFC的设备连接，即可进行点对点网络数据传输，如下载音乐、交换图像或同步处理通讯录等。

（4）接触、探索。NFC设备可能提供不止一种功能，消费者可以探索了解设备的功能，找出NFC设备潜在的功能与服务。

NFC的一般应用模式：NFC采用了双向的识别和连接，NFC手机具有3种功能模式：NFC手机作为识读设备（读写器）、NFC手机作为被读设备（卡模拟）、NFC手机之间的点对点通信应用。

5. 业务模式

（1）使用途径。近场通信有3种不同的使用方法：

①与手机完全整合。近场通信，尤其在较新的设备上，可以完全与手机整合。这意味着近场通信控制器（负责实际通信的构件）和安全构件（与近场通信控制器连接的安全数据区域）都整合进了手机本身。完全整合了近场通信的一个手机实例就是Google和三星合作发布的Google Nexus S。

②整合到SIM卡上。近场通信可以整合进SIM卡上，可以在运营商的蜂窝网络上识别手机订阅者的卡。

③整合到microSD卡上。近场通信技术能被整合进microSD卡，microSD卡是一种使用闪存的移动存储卡。很多手机用户使用microSD卡储存图片、视频、应用和其他文件，以节省手机本身上的储存空间。对于没有microSD卡槽的手机，可用手机套配件代替使用。例如，Visa专门就为iPhone推出了一个手机套，装有microSD卡，从而将近场通信技术带给了iPhone用户。

（2）近场通信使用模式。

①仿信用卡模式。在仿信用卡模式中，近场通信设备可以作为信用卡、借记卡、标识卡或门票使用。仿信用卡模式可以实现“移动钱包”功能。

②读机模式。在读机模式中，近场通信设备可以读取标签。这与如今的条形码扫描工作原理最类似。例如，可以使用手机上的应用程序扫描条形码获取其他信息。最终，近场通信将会取代条形码阅读变成更为普及的技术。

③P2P 模式（点对点模式）。在 P2P 模式中，近场通信设备之间可以交换信息。例如，两个有近场通信功能的手机可以交换联系方式，这与 iPhone 和 Android 手机上 Bump 之类的应用交换联系方式的方式类似，但是它们采用的技术不同。

6. 业务系统

（1）用户卡。

①支持 SWP 协议。利用 SIM 卡上当前没有被使用的 C6 管脚进行 SWP 的通信。

②支持多线程操作模式。用户可以使用多个近场通信业务，要求卡片上的多个应用应允许同时处于激活状态。

③支持 GP 框架。为保证卡上交易应用的安全性以及交易应用的空中下载，要求按照 Global Platform 2.1.1 要求实现用户卡的应用管理架构。

④支持 Java 卡标准。为保证行业应用提供商及可信任的第三方能够独立开发交易应用，用户卡应同时支持 Java 卡标准，以保证卡片及应用互操作性，要求支持 Javacard 2.2.1。

⑤支持 BIP 功能。为了使运营商能够提供更多元化的动态服务，需要保证高速的数据传输，移动台与非接触式用户卡之间要满足对 BIP（bearer independent protocol）功能支持。

（2）近场通信终端。移动台要求集成近场通信控制芯片及天线，支持单线协议，保证近场通信控制芯片与用户卡之间的数据通信和处理。

①集成近场通信芯片及天线以支持 SWP 协议。

②将近场通信芯片与用户卡的 C6 管脚相连，以保证近场通信芯片与用户卡的通信。

③支持 HCI 协议并实现手机主控芯片与近场通信芯片的通信。

④实现 BIP 协议以支持用户卡通过 TCP/IP 通道与远端服务器进行通信。

（3）近场通信业务管理平台。业务管理平台由卡片发行商管理平台和应用提供商管理平台组成，卡片发行商管理平台由卡片管理系统、应用管理系统（用于自有应用）、密钥管理系统、证书管理系统组成。应用提供方管理平台由应用管理系统、密钥管理系统、证书管理系统组成。其中，证书管理系统仅在非对称密钥情况下使用，在对称密钥情况下不使用。这些设备可以合设在一个物理实体上，也可以各自成为一个单独物理实体。

7. 技术应用　日本 NTT DoCoMo 公司自 2004 年 7 月推出基于非接触式 IC 卡式手机钱包业务，希望用手机钱包逐步替代人们在钱包中放置的所有物品。

韩国 SK Telecom 公司推出的基于非接触 IC 卡技术的 MONETA 业务，

利用手机与银行信用卡结合，使用户使用手机进行现场支付业务。

诺基亚推出了新款 6131 近场通信手机，并进行了关于电子钱包、公交应用、数据业务下载等应用的试验；美国银行试点利用手机提供万事达卡 PayPass 应用；法国巴黎公交与地铁系统采用近场通信技术，实现了手机购买车票与扣费乘车，并推出了商用版本的 SAGEM 非接触手机终端和相应的 SIM 卡；从欧洲到北美，近场通信应用已经从试点工作逐步走向试商用。

2006 年 6 月，诺基亚、厦门移动、厦门易通卡公司、菲利浦公司共同在厦门启动中国首个近距离通信手机支付现场试验。使用 Nokia 3220 手机实现厦门易通卡覆盖的公交汽车、轮渡、餐厅、电影院、便利店等营业网点的手机支付。

2007 年 3 月 13 日，正式在上海推出了移动认证业务，这个业务由诺基亚公司和上海质监、上海消防联合实施。执法人员只需持定制防伪应用的近场通信手机，即可随时随地读取烟花爆竹所贴电子标签的全球识别码，并实时上传至防伪服务器与数据库校验。

2007 年 5 月 17 日，由重庆移动、重庆市商业银行、结行商务有限公司联合发行的长江掌中行卡正式投入商用。它有标准的非接触 IC 卡和手机粘贴卡两种形式，可广泛应用于传统零售业、网络数字产品消费、公用事业代收费业务、智能化管理领域等（图 3-6）。

图 3-6　NFC 技术应用

（六）LoRa

LoRa（long range radio）就是远距离无线电，它最大的特点就是在同样

的功耗条件下比其他无线方式传播的距离更远，实现了低功耗和远距离的统一。它在同样的功耗下比传统的无线射频通信距离扩大 3～5 倍。

1. 技术原理　1944 年，好莱坞 26 岁女影星 Hedy Lamarr 发明了扩频通信技术，这种跳频技术可以有效地抗击干扰和实现加密。

后来人们发现，扩频技术可以得到如下收益：从各种类型的噪声和多径失真中获得免疫性、得到信噪比的增益。换句话说，使用扩频通信抗干扰性更强、通信距离更远。CDMA 和 Wi-Fi 都使用了扩频技术。

扩频调制示意图如图 3-7 所示，用户数据的原始信号与扩展编码位流进行 XOR（异或）运算，生成发送信号流。这种调制带来的影响是传输信号的带宽有显著增加（扩展了频谱）。

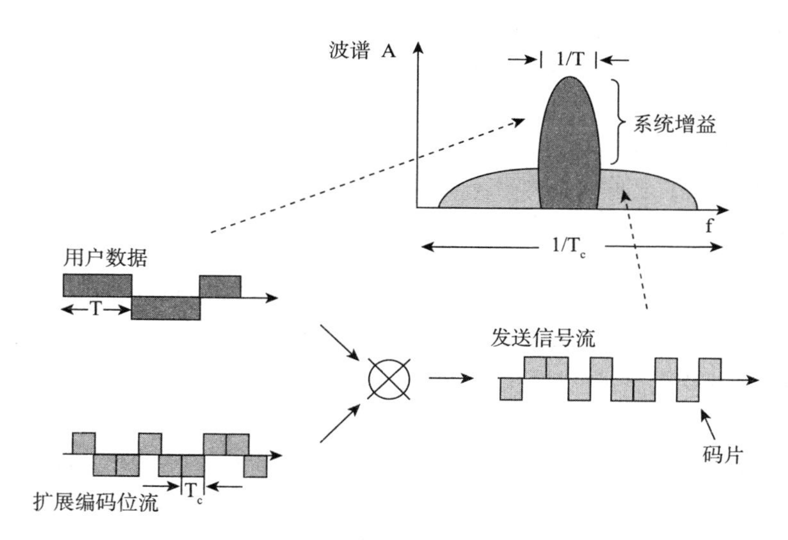

图 3-7　扩频调制示意图

当然，扩频技术也不是万能的，它至少有 2 个弊端：扩展编码调制生成更多片的数据流导致通信数据率下降、较复杂的调制和解调机制。

长期以来，要提高通信距离常用的办法是提高发射功率，同时也带来更多的能耗。电池供电的设备（如水表）一般只能使用微功率无线通信，这样一来就限制了其通信距离。现在，SemTech 公司推出的 LoRa 射频，因为采用了扩频调制技术，从而在同等的功耗下取得更远的通信距离。

LoRa 采用的是多个信息码片来代表有效负载信息的每个位，扩频信息的发送速度称为符号速率（Rs），而码片速率与标称的 Rs 比值即为扩频因子（spreading factor，SF），表示了每个信息位发送的符号数量。LoRa 以其独有的专利技术提供了最大 168dB 的链路预算和＋20dBm 的功率输出。一般地，在城市中，无线距离范围是1～2km；在郊区，无线距离最高可达20km。接受灵敏度达到了惊人的－148dBm，与业界其他先进水平的sub-GHz芯片相比，最高的接收灵敏度改善了20dB以上，这确保了网络连接的可靠性。调制解调器采用专利扩频调制和前向纠错技术。与传统的FSK、OOK调制技术相比，LoRa扩大了无线通信链路的覆盖范围（实现了远距离无线传输），提高了链路的鲁棒性。每个LoRa数据包的部分内容通过MCU管理设置的跳频信道，即所要“跳”的频率（根据频率查询表）发送出去，在预定的跳频周期结束后，即该部分数据发送完成，则发射机和接收机切换到跳频预定义列表的下一个信道，以便继续发送和接收数据包的下一部分内容。

LoRa目前提供了近似广域网络的连接能力，且网关市场上已有室外、室内甚至桌上型路由大小的设备，人人都可以搭建自有的LoRa网络，如同使用Wi-Fi连接一样便利。因此，两者互为补充，应用场景也会互助成长。LoRa使用的是免授权ISM频段，但各国或地区的ISM频段使用情况是不同的。由于LoRa是工作在免授权频段的，无须申请即可进行网络建设，网络架构简单，运营成本也低。LoRa联盟正在全球大力推进标准化的LoRaWAN协议，使得符合LoRaWAN规范的设备可以互联互通。

LoRa调制解调是PHY，LoRaWAN是MAC协议，用于大容量、远距离、低功耗的星形网络，LoRa联盟正在对低功耗广域网（LPWAN）进行标准化。LoRaWAN协议针对低功耗、电池供电的传感器进行了优化，包括了不同级别的终端节点以优化网络延迟和电池寿命间的平衡关系。

LoRaWAN网络结构通常部署成一个星形拓扑结构，其中网关是一个透明桥接，在终端设备和后台中央网络服务器之间中继消息。网关通过标准IP连接到网络服务器，而终端设备使用单跳无线通信到一个或多个网关。所有终端节点通信一般都是双向的，但还支持如组播操作实现软件空中升级（OTA）或其他大量信息分发以减少空中通信时间。

2. 技术特点

（1）传输距离远，最远可达15km的传输距离。

（2）低功耗，一粒纽扣电池可以让感测节点运作1年。

（3）低成本、免牌照的频段、基础设施以及节点/终端的低成本让网络建设运维都十分容易。

（七）窄带物联网（NB-IoT）

窄带物联网（narrow band internet of things，NB-IoT）成为万物互联网络的一个重要分支，构建于蜂窝网络，只消耗大约180kHz的带宽，可直接部署于GSM网络、UMTS网络或LTE网络，以降低部署成本、实现平滑升级。

NB-IoT 是 IoT 领域一个新兴的技术，支持低功耗设备在广域网的蜂窝数据连接，也称低功耗广域网（LPWAN）。NB-IoT 支持待机时间长、对网络连接要求较高设备的高效连接。据说 NB-IoT 设备电池寿命可以提高至少 10 年，同时还能提供非常全面的室内蜂窝数据连接覆盖。具备以下四大特点：

1. 广覆盖　将提供改进的室内覆盖，在同样的频段下，NB-IoT 比现有的网络增益 20dB，相当于提升了 100 倍覆盖区域的能力。

2. 具备支撑连接的能力　NB-IoT 一个扇区能够支持 10 万个连接，支持低延时敏感度、超低的设备成本、低设备功耗和优化的网络架构。

3. 更低功耗　NB-IoT 终端模块的待机时间可长达 10 年。

4. 更低的模块成本　企业预期的单个接连模块不超过 5 美元。

（八）LTE Cat M1

LTE Cat M1 是专为物联网（IoT）和机器对机器（M2M）通信而专门设计的新型低功率广域（LPWA，low-power wide area）蜂窝技术。它已被开发用于支持低于 1Mbps 的上传/下载数据速率的低到中等数据速率应用，并且可以在半双工或全双工模式中使用。

LTE CaT M1 使用现有的 LTE 网络进行操作，但是不同于 NB-IoT（其使用未使用的频谱或者位于保护频带中的频谱进行操作）的是，LTE CaT M1 在与用于蜂窝应用中的相同 LTE 频带内进行工作。其优点之一是它具有从一个小区站点向另一个小区站点之间切换的能力，这使得可以在移动应用中使用该技术；而 NB-IoT 不允许从一个小区站点移动切换至另一个小区站点，因此只能用于固定应用，即仅限于单个小区站点覆盖的区域内的应用。

由于 LTE Cat M1 技术能够与 2G、3G 和 4G 移动网络共存，因此它具有移动网络的所有安全和隐私功能的优点，如支持用户身份保密性、实体认证、机密性、数据完整性以及对移动设备鉴定的功能等。

最新的 LTE CaT M1 规格于 2016 年 6 月在 3GPP 规范（LTE-Advanced Pro）的第 13 版协议（3GPP Release 13，http：//www. 3gpp. org/release-13）中得到批准。根据 Release 13 的定义，LTE CaT M1 的技术规格如下：

1. 部署：LTE 频段带内。

2. Downlink（下行）峰值数据速率：1Mbps。

3. Uplink（上行）峰值数据速率：1Mbps。

4. 延迟时间：10～15ms。

5. 技术带宽：1. 08MHz。

6. 双工技术：全双工或者半双工。

7. 发射功率等级：20/23dBm。

二、远距离无线传输技术

目前，偏远地区广泛应用的无线通信技术主要有 GPRS/CDMA、数传电台、扩频微波、无线网桥及卫星通信、短波通信技术等。它主要使用在较为偏远或不宜铺设线路的地区，如煤矿、海上、有污染或环境较为恶劣的地区等。2019 年 6 月 6 日，工业和信息化部正式向中国电信、中国移动、中国联通、中国广电发放 5G 商用牌照，中国正式进入 5G 商用元年。

（一）5G

第五代移动电话行动通信标准，也称第五代移动通信技术，外语缩写：5G，也是 4G 之后的延伸，5G 网络的理论传输速度超过 10Gbps（相当于下载速度 1.25GB/s）。

1. 关键技术

（1）非正交多址技术（non-orthogonal multiple access，NOMA）。NOMA 的基本思想是在发送端采用非正交传输，主动引入干扰信息，在接收端通过串行干扰删除（SIC）实现正确解调。虽然采用 SIC 接收机会提高设计接收机的复杂度，但是可以很好地提高频谱效率，NOMA 的本质即为通过提高接收机的复杂度来换取良好的频谱效率。

假设 UE_1 位于小区中心，信道条件较好；UE_2 位于小区边缘，信道条件较差。根据 UE 的信道条件来给 UE 分配不同的功率，信道条件差的分配更多功率，即 UE_2 分配的功率比 UE_1 多。

①发射端。假设基站发送给 UE_1 的符号为 x_1，发送给 UE2 的数据为 x_2，功率分配因子为 a。则基站发送的信号为：

$$s = sqrt(a)x_1 + sqrt(1-a)\,x_2 \tag{3-3}$$

因为 UE_2 位于小区边缘，信道条件较差，所以给 UE_2 分配较多的功率，即 $0<a<0.5$。

②接收端。UE_2 收到的信号为：

$$y_2 = h_2 s + n_2 = h_2[sqrt(a)x_1 + sqrt(1-a)x_2] + n_2 \tag{3-4}$$

因为 UE_2 的信号 x_2 分配的功率较多，所以 UE_2 可以直接把 UE_1 的信号 x_1 当做噪声，直接解调解码 UB_2 的信号即可。UE_1 收到的信号为：

$$y_1 = h_1 s + n_1 = h_1[sqrt(a)x_1 + sqrt(1-a)x_2] + n_1 \tag{3-5}$$

因为 UE_1 的信号 x_1 分配较少的功率，所以 UE_1 不能直接调节解码 UE_1 自己的数据。相反，UE_1 需要先跟 UE_2 一样先解调解码 UE_2 的数据 x_2。解出 x_2 后，再用 y_1 减去归一化的 x_2 得到 UE_1 自己的数据，$y_1-h_2\,sqrt$（$1-a$）x_2。最后再解调解码 UE_1 自己的数据。

③非正交多址技术的技术特点。

一是NOMA在接收端采用SIC接收机来实现多用户检测。串行干扰消除技术的基本思想是采用逐级消除干扰策略，在接收信号中对用户逐个进行判决。进行幅度恢复后，将该用户信号产生的多址干扰从接收信号中减去，并对剩下的用户再次进行判决。如此循环操作，直至消除所有的多址干扰。

二是发送端采用功率复用技术。SIC接收机在接收端消除多址干扰（MAI），需要在接收信号中对用户进行判决来排出消除干扰的用户的先后顺序，而判决的依据就是用户信号功率大小。基站在发送端会对不同的用户分配不同的信号功率，来获取系统最大的性能增益，同时达到区分用户的目的，这就是功率复用技术。功率复用技术在其他几种传统的多址方案没有被充分利用，其不同于简单的功率控制，而是由基站遵循相关的算法来进行功率分配。

三是不依赖用户反馈CSI。在现实的蜂窝网中，因为流动性、反馈处理延迟等一些原因，通常用户并不能根据网络环境的变化反馈出实时有效的网络状态信息。虽然在目前，有很多技术已经不再那么依赖用户反馈信息就可以获得稳定的性能增益，但是采用了SIC技术的NOMA方案可以更好地适应这种情况，从而NOMA技术可以在高速移动场景下获得更好的性能，并能组建更好的移动节点回程链路。

（2）大规模多天线阵列。理解大规模天线首先需要了解波束成形技术。

传统通信方式是基站与手机间单天线到单天线的电磁波传播，而在波束成形技术中，基站端拥有多根天线，可以自动调节各个天线发射信号的相位，使其在手机接收点形成电磁波的叠加，从而达到提高接收信号强度的目的。

从基站方面看，这种利用数字信号处理产生的叠加效果就如同完成了基站端虚拟天线方向图的构造，因此称为“波束成形”（beamforming）。通过这一技术，发射能量可以汇集到用户所在位置，而不向其他方向扩散，并且基站可以通过监测用户的信号，对其进行实时跟踪，使最佳发射方向跟随用户的移动，保证在任何时候手机接收点的电磁波信号都处于叠加状态。打个比方，传统通信就像灯泡，照亮整个房间，而波速成形就像手电筒，光亮可以智能地汇集到目标位置上。

在实际应用中，多天线的基站也可以同时瞄准多个用户，构造朝向多个目标客户的不同波束，并有效减少各个波束之间的干扰。这种多用户的波束成形在空间上有效地分离了不同用户间的电磁波，是大规模天线的基础所在。

大规模天线阵列，即Large scale MIMO，也称为Massive MIMO，正是基于多用户波束成形的原理，在基站端布置几百根天线，对几十个目标接收机调制各自的波束，通过空间信号隔离，在同一频率资源上同时传输几十条信号。这种对空间资源的充分挖掘，可以有效利用宝贵而稀缺的频带资源，并且几十倍地提升网络容量。

图 3-8 是美国莱斯大学的大规模天线阵列原型机中看到由 64 个小天线组成的天线阵列，这很好地展示了大规模天线系统的雏形。

图 3-8　64 个小天线组成的天线阵列

大规模天线并不只是简单地扩增天线数量，因为量变可以引起质变。依据大数定理和中心极限定理，样本数趋向于无穷，均值趋向于期望值，而独立随机变量的均值分布趋向于正态分布。随机变量趋于稳定，这正是“大”的美。

在单天线对单天线的传输系统中，由于环境的复杂性，电磁波在空气中经过多条路径传播后在接收点可能相位相反，互相削弱，此时信道很有可能陷于很强的衰落，影响用户接收到的信号质量。而当基站天线数量增多时，相对于用户的几百根天线就拥有了几百个信道，它们相互独立，同时陷入衰落的概率便大大减小。这对于通信系统而言变得简单而易于处理。

大规模天线优势：

第一，当然是大幅度提高网络容量。

第二，因为有一堆天线同时发力，由波速成形形成的信号叠加增益将使得每根天线只需以小功率发射信号，从而避免使用昂贵的大动态范围功率放大器，减少了硬件成本。

第三，大数定律造就的平坦衰落信道使得低延时通信成为可能。传统通信系统为了对抗信道的深度衰落，需要使用信道编码和交织器，将由深度衰落引起的连续突发错误分散到各个不同的时间段上（交织器的目的即将不同时间段的信号糅杂，从而分散某一短时间内的连续错误），而这种糅杂过程导致接收机需完整接受所有数据才能获得信息，造成时延。在大规模天线下，得益于大数定理而产生的衰落消失，信道变得良好，对抗深度衰弱的过程可以大大简化，因此时延也可以大幅降低。

值得一提的是，与大规模天线形成完美匹配的是 5G 的另一项关键技术——毫米波。毫米波拥有丰富的带宽，但是衰减强烈，而大规模天线的波束成形正好补足了其短板。

（3）滤波组多载波技术（FBMC）。在OFDM系统中，各个子载波在时域相互正交，它们的频谱相互重叠，因而具有较高的频谱利用率。OFDM技术一般应用在无线系统的数据传输中，在OFDM系统中，由于无线信道的多径效应，从而使符号间产生干扰。为了消除符号间干扰（IS1），在符号间插入保护间隔。插入保护间隔的一般方法是符号间置零，即发送第一个符号后停留一段时间（不发送任何信息），接下来再发送第二个符号。在OFDM系统中，这样虽然减弱或消除了符号间干扰，但由于破坏了子载波间的正交性，从而导致了子载波之间的干扰（ICI）。因此，这种方法在OFDM系统中不能采用。在OFDM系统中，为了既可以消除ISI，又可以消除ICI，通常保护间隔是由CP（cycle prefix，循环前缀）来充当。CP是系统开销，不传输有效数据，从而降低了频谱效率。

而FBMC利用一组不交叠的带限子载波实现多载波传输，FMC对于频偏引起的载波间干扰非常小，不需要CP，较大地提高了频率效率。

（4）毫米波技术。毫米波（millimeter wave）：波长为1～10mm的电磁波称毫米波，通常对应于30～300GHz的无线电频谱。它位于微波与远红外波相交叠的波长范围，因而兼有两种波谱的特点。毫米波的理论和技术分别是微波向高频的延伸和光波向低频的发展。

毫米波在通信、雷达、遥感和设点天文等领域有大量的应用。要想成功地设计并研制出性能优良的毫米波系统，必须了解毫米波在不同气象条件下的大气传播特性。影响毫米波传播特性的因素主要有：构成大气成分的分子吸收（氧气、水蒸气等）、降水（包括雨、雾、雪、雹、云等）、大气中的悬浮物（尘埃、烟雾等）以及环境（包括植被、地面、障碍物等）。这些因素的共同作用，会使毫米波信号受到衰减、散射、改变极化和传播路径，进而在毫米波系统中引进新的噪声，这诸多因素对毫米波系统的工作造成极大影响，因此必须详细研究毫米波的传播特性。

由于足够量的可用带宽、较高的天线增益，毫米波技术可以支持超高速的传输率，且波束窄、灵活可控，可以连接大量设备。以图3-9为例：

蓝色手机处于4G小区覆盖边缘，信号较差，且有建筑物（房子）阻挡。此时，就可以通过毫米波传输，绕过建筑物阻挡，实现高速传输。同样，粉色手机同样可以使用毫米波实现与4G小区的连接，且不会产生干扰。当然，由于绿色手机距离4G小区较近，可以直接与4G小区连接。

毫米波由于其频率高、波长短，具有如下特点：

①频谱宽。配合各种多址复用技术的使用可以极大地提升信道容量，适用于高速多媒体传输业务。

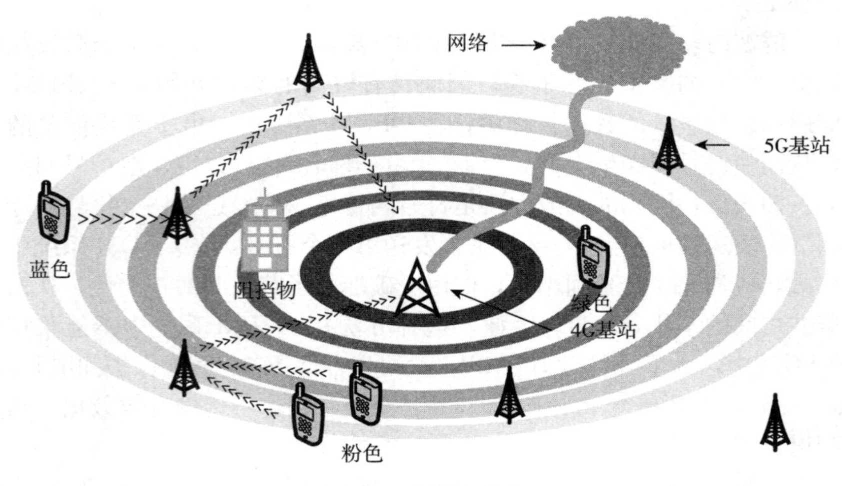

图 3-9 毫米波技术

②可靠性高。较高的频率使其受干扰很少，能较好地抵抗雨水天气的影响，提供稳定的传输信道。

③方向性好。毫米波受空气中各种悬浮颗粒物的吸收较大，使得传输波束较窄，增大了窃听难度，适合短距离点对点通信。

④波长极短。所需的天线尺寸很小，易于在较小的空间内集成大规模天线阵。

⑤不容易穿过建筑物或者障碍物，并且可以被叶片和雨水吸收。这也是5G 网络将会采用小基站的方式来加强传统蜂窝塔的原因。

(5) 认知无线电技术（cognitive radio spectrum sensing techniques）。认知无线电技术最大的特点就是能够动态地选择无线信道。在不产生干扰的前提下，手机通过不断感知频率，选择并使用可用的无线频谱。

(6) 超密度异构网络（ultra-dense hetnets）。立体分层网络（hetnet）是指，在宏蜂窝网络层中布放大量微蜂窝（microcell）、微微蜂窝（picocell）、毫微微蜂窝（femtocell）等接入点，来满足数据容量增长要求。

为应对未来持续增长的数据业务需求，采用更加密集的小区部署将成为5G 提升网络总体性能的一种方法。通过在网络中引入更多的低功率节点可以实现热点增强、消除盲点、改善网络覆盖、提高系统容量的目的。但是，随着小区密度的增加，整个网络的拓扑也会变得更为复杂，会带来更加严重的干扰问题。因此，密集网络技术的一个主要难点就是要进行有效的干扰管理，提高网络抗干扰性能，特别是提高小区边缘用户的性能。

密集小区技术也增强了网络的灵活性，可以针对用户的临时性需求和季节性需求快速部署新的小区。在这一技术背景下，未来网络架构将形成“宏蜂窝＋长期微蜂窝＋临时微蜂窝”的网络架构（图 3-10）。这一结构将大大降低网络性能对于网络前期规划的依赖，为 5G 时代实现更加灵活自适应的网络提供保障。

图 3-10 超密集网络组网的网络架构

到了 5G 时代，更多的物-物连接接入网络，hetnet 的密度将会大大增加。

与此同时，小区密度的增加也会带来网络容量和无线资源利用率的大幅度提升。仿真表明，当宏小区用户数为 200 时，仅仅将微蜂窝的渗透率提高到 20%，就可能带来理论上 1 000 倍的小区容量提升。同时，这一性能的提升会随着用户数量的增加而更加明显。考虑到 5G 主要的服务区域是城市中心等人员密度较大的区域，因此，这一技术将会给 5G 的发展带来巨大潜力。当然，密集小区所带来的小区间干扰也将成为 5G 面临的重要技术难题。目前，在这一领域的研究中，除了传统的基于时域、频域、功率域的干扰协调机制外，3GPP Rel-11 提出了进一步增强的小区干扰协调技术（eICIC），包括通用参考信号（CRS）抵消技术、网络侧的小区检测和干扰消除技术等。这些 eICIC 技术均在不同的自由度上，通过调度使得相互干扰的信号互相正交，从而消除干扰。除此之外，还有一些新技术的引入也为干扰管理提供了新的手段，如认知技术、干扰消除和干扰对齐技术等。随着相关技术难题的陆续解决，在 5G 中，密集网络技术将得到更加广泛的应用。

（7）多技术载波聚合。3GPP R12 已经提到多技术载波聚合技术标准。从发展趋势来看，未来的网络会是一个融合的网络，载波聚合技术不但要实现 LTE 内载波间的聚合，还要扩展到与 3G、Wi-Fi 等网络的融合。多技术载波聚合技术与 hetnet 一起，最终将实现万物间的无缝连接。

2. 技术指标 标志性能力指标为“Gbps 用户体验速率”，一组关键技术包括大规模天线阵列、超密集组网、新型多址、全频谱接入和新型网络架构。大规模天线阵列是提升系统频谱效率的最重要的技术手段之一，对满足 5G 系统容量和速率需求将起到重要的支撑作用；超密集组网通过增加基站部署密度，可实现百倍量级的容量提升，是满足5G千倍容量增长需求的最主要手段之一；新型多址技术通过发送信号的叠加传输来提升系统的接入能力，可有效支撑5G网络千亿设备连接需求；全频谱接入技术通过有效利用各类频谱资源，可有效缓解5G网络对频谱资源的巨大需求；新型网络架构基于SDN、NFV和云计算等先进技术可实现以用户为中心的更灵活、智能、高效和开放的5G新型网络。

（二）GPRS无线通信技术

移动通信技术从第一代的模拟通信系统发展到第二代的数字通信系统，以及之后的3G、4G、5G，正以突飞猛进的速度发展。在第二代移动通信技术中，GSM的应用最广泛。但是，GSM系统只能进行电路域的数据交换，且最高传输速率为9.6kbit/s，难以满足数据业务的需求。因此，欧洲电信标准委员会（ETSI）推出了GPRS（general packet radio service，通用分组无线业务）。

分组交换技术是计算机网络上一项重要的数据传输技术。为了实现从传统语音业务到新兴数据业务的支持，GPRS在原GSM网络的基础上叠加了支持高速分组数据的网络，向用户提供WAP浏览（浏览因特网页面）、E-mail等功能，推动了移动数据业务的初次飞跃发展，实现了移动通信技术和数据通信技术（尤其是Internet技术）的完美结合。

GPRS是介于2G和3G之间的技术，也被称为2.5G。它后面还有个弟弟EDGE，也被称为2.75G。它们为实现从GSM向3G的平滑过渡奠定了基础。

GPRS主要是在移动用户和远端的数据网络（如支持TCP/IP、X.25等网络）之间提供一种连接，从而给移动用户提供高速无线IP和无线X.25业务，它使得通信速率从56kbps一直上升到114kbps，以GPRS为技术支撑，可为实现电子邮件、电子商务、移动办公、网上聊天、基于WAP的信息浏览、互动游戏、FLASH画面、多和弦铃声、PDA终端接入、综合定位技术等，并且支持计算机和移动用户的持续连接。较高的数据吞吐能力使得可以使用手持设备和笔记本电脑进行电视会议和多媒体页面以及类似的应用。GPRS可以让多个用户共享某些固定的信道资源，数据速率最高可达164kb/s。通常GPRS移动台分为3类：①GPRS A类手机。A类手机具有同时提供GPRS和电路交换承载业务的能力。即在同一时间内，既进行一般的GSM话音业务，又可以接收GPRS数据包。GPRS业务推出后，用户可以戴着基于蓝牙技术的集成式麦克风耳机，使用PDA，边打电话边在网上冲浪。②GPRS B类手机。如果MS能同时侦听两个系统的寻呼信息，MS可以同时附着在GSM系统和GPRS系统。③GPRS C类手机。MS要么附着在GSM网络，要么附着在GPRS网络。

它只能通过人工的方式进行切换，没有办法同时进行两种操作。

1. 网络结构　GPRS是在GSM网络的基础上增加新的网络实体来实现分组数据业务，GPRS新增的网络实体：

（1）GSN（GPRS support node，GPRS支持节点）。GSN是GPRS网络中最重要的网络部件，有SGSN和GGSN两种类型。

①SGSN（serving GPRS support node，服务GPRS支持节点）。SGSN的主要作用是记录MS的当前位置信息，提供移动性管理和路由选择等服务，并且在MS和GGSN之间完成移动分组数据的发送和接收。

②GGSN（gateway GPRS support node，GPRS网关支持节点）。GGSN起网关作用，把GSM网络中的分组数据包进行协议转换，之后发送到TCP/IP或X.25网络中。

（2）PCU（packet control unit，分组控制单元）。PCU位于BSS，用于处理数据业务，并将数据业务从GSM语音业务中分离出来。PCU增加了分组功能，可控制无线链路，并允许多用户占用同一无线资源。

（3）BG（border gateways，边界网关）。BG用于PLMN间GPRS骨干网的互联，主要完成分属不同GPRS网络的SGSN、GGSN之间的路由功能，以及安全性管理功能。此外，还可以根据运营商之间的漫游协定增加相关功能。

（4）CG（charging gateway，计费网关）。CG是在电信网络核心网与计费中心之间的数据库系统，完成原始话单采集、话单预处理、话单存储、话单自动删除与备份工作。

（5）DNS（domain name server，域名服务器）。GPRS网络中存在两种DNS：一种是GGSN同外部网络之间的DNS，主要功能是对外部网络的域名进行解析，作用等同于因特网上的普通DNS。另一种是GPRS骨干网上的DNS，主要功能是在PDP上下文激活过程中根据确定的APN（access point name，接入点名称）解析出GGSN的IP地址，并且在SGSN间的路由区更新过程中，根据原路由区号码，解析出原SGSN的IP地址。

2. 关键指标

（1）容量指标。

①PDCH分配成功率。

PDCH分配成功率＝（1－分配失败次数/分配尝试次数）×100％

该指标反映了信道的拥塞情况，用来反映当符合信道分配条件，PCU将TCH用作PDCH的成功率。

②每兆字节PDCH被清空次数。

每兆字节PDCH被清空次数＝使用状态下的PDCH被清空次数/忙时流量

该指标反映了全部信道（TCH、PDCH）的拥塞情况。

③PCU资源拥塞率。

PCU资源拥塞率=PCU资源不足造成的信道分配失败次数/分配尝试次数×100%

该指标反映了PCU的公共设备资源是否存在不足。

④忙时平均激活PDCH数。

该指标反映了小区或BSC内PDCH数量，与TCH资源相比，可以反映出PDCH占用无线资源的比例。

⑤忙时数据总流量。

分为上行流量和下行流量，下行流量更能反映业务量的情况。

⑥忙时每PDCH负荷。

忙时每PDCH负荷=忙时数据总流量/忙时平均激活PDCH数

该指标反映了每个PDCH单位时间承载的数据量。这个指标要控制在4kbit/s以下。

（2）干扰指标。

①C/I。

②下行BLER。

③上行BLER。

（3）移动性能指标。

①每兆字节小区重选次数=小区重选次数/忙时流量

②短时间重选率=短时间小区重选次数/小区重选总次数×100%

③乒乓重选率=乒乓重选次数/小区重选总次数×100%

3. 应用特点

（1）高速数据传输。速度10倍于GSM，还可以稳定地传送大容量的高质量音频与视频文件，可谓巨大进步。

（2）永远在线。由于建立新的连接几乎无须任何时间（即无须为每次数据的访问建立呼叫连接），因而您随时都可与网络保持联系。举个例子，若无GPRS的支持，当您正在网上漫游，而此时恰有电话接入，大部分情况下您不得不断线后接通来电，通话完毕后重新拨号上网。而有了GPRS，您就能轻而易举地解决这个冲突。

（3）仅按数据流量计费。即根据您传输的数据量（如网上下载信息时）来计费，而不是按上网时间计费。也就是说，只要不进行数据传输，哪怕您一直“在线”，也无须付费。做个“打电话”的比方，在使用GSM+WAP手机上网时，就好比电话接通便开始计费；而使用GPRS+WAP上网则要合理得多，就像电话接通并不收费，只有对话时才计算费用。总之，它真正体现了少用少付费的原则。

4. 技术特点　数据实现分组发送和接收、按流量计费、56～115kbps 的传输速度。

GPRS 的应用还会配合 Bluetooth（蓝牙技术）的发展。数码相机加了 Bluetooth，就可以马上通过手机，把相片传送到遥远的地方。GPRS 是基本分组无线业务，采用分组交换的方式，数据速率最高可达 164kbit/s，它可以给 GSM 用户提供移动环境下的高速数据业务，还可以提供收发 E-mail、Internet 浏览等功能。在连接建立时间方面，GSM 需要 10～30s，而 GPRS 只需要极短的时间就可以访问到相关请求；而对于费用而言，GSM 是按连接时间计费的，而 GPRS 只需要按数据流量计费；GPRS 对于网络资源的利用率远远高于 GSM。

5. 技术优势

（1）相对低廉的连接费用。GPRS 引入了分组交换的传输模式，使得原来采用电路交换模式的 GSM 传输数据方式发生了根本性的变化，这在无线资源稀缺的情况下显得尤为重要。按电路交换模式来说，在整个连接期内，用户无论是否传送数据都将独自占有无线信道。在会话期间，许多应用往往有不少的空闲时段，如 Internet 浏览、收发 E-mail 等。对于分组交换模式，用户只有在发送或接收数据期间才占用资源，这意味着多个用户可高效率地共享同一无线信道，从而提高了资源的利用率。GPRS 用户的计费以通信的数据量为主要依据，体现了“得到多少、支付多少”的原则。实际上，GPRS 用户的连接时间可能长达数小时，却只需支付相对低廉的连接费用。

（2）传输速率高。GPRS 可提供高达 115kbps 的传输速率（最高值为 171.2kbps，不包括 FEC）。这意味着在数年内，通过便携式电脑，GPRS 用户能与 ISDN 用户一样快速地上网浏览，同时也使一些对传输速率敏感的移动多媒体应用成为可能。

（3）接入时间短。分组交换接入时间缩短为少于 1s，能提供快速即时的连接，可大幅度提高一些事务（如银行卡转账、远程监控等）的效率，并可使已有的 Internet 应用（如 E-mail、网页浏览等）操作更加便捷、流畅。

（三）CDMA 无线通信技术

CDMA（码分多址）是一种信道复用技术，允许每个用户在同一时刻、同一信道上使用同一频带进行通信，它将扩频技术应用于通信系统中，不仅抗干扰能力强、保密性好，而且具有抗衰落、抗多径和多址能力。

1. 通信原理　CDMA 通信系统中，不同用户传输信息所用的信号不是靠频率不同或时隙不同来区分，而是用各自不同的编码序列来区分，或者说，靠信号的不同波形来区分。如果从频域或时域来观察，多个 CDMA 信号是互相重叠的。接收机用相关器可以在多个 CDMA 信号中选出其中使用预定码型的信号。其他使用不同码型的信号因为与接收机本地产生的码型不同而不能被解调。它们的存在类似于在信道中引入了噪声和干扰，通常称之为多址干扰。

在CDMA蜂窝通信系统中，用户之间的信息传输是由基站进行转发和控制的。为了实现双工通信，正向传输和反向传输各使用一个频率，即通常所谓的频分双工。无论正向传输或反向传输，除去传输业务信息外，还必须传送相应的控制信息。为了传送不同的信息，需要设置相应的信道。但是，CDMA通信系统既不分频道又不分时隙，无论传送何种信息的信道都靠采用不同的码型来区分。类似的信道属于逻辑信道，这些逻辑信道无论从频域或者时域来看都是相互重叠的，或者说它们均占用相同的频段和时间。

（1）扩频原理。扩频原理框图如图3-11所示。由图3-11可见，发射端是将待传输的信息码 a（t）经编码后，先对伪随机码 c（t）进行扩频调制，然后再对射频进行调制，得到输出信号为：

$$s(t)=b(t)c(t) \tag{3-6}$$

式中，c（t）的速率（chip/s）为 R_c，b（t）的速率（bit/s）为 R_b。通常 R_c 远大于 R_b，因而调制后的扩频信号带宽主要取决于 c（t）带宽。

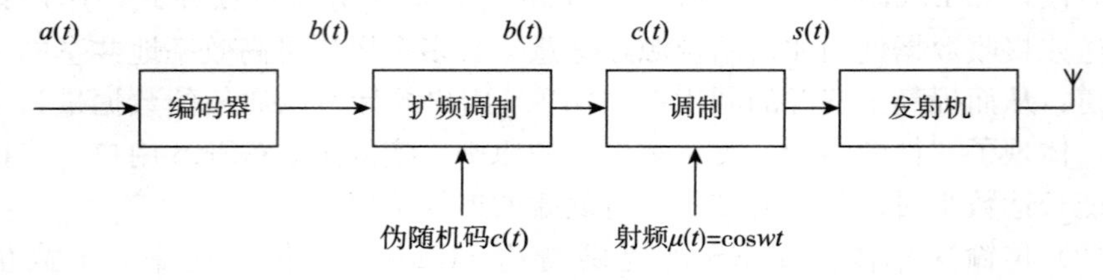

图3-11　扩频原理框图

信号通过无线传输后，将会受到噪声和其他信号的干扰。因此，接收端所收到的信号除有用信号外，还包含有干扰信号。即：

$$s'(t)=b(t)c(t)\cos[\omega_c t+\varphi(t)]+n(t) \tag{3-7}$$

式中，n（t）为噪声和干扰信号的总和。

接收机接收到的信号先用相干载波进行解调。

$$z(t)=s'(t)u'(t)=\{b(t)c(t)\cos[\omega_c t+\phi(t)]+n(t)\}\cos[\omega_c t+\phi(t)]$$
$$=\frac{1}{2}b(t)c(t)\{1+\cos[2\omega_c t+2\phi(t)]\}+n(t)\cos[\omega_c t+\phi(t)]$$

z（t）经宽带（带宽约为码片速率）滤波后，得：

$$G(t)=\frac{1}{2}b(t)c(t)+n'(t) \tag{3-8}$$

并将 G（t）与本地伪随机码 $c'(t)$ 相乘，即进行解扩处理。因 $c'(t)$ 与发端的 c（t）码完全一致，所以输出信号 V_0（t）再经基带滤波器，基带滤波器

的带宽为信号 $b(t)$ 的带宽，远小于解扩之前的宽带滤波器带宽，但还是宽带信号，经基带滤波后就只剩下很小一部分噪声功率。处理后其信号功率不变。所以，解扩输出的信噪比要比解扩输入的信噪比大得多。再经解码器，就恢复成原始信号。

（2）扩频系统对噪声和干扰的抑制能力。扩频系统引入“处理增益” G_p 的概念来衡量对噪声和干扰的抑制能力，G_p 定义为接收机解扩器输出信噪比与输入信噪比之比，即：

$$G_p = \frac{(SNR)_0}{(SNR)_i} \tag{3-9}$$

G_p 越大，则抗干扰性能越强。

扩频系统有如下的抗噪声和抗干扰性能：

①扩频系统具有较强的抗白噪声性能。由于白噪声的功率谱是均匀分布在整个频率范围内，经解扩器后，其噪声功率谱密度分布不变，而信号经过相关解扩后，却变为窄带信号，但信号功率不变。可以用一个窄带滤波器排除带外的噪声，于是窄带内的信噪比就大大提高了。

若白噪声功率谱密度为 N_0，则解扩器的输入信噪比和输出信噪比分别为：

$$(SNR)_i = \frac{S}{N_0 \cdot B_P} \tag{3-10}$$

和

$$(SNR)_0 = \frac{S}{N_0 \cdot B_m}$$

式中，B_P 为扩频后（解扩前）信号所占有的带宽；B_m 为扩频前（解扩后）信号所占有的带宽。于是有：

$$G_p = \frac{S/(N_0 \cdot B_m)}{S/(N_0 \cdot B_P)} = \frac{B_P}{B_m} = \frac{R_P}{R_m} \tag{3-11}$$

该式说明扩频系统对白噪声干扰的处理增益等于扩频后信号所占的带宽 B_P（或信息速率 R_P）与扩频前信号所占的带宽 B_m（或信息速率 R_m）之比。

②扩频系统具有抗单频和窄带干扰能力。单频干扰是一条线谱，经过相关解扩后，线谱被扩展为 B_P 宽的功率谱，这时通过带通滤波器的干扰功率仅为输入干扰功率的 B_m/B_P 倍。所以，处理增益同样为：

$$G_p = \frac{B_P}{B_m} = \frac{R_P}{R_m} \tag{3-12}$$

③扩频系统还具有抗宽带干扰性能。宽带干扰是指那些所占频带与扩频信号频带可以相比拟的信号，如多径干扰和多址干扰信号。由于这些干扰信号对有用信号是不相关的，经解扩后能量有所分散，不能像有用信号那样成为窄带信号。如果干扰信号的频谱足够宽时，则处理增益与白噪声的处理增益相

同，即：

$$G_p = \frac{B_P}{B_m} = \frac{R_P}{R_m} \tag{3-13}$$

2. 技术特点

(1) CDMA是扩频通信的一种，它具有扩频通信的以下特点：

①抗干扰能力强。这是扩频通信的基本特点，是所有通信方式无法比拟的。

②宽带传输、抗衰落能力强。

③由于采用宽带传输，在信道中传输的有用信号的功率比干扰信号的功率低得多，因此信号好像隐蔽在噪声中。即功率谱密度比较低，有利于信号隐蔽。

④利用扩频码的相关性来获取用户的信息，抗截获的能力强。

(2) 在扩频CDMA通信系统中，由于采用了新的关键技术而具有一些新的特点：

①采用了多种分集方式。除了传统的空间分集外。由于宽带传输起到了频率分集的作用，同时在基站和移动台采用了RAKE接收机技术，相当于时间分集的作用。

②采用了话音激活技术和扇区化技术。因为CDMA系统的容量直接与所受的干扰有关，采用话音激活和扇区化技术可以减少干扰，可以使整个系统的容量增大。

③采用了移动台辅助的软切换。通过它可以实现无缝切换，保证了通话的连续性，减少了掉话的可能性。处于切换区域的移动台通过分集接收多个基站的信号，可以减低自身的发射功率，从而减少了对周围基站的干扰，这样有利于提高反向联路的容量和覆盖范围。

④采用了功率控制技术。这样降低了平准发射功率。

⑤具有软容量特性。可以在话务量高峰期通过提高误帧率来增加可以用的信道数。当相邻小区的负荷一轻一重时，负荷重的小区可以通过减少导频的发射功率，使本小区的边缘用户由于导频强度的不足而切换到相邻小区，使负担分担。

⑥兼容性好。由于CDMA的带宽很大，功率分布在广阔的频谱上，功率谱密度低，对窄带模拟系统的干扰小，因此两者可以共存，即兼容性好。

⑦CDMA的频率利用率高。不需频率规划，这也是CDMA的特点之一。

⑧CDMA高效率的OCELP话音编码。话音编码技术是数字通信中的一个重要课题。OCELP是利用码表矢量量化差值的信号，并根据语音激活的程度产生一个输出速率可变的信号。这种编码方式被认为是效率最高的编码技术，

在保证有较好话音质量的前提下，大大提高了系统的容量。这种声码器具有8kbit/s和13kbit/s两种速率的序列。8kbit/s序列从1.2kbit/s到9.6kbit/s可变，13kbit/s序列则从1.8kbit/s到14.4kbit/s可变。最近，又有一种8kbit/s EVRC型编码器问世，也具有8kbit/s声码器容量大的特点，话音质量也有了明显的提高。

3. 技术优势　CDMA移动通信网是由扩频、多址接入、蜂窝组网和频率复用等几种技术结合而成，含有频域、时域和码域三维信号处理的一种协作。因此，它具有抗干扰性好、抗多径衰落、保密安全性高、同频率可在多个小区内重复使用、容量和质量之间可做权衡取舍等属性。这些属性使CDMA比其他系统有很大的优势。

（1）系统容量大。理论上，在使用相同频率资源的情况下，CDMA移动网比模拟网容量大20倍，实际使用中比模拟网大10倍，比GSM要大4～5倍。

（2）系统容量的配置灵活。在CDMA系统中，用户数的增加相当于背景噪声的增加，造成话音质量的下降。但对用户数并无限制，操作者可在容量和话音质量之间折中考虑。另外，多小区之间可根据话务量和干扰情况自动均衡。

这一特点与CDMA的机理有关。CDMA是一个自扰系统，所有移动用户都占用相同带宽和频率，打个比方，将带宽想象成一个大房子，所有的人将进入唯一的大房子。如果他们使用完全不同的语言，他们就可以清楚地听到同伴的声音而只受到一些来自别人谈话的干扰。在这里，屋里的空气可以被想象成宽带的载波，而不同的语言即被当做编码，可以不断地增加用户，直到整个背景噪音就限制住了。如果能控制住用户的信号强度，在保持高质量通话的同时，就可以容纳更多的用户。

（3）通话质量更佳。TDMA的信道结构最多只能支持4kb的语音编码器，它不能支持8kb以上的语音编码器。而CDMA的结构可以支持13kb的语音编码器。因此，可以提供更好的通话质量。CDMA系统的声码器可以动态地调整数据传输速率，并根据适当的门限值选择不同的电平级发射。同时，门限值根据背景噪声的改变而变，这样即使在背景噪声较大的情况下，也可以得到较好的通话质量。另外，TDMA采用一种硬移交的方式，用户可以明显地感觉到通话的间断，在用户密集、基站密集的城市中，这种间断就尤为明显，因为在这样的地区每分钟会发生2～4次移交的情形。而CDMA系统“掉话”的现象明显减少，CDMA系统采用软切换技术，“先连接再断开”，这样完全克服了硬切换容易掉话的缺点。

（4）频率规划简单。用户按不同的序列码区分，所以不相同CDMA载波可在相邻的小区内使用，网络规划灵活，扩展简单。

（5）建网成本低。CDMA技术通过在每个蜂窝的每个部分使用相同的频率，简化了整个系统的规划，在不降低话务量的情况下减少所需站点的数量，从而降低部署和操作成本。CDMA网络覆盖范围大，系统容量高，所需基站少，降低了建网成本。

CDMA数字移动技术与众所周知的GSM数字移动系统不同。模拟技术被称为第一代移动电话技术，GSM是第二代，CDMA是属于移动通信第二代半技术，比GSM更先进。

（四）数传电台通信

无线数传电台又可称为数传电台，是指借助DSP技术和无线电技术实现的高性能专业数据传输电台。数传电台的使用从最早的按键电码、电报、模拟电台加无线MODEM，发展到目前的数字电台和DSP、软件无线电；传输信号也从代码、低速数据（300～1 200bps）到高速数据（N×64K～N×E1），可以传输包括遥控遥测数据、数字化语音、动态图像等业务。

数传电台大致分为两种：一种是传统的模拟电台，另一种为采用DSP技术的数字电台。传统的模拟电台一般是射频部分后面加调制解调器转换为数字信号方式来传输数据，全部调制、解调、滤波和纠错由模拟量处理完成，如果需要进行数据的任何其他处理，那么附加的部件、专用的芯片或微处理机必须加到设计中。因为收发机相当多的功能是在硬件中完成，任何校准或无线电的调整必须在硬件级上进行。例如，扭动一个螺丝调整或更换部件。又因为设计是以硬件为基础的，因而它是一个固定的设计。这就是说，不改变硬件就不能改变功能和性能。

数传电台的工作频率大多使用220～240MHz或400～470MHz频段，具有数话兼容、数据传输实时性好、专用数据传输通道、一次投资、没有运行使用费、适用于恶劣环境、稳定性好等优点。数传电台的有效覆盖半径约有几十公里，可以覆盖一个城市或一定的区域。数传电台通常提供标准的RS-232数据接口，可直接与计算机、数据采集器、RTU、PLC、数据终端、GPS接收机、数码相机等连接。已经在各行业取得广泛的应用，在航空航天、铁路、电力、石油、气象、地震等各个行业均有应用，在遥控、遥测、遥信、遥感等SCADA领域也取得了长足的进步和发展。

（五）扩频微波通信

扩频通信，即扩展频谱通信技术是指其传输信息所用信号的带宽远大于信息本身带宽的一种通信技术。最早始用于军事通信。它传输的基本原理是将所传输的信息用伪随机码序列（扩频码）进行调制，伪随机码的速率远大于传送信息的速率，这时发送信号所占据带宽远大于信息本身所需的带宽，实现了频谱扩展。同时，发射到空间的无线电功率谱密度也有大幅度的降低。在接收端则采用相同的扩频码进行相关解调并恢复信息数据。其主要特点是：抗噪声能力极强、抗干扰能力极强、抗衰落能力强、抗多径干扰能力强、易于多媒体通信组网、具有良好的安全通信能力、不干扰同类的其他系统等，同时具有传输距离远、覆盖面广等特点。特别适合野外联网应用，主要应用在以下 5 个方面：

1. 语音接入（点对点）　现有的扩频微波，速率为 64kb/s～8Mb/s，可传 1～120 路（PCM）语音。特别是 E1、2×E1 和 4×E1 可取代常规的 30 路、60 路和 120 路中小容量微波，抗干扰性极强，误码率可低到 10^{-10} 量级，准光纤水平。时分双工（TDD）E1，距离近些；频分双工（FDD）E1，距离还可远些。在视距通信范围，扩频微波可取代超短波（VHF/UHF）、常规小微波，以及电缆和光纤。它可以单独或与各种复用设备结合，用于卫星通信“最后一公里”、局间中继、GMS 系统基站到交换机间通信等多种场合。

2. 数据接入　采用扩频 Modem 和复用器，可以实现点对点的数据通信，再逐级汇集，也可组成很大的专用数据网。例如，银行的同城结算可应用于 ISDN 和 DDN、FR 网。

3. 视频接入　采用 N×64kb/s 或 2Mb/s 的扩频 Modem 加上会议电视终端可传会议电视信息。若将多个点对点扩频信道和 MCU 相连，可以组成良好的多点扩频会议电视系统。采用每秒可输出 22～25 帧的图像编解码器（Codec），利用扩频 E1，就可传送实时动态电视图像。

4. 多媒体接入　采用复用器，可在扩频信道上同时传送语音、数据和视频图像等多媒体信息。现在已有的扩频 Modem 与当前的多媒体通信发展水平相适应，设备轻巧，易安装，是较好的无线多媒体接入手段。

5. 因特网（Internet）**接入**　采用小型扩频发射器和全向天线，用户终端只需配备一个很小的 Modem 即可实现无线上网，甚至是在一定范围内的可移动上网（如 Wi-Fi）。

（六）无线网桥

无线网桥顾名思义就是无线网络的桥接，它利用无线传输方式实现在两个或多个网络之间搭起通信的桥梁。无线网桥从通信机制上分为电路型网桥和数据型网桥。

无线网桥是为使用无线（微波）进行远距离数据传输的点对点网间互联而设计。它是一种在链路层实现 LAN 互联的存储转发设备，可用于固定数字设备与其他固定数字设备之间的远距离（可达 50km）、高速（可达百兆 bps）无线组网。扩频微波和无线网桥技术都可以用来传输对带宽要求相当高的视频监控等大数据量信号传输业务。

1. 点对点方式 点对点型（PTP），即“直接传输”。无线网桥设备可用来连接分别位于不同建筑物中两个固定的网络。它们一般由一对桥接器和一对天线组成。两个天线必须相对定向放置，室外的天线与室内的桥接器之间用电缆相连，而桥接器与网络之间则是物理连接。

2. 中继方式 即“间接传输”。B、C两点之间不可视，但两者之间可以通过一座A楼间接可视。并且AC两点、BA两点之间满足网桥设备通信的要求。可采用中继方式，A楼作为中继点。B、C各放置网桥，定向天线。A点可选方式有：①放置一台网桥和一面全向天线，这种方式适合对传输带宽要求不高、距离较近的情况；②如果A点采用的是单点对多点型无线网桥，可在中心点A的无线网桥上插两块无线网卡，两块无线网卡分别通过馈线接两部天线，两部天线分别指向B网和C网；③放置两台网桥和两面定向天线。

3. 点对多点传输 由于无线网桥往往由于构建网络时的特殊要求，很难就近找到供电。因此，具有PoE（以太网供电）能力就非常重要，如可以支持802.3af国际标准的以太网供电，可以通过5类线为网桥提供12V的直流电源。一般网桥都可以通过Web方式或者通过SNMP方式管理。它还具有先进的链路完整性检测能力，当其作为AP使用的时候，可以自动检测上联的以太网连接是否工作正常，一旦发现上联线路断线，就会自动断开与其连接的无线工作站。这样被断开的工作站可以及时被发现，并搜寻其他可用的AP，明显地提高了网络连接的可靠性，并且也为及时锁定并排除问题提供了方便。总之随着无线网络的成熟和普及，无线网桥的应用也将会大大普及。

4. 无线网桥的工作方法 这些独立的网络段通常位于不同的建筑内，相距几百米到几十公里。所以说，它可以广泛应用在不同建筑物间的互联。同时，根据协议不同，无线网桥又可以分为2.4GHz频段的802.11b或802.11G或者802.11GN以及采用5.8GHz频段的802.11a或802.11an无线网桥。无线网桥有多种工作方式，每种方式略有差异，但是原理相同。特别适用于城市中的近距离、远距离通信。它有2种接入方式：IP接口接入、IP＋E1双接口接入。

（七）卫星通信

卫星通信是指利用人造地球卫星作为中继站来转发无线电信号，从而实现在多个地面站之间进行通信的一种技术，它是地面微波通信的继承和发展。卫星通信系统通常由两部分组成，分别是卫星端、地面端。卫星端在空中，主要用于将地面站发送的信号放大再转发给其他地面站。地面站主要用于对卫星的控制、跟踪以及实现地面通信系统接入卫星通信系统。

卫星可分为同步卫星和非同步卫星，同步卫星在空中的运行方向和周期与地球的自转方向及周期相同，从地面的任何位置看，该卫星都是静止不动的；非同步卫星的运行周期大于或小于地球的运行周期，其轨道高度"倾角"形状都可根据需要调整。

卫星通信的特点是覆盖范围广、工作频带宽、通信质量好、不受地理条件限制、成本与通信距离无关等。其主要用在国际通信、国内通信、军事通信、移动通信和广播电视等领域。卫星通信的主要缺点是通信具有一定的延迟，如打卫星电话时，不能立即听到对方回话。主要原因是卫星通信的传输距离较长，无线电波在空中传输是有一定延迟的。

（八）短波通信

按照国际无线电咨询委员会的划分，短波是指频率为 3～30MHz（对应波长为 100～10m）的无线电波。短波通信是指利用短波进行的无线电通信，又称高频（HF）通信。短波通信可分为地波传播和天波传播。地波传播的衰耗随工作频率的升高而递增，在同样的地面条件下，频率越高，衰耗越大。利用地波只适用于近距离通信，其工作频率一般选在 5MHz 以下。地波传播受天气影响小，比较稳定，信道参数基本不随时间变化，故信道可视为恒参信道。天波传播是无线电波经电离层反射来进行远距离通信的方式，倾斜投射的电磁波经电离层反射后，可以传到几千千米外的地面。天波的传播损耗比地波小得多，经地面与电离层之间多次反射之后，可以达到极远的地方。因此，利用天波可以进行环球通信。天波传播因受电离层变化和多径传播的严重影响极不稳定，其信道参数随时间而急剧变化，因此称为变参信道。短波通信的特点是建设维护费用低、周期短、设备简单、电路调度容易、抗毁能力强、频段窄、通信容量小、天波信道信号传输稳定性差等。

第三节　各种主流无线通信技术之间的比较

当前，流行的无线通信技术有：RFID、GPRS、Bluetooth、Wi-Fi、IrDA、UWB、Zig-Bee 和 NFC。各种无线通信技术的适用频段、调制方式、最大作用距离、数据率和应用领域各有不同。这些无线通信技术的数据率越高，作用距离就越短。

一、RFID

RFID 是一种简单的无线系统，只有两个基本器件，该系统用于控制、检测和跟踪物体。系统由一个询问器和很多应答器组成。

1. 应答器　由天线、耦合元件及芯片组成。一般来说都是用标签作为应答器，每个标签具有唯一的电子编码，附着在物体上标识目标对象。

2. 阅读器 由天线、耦合元件、芯片组成。读取（有时还可以写入）标签信息的设备，可设计为手持式 RFID。

3. 应用软件系统 是应用层软件，主要是把收集的数据进一步处理，并为人们所使用。

二、GPRS

GPRS通过监控中心与Internet相连，可以支持一些比较复杂的应用。另外，支持的通信方式比较多，使用户可以随时随地以多种通信方式来监控实际应用点。该方案还可以让监控中心同时与多个GPRS模块通信，从而监控多个工作现场。

三、Bluetooth

蓝牙系统由无线单元、链路控制器、链路管理器和提供到主机端接口功能的支持单元组成。

蓝牙无线单元是一个微波跳频扩频通信系统，数据和话音信息分组在指定时隙，指定跳频频率发送和接收。跳频序列由主设备地址决定，采用寻呼和查询方式建立信道连接。链路控制（基带控制）器包括基带数字信号处理的硬件部分并完成基带协议和其他底层链路规程。链路管理器（LM）软件实现链路的建立、验证、链路配置及其协议。链路管理器可以发现其他的链路管理器，并通过连接管理协议 LMP 建立通信联系。链路管理器通过链路控制器提供的服务实现上述功能。

四、Wi-Fi

Wi-Fi 方案的设计相对其他方案比较简单，仅需要通过 MCU 控制 Wi-Fi 模块，通过 CAN 总线与主板通信，然后通过 Wi-Fi 模块传输信息到 Internet。通过连接服务器，然后服务器对数据进行处理。

五、IrDA

红外通信主要有 3 部分组成：

1. 发射器部分 目前，已有红外无线数字通信系统的信息源包括语音、数据、图像等。

2. 信道部分 它们的作用是整形、滤波、视场变换、频段划分等。

3. 终端部分 红外无线数字通信系统终端部分包括光接收部分、采样、滤波、判决、量化、均衡和解码等部分。

六、UWB

UWB（ultra wide band）是一种无载波通信技术，利用纳秒至微微秒级的非正弦波窄脉冲传输数据。通过在较宽的频谱上传送极低功率的信号，UWB能在10m左右的范围内实现数百兆比特每秒至数吉比特每秒的数据传输速率。

七、Zig-Bee

技术是一种近距离、低复杂度、低功耗、低速率、低成本的双向无线通信技术。主要用于距离短、功耗低且传输速率不高的各种电子设备之间进行数据传输以及典型的有周期性数据、间歇性数据和低反应时间数据传输的应用。

八、NFC

与RFID一样，NFC信息也是通过频谱中无线频率部分的电磁感应耦合方式传递，但两者之间还是存在很大的区别。首先，NFC是一种提供轻松、安全、迅速的通信的无线连接技术，其传输范围比RFID小。其次，NFC与现有非接触智能卡技术兼容，已经成为得到越来越多主要厂商支持的正式标准。最后，NFC还是一种近距离连接协议，提供各种设备间轻松、安全、迅速而自动的通信。与无线世界中的其他连接方式相比，NFC是一种近距离的私密通信方式。

第四章

水肥精准施用控制算法

精准控制是水肥精准施用过程中的核心，具有信息处理、信息反馈和智能控制决策的控制方式，是主要用来解决那些用传统方法难以解决的复杂系统的控制问题。水肥精准控制技术主要涉及流量控制。为此，本章主要介绍流量控制使用到的主要技术，包括数字 PID 控制、模糊逻辑和神经网络控制，并给出水肥精准控制算法实例。

第一节　数字 PID 控制

自从计算机和各类微控制器芯片进入控制领域以来，用计算机或微控制器芯片取代模拟 PID 控制电路组成控制系统，不仅可以用软件实现 PID 控制算法，而且可以利用计算机和微控制器芯片的逻辑功能，使 PID 控制更加灵活。将模拟 PID 控制规律进行适当变换后，以微控制器或计算机为运算核心，利用软件程序来实现 PID 控制和校正，就是数字（软件）PID 控制。

由于数字控制是一种采样控制，它只能根据采样时刻的偏差值来计算控制量，因此需要对连续 PID 控制算法进行离散化处理。对于实时控制系统而言，尽管对象的工作状态是连续的，但如果仅在离散的瞬间对其采样进行测量和控制，就能够将其表示成离散模型。当采样周期足够短时，离散控制形式便能很接近连续控制形式，从而达到与其相同的控制效果。

一、控制原理及实现算法

一个典型控制系统的基本结构包括输入、采样、控制器、被控对象和输出，如图 4-1 所示。其中，$R(t)$ 为输入给定值，$C(t)$ 为实际输出值，$e(t)$ 为偏差信号，并且该控制偏差由输入给定值与实际输出值构成，即 $e(t)=R(t)-C(t)$。

系统在工作时，利用负反馈产生的偏差信号对被控对象进行控制从而消除误差，便是反馈控制原理。控制器是对被控对象产生控制作用的设备，其目的

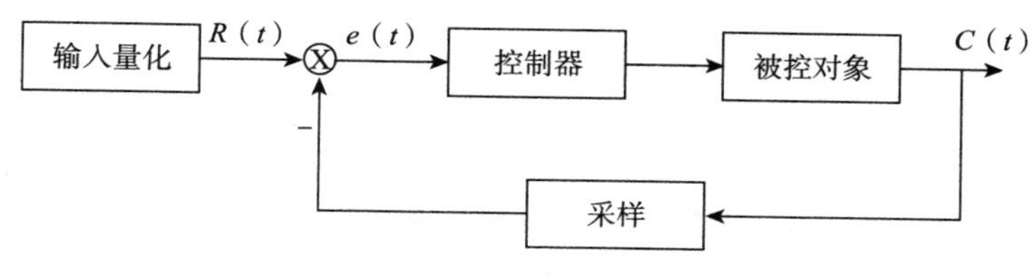

图 4-1　典型控制系统

是对误差信号进行校正以产生最适宜的控制量。

在模拟控制系统中，控制器最常用的控制规律是 PID 控制。PID 控制规律的基本输入输出关系可用微分方程表示为：

$$u(t)=K_p[e(t)+\frac{1}{T_i}\int_0^t e(t)dt+\frac{T_d de(t)}{dt}] \tag{4-1}$$

在公式（4-1）中，e（t）为输入的误差信号；K_p为比例系数；T_i为积分时间常数；T_d为微分时间常数；u（t）为控制器输出。此外，控制规律还可写成传递函数的形式：

$$G(s)=\frac{U(s)}{E(s)}=K_p(1+\frac{1}{T_i s}+T_d s) \tag{4-2}$$

模拟 PID 控制系统原理框图如图 4-2 所示，系统由模拟 PID 控制器和被控对象组成。图中，K_p、K_i和K_d分别为比例、积分和微分系数，由公式 4-2 可知，$K_i=K_p/T_i$，$K_d=K_p\times T_d$。

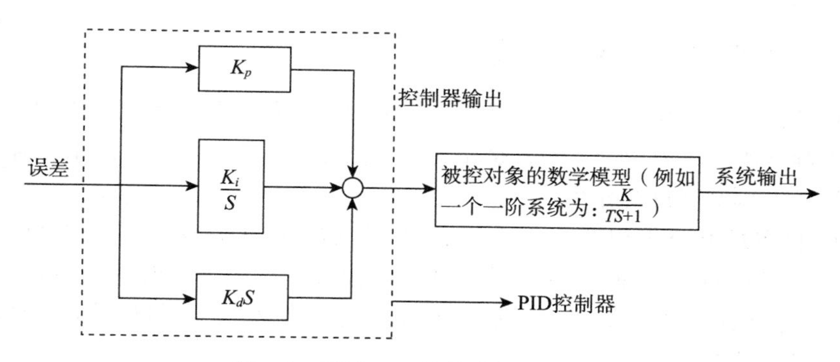

图 4-2　模拟 PID 控制系统原理框图

二、PID 控制器的组成

PID 控制器如图 4-2 中虚线框中所示，一共组合了 3 种基本控制环节：比例控制环节 K_p，积分控制环节 K_i/S 和微分控制环节 K_DS。控制器工作时，将误差信号的比例（P）、积分（I）和微分（D）通过线性组合构成控制量，对被控对象进行控制，故称 PID 控制器。

这 3 种基本控制环节各具特点：

1. *P* 比例控制 成比例的反映控制系统的误差信号，偏差一旦产生，控制器立即产生控制作用，以减小偏差。比例控制器在信号变换时，只改变信号的幅值而不改变信号的相位，采用比例控制可以提高系统的开环增益，是系统的主要控制部分。需要注意的是，过大的比例系数会使系统产生比较大的超调，并产生振荡，使稳定性变坏。

2. *I* 积分控制 积分控制主要用于消除静差，提高系统的无差度，但是会使系统的震荡加剧，超调增大，损害动态性能，一般不单独作用，而是与 PD 控制相结合。积分作用的强弱取决于积分时间常数 T_i，时间常数越大，积分作用就越弱，反之则越强。

3. *D* 微分控制 反映误差信号的变化趋势（变化速率），并能在误差信号变得太大之前，在系统中引入一个有效的早期修下信号，从而加快系统的运作速度，减少调节时间。微分控制可以预测系统的变化，增大系统的阻尼 ξ，提高相角裕度，起到改善系统动态性能的作用。但是，微分对干扰有很大的放大作用，过大的微分会使系统震荡加剧，降低系统信噪比。

为了实现控制目的和达到控制指标，需要选择适宜的控制算法。常用的控制方法有反馈控制、顺馈控制、P 控制、PD 控制、PI 控制、PID 控制等。其中，PID 控制是应用最为广泛的控制方法之一。PID 的复合控制，可以综合这几种控制规律的各自特点，使系统同时获得很好的动态性能和稳态性能。

三、数字 PID 控制的分类

PID 控制算法在实际应用中又可分为两种：位置式 PID 控制算法和增量式 PID 控制算法。控制理论上两者是相同的，但在数字量化后的实现上会存在差别，以下分别对其进行介绍。

1. 位置式 PID 控制算法 对公式（4-1）做离散化处理就可以得到位置式数字 PID 控制算法，即以一系列的采样时刻点 kT 代表连续时间 t，以矩形法数值积分近似代替积分，以一阶后向差分近似代替微分，可得到其 k 采样时刻的离散 PID 表达式：

$$
\begin{aligned}
u(k) &= K_p\left\{e(k)+\frac{T}{T_i}\sum_{j=0}^{k}e(j)+\frac{T_d[e(k)-e(k-1)]}{T}\right\} \\
&= K_p\times e(k)+K_iT\sum_{j=0}^{k}e(j)+K_d\,\frac{e(k)-e(k-1)}{T}
\end{aligned}
\tag{4-3}
$$

式中，$K_i=K_p/T_i$，$K_d=K_p\times T_d$，T 为采样周期，k 为采样序号，$k=1$，2，…，e（$k-1$）和 e（k）分别为第（$k-1$）时刻和第 k 时刻所得到的系统偏

差信号。

典型的位置式PID控制系统如图4-3所示，其中，r_{in}（k）为k采样时刻的给定值，u（k）为k采样时刻的控制量输出，y_{out}（k）为k采样时刻的实际输出，$e=r_{in}$（k）$-y_{out}$（k）。

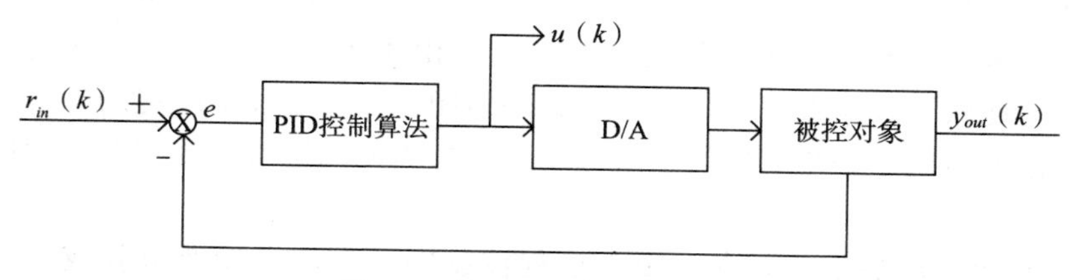

图4-3　位置式PID控制系统

2. 增量式PID控制算法　增量式PID控制是指控制器的输出是控制量的增量Δu（k），当执行机构需要的是控制量的增量而不是位置量的绝对数值时，可以使用增量式PID控制算法进行控制。

根据公式（4-3）应用递推原理，可得到$k-1$个采样时刻的输出值：

$$u(k-1)=K_p\times e(k-1)+K_iT\sum_{j=0}^{k-1}e(j)+K_d\frac{e(k-1)-e(k-2)}{T} \tag{4-4}$$

将公式（4-3）与公式（4-4）相减，经整理后，可以得到增量式PID控制算法公式：

$$\Delta u(k)=u(k)-u(k-1)$$

$$\Delta u(k)=K_p[e(k)-e(k-1)]+K_iTe(k)+\frac{K_d[e(k)-2e(k-1)+e(k-2)]}{T} \tag{4-5}$$

以上各式中，$K_i=K_p/T_i$，$K_d=K_p\times T_d$，T为采样周期；k为采样序号，$k=1$，2，…；e（$k-2$）、e（$k-1$）以及e（k）分别为第（$k-2$）、第（$k-1$）和第k时刻所得到的系统偏差信号。

3. 特点　以上两种算法各有各的优缺点，在增量式PID控制算法中，控制增量Δu（k）仅与最近k次的采样有关，所以误动作影响较小。但是，增量式PID控制算法的每次增量可能由于数字量化的处理带来相对很大的截断误差，这种误差的积累会使输出量与理论计算存在较大的偏差。

需要说明的是，单纯的位置式PID控制算法抑或是增量式PID控制算法在控制算法中都是相对底层和常规的。而且，随着计算机以及微处理芯片的大量应用，越来越多非标准的改进PID算法都在基于这两种常规算法的基础上得以发展起来，以满足不同控制系统的需要。

四、采样周期的选取

数字PID控制系统和模拟PID控制系统一样，需要通过参数整定才能正常运行。所不同的是，除了整定比例带δ（比例增益值K_p）、积分时间T_i、微分时间T_d和微分增益K_d外，还要确定系统的采样（控制）周期T。

根据采样定理，采样周期$T \leqslant \pi \leqslant \omega_{max}$，由于被控制对象的物理过程及参数的变化比较复杂，致使模拟信号的最高角频率ω_{max}是很难确定的。采样定理仅从理论上给出了采样周期的上限，实际采样周期的选取要受到多方面因素的制约。

1. 系统控制品质的要求 由于过程控制中通常用电动调节阀或气动调节阀，它们的响应速度较低，如果采样周期过短，那么执行机构来不及响应，仍然达不到控制目的。所以，采样周期也不能过短。

2. 控制系统抗扰动和快速响应的要求 要求采样周期短些，从计算工作量来看，则又希望采样周期长些，这样可以控制更多的回路，保证每个回路有足够的时间来完成必要的运算。

3. 计算机的成本 计算机成本也希望采样周期长些，这样计算机的运算速度和采集数据的速率也可降低，从而降低硬件成本。

采样周期的选取还应考虑被控制对象的时间常数T_p和纯延迟时间τ，当$\tau=0$或$\tau<0.5T_p$时，可选T介于$0.1T_p \sim 0.2T_p$；当$\tau>0.5T_p$时，可选T等于或接近τ。

4. 采样周期应考虑的因素 采样周期的选取应与PID参数的整定综合考虑，选取采样周期时，应考虑的几个因素：

（1）采样周期应远小于对象的扰动信号周期。

（2）采样周期比对象的时间常数小得多；否则，采样信号无法反映瞬变过程。

（3）考虑执行器响应速度。如果执行器的响应速度比较慢，那么过短的采样周期将失去意义。

（4）对象所要求的调节品质。在计算机运行速度允许的情况下，采样周期短，调节品质好。

（5）性能价格比。从控制性能来考虑，希望采样周期短，但计算机运算速度以及A/D和D/A的转换速度要相应地提高，导致计算机的费用增加。

（6）计算机所承担的工作量。如果控制的回路数多，计算量大，则采样周期要加长；反之，可以缩短。

由上述分析可知，采样周期受各种因素的影响，有些是相互矛盾的，必须视具体情况和主要的要求做出折中的选择。在具体选择采样周期时，可参照表

4-1 所示的经验数据，在通过现场试验最后确定合适的采样周期，表 4-1 仅列出几种经验采样周期 T 的上限。随着计算机技术的进步及其成本的下降，一般可以选取较短的采样周期，使数字控制系统近似连续控制系统。

表 4-1　经验采样周期

被控量	采样周期（S）
流量	1～2
压力	3～5
温度	10～15
液位	6～8
成分	15～20

五、数字 PID 控制参数的整定

随着计算机技术的发展，一般可以选择较短的采样（控制）周期 T，它相对于被控制对象时间常数 T_p 来说也就更短了。所以，数字 PID 控制参数的整定过程是，首先按模拟 PID 控制参数整定的方法来选择，然后再适当调整，并考虑采样（控制）周期对整定参数的影响。

由于模拟 PID 调节器应用历史悠久，已经研究出多种参数整定方法，很多资料上都有详细论述。针对数字控制的特点，目前常用的有以下 4 种整定方法。

1. 数字 PID 控制稳定边界法　这种方法需要做稳定边界实验。实验步骤是，选用纯比例控制，给定值 r 做阶跃扰动，从较大的比例带 δ 开始，逐渐减小 δ，直到被控制量 Y 出现临界振荡位置。记下临界振荡周期 T_u 和临界比例带 δ_u。然后按经验公式计算 δ、T_i 和 T_d。

2. 数字 PID 控制衰减曲线法　实验步骤与稳定边界法相似，首先选用纯比例控制，给定值 r 做阶跃扰动，从较大的比例带 δ 开始，逐渐减小 δ，直至被控量 Y 出现 4∶1 衰减过程为止。记下此时的比例带 δ_v，相邻波峰之间的时间 T_v。然后按经验公式计算 δ、T_i 和 T_d。

3. 数字 PID 控制动态特性法　上述两种方法直接在闭环系统中进行参数整定。而动态特性法却是在系统处于开环情况下，首先做被控制对象的阶跃响应曲线，从该曲线上求得对象的纯延迟时间 τ、时间常数和放大系数 K。然后再按经验公式计算 δ、T_i 和 T_d。

4. 数字 PID 控制基于偏差积分指标最小的整定参数法　由于计算机的运算速度快，这就为使用偏差积分指标整定 PID 控制参数提供了可能，常用以下 3 种指标：ISE、IAE、ITAE。一般情况下，ISE 指标的超调量大，上升时间快；AIE指标的超调量适中，上升时间稍快；ITAE指标的超调量小，调整时间小。采用偏差积分指标，可以利用计算机寻找最佳的PID控制参数。

第二节　模糊逻辑控制

模糊逻辑控制（fuzzy logic control）简称模糊控制（fuzzy control），是以模糊集合论、模糊语言变量和模糊逻辑推理为基础的一种计算机数字控制技术。

模糊逻辑指模仿人脑的不确定性概念判断、推理思维方式，对于模型未知或不能确定的描述系统，以及强非线性、大滞后的控制对象，应用模糊集合和模糊规则进行推理，表达过渡性界限或定性知识经验，模拟人脑方式，实行模糊综合判断，推理解决常规方法难于对付的规则型模糊信息问题。模糊逻辑善于表达界限不清晰的定性知识与经验，它借助于隶属度函数概念，区分模糊集合，处理模糊关系，模拟人脑实施规则型推理，解决因“排中律”的逻辑破缺产生的种种不确定问题。

一、模糊集合

模糊集合是模糊控制的数学基础。模糊集合是用来表达模糊性概念的集合，又称模糊集、模糊子集。普通的集合是指具有某种属性的对象的全体。

1. 定义　这种属性所表达的概念应该是清晰的、界限分明的。因此，每个对象对于集合的隶属关系也是明确的，非此即彼。但在人们的思维中还有着许多模糊的概念，如年轻、很大、暖和、傍晚等，这些概念所描述的对象属性不能简单地用“是”或“否”来回答。模糊集合就是指具有某个模糊概念所描述的属性的对象的全体。由于概念本身不是清晰的、界限分明的，因而对象对集合的隶属关系也不是明确的、非此即彼的。这一概念是美国加利福尼亚大学控制论专家L. A·扎德于1965年首先提出的。模糊集合这一概念的出现使得数学的思维和方法可以用于处理模糊性现象，从而构成了模糊集合论（我国通常称为模糊性数学）的基础。

给定一个论域U，那么从U到单位区间［0，1］的一个映射$\mu_A:U\mapsto[0,1]$称为U上的一个模糊集或U的一个模糊子集。

2. 表示　模糊集可以记为A。映射（函数）μA（·）或简记为A（·）叫做模糊集A的隶属函数。对于每个$x\in U$，μA（x）叫做元素x对模糊集A的隶属度。

模糊集的常用表示法有下述4种：

（1）解析法，也即给出隶属函数的具体表达式。

（2）Zadeh 记法，例如 $A=\frac{1}{x_1}+\frac{0.5}{x_2}+\frac{0.72}{x_3}+\frac{0}{x_4}$。分母是论域中的元素，分子是该元素对应的隶属度。有时候，若隶属度为 0，该项可以忽略不写。

（3）序偶法，例如 $A=[(x_1,1),(x_2,0.5),(x_3,0.72),(x_4,0)]$，序偶对的前者是论域中的元素，后者是该元素对应的隶属度。

（4）向量法，在有限论域的场合，给论域中元素规定一个表达的顺序，那么可以将上述序偶法简写为隶属度的向量式，如 $A=$（1，0.5，0.72，0）。

3. 模糊度　一个模糊集 A 的模糊度衡量、反映了 A 的模糊程度，一个直观的定义是这样的：

设映射 D：F（U）→［0，1］满足下述 5 条性质：

（1）清晰性：D（A）$=0$ 当且仅当 $A\in P$（U）（经典集的模糊度恒为 0）。

（2）模糊性：D（A）$=1$ 当且仅当 $\forall u\in U$ 有 A（u）$=0.5$（隶属度都为 0.5 的模糊集最模糊）。

（3）单调性：$\forall u\in U$，若 A（u）$\leqslant B$（u）$\leqslant 0.5$，或者 A（u）$\geqslant B$（u）$\geqslant 0.5$，则 D（A）$\leqslant D$（B）。

（4）对称性：$\forall A\in F$（U），有 D（A）$=D$（A）（补集的模糊度相等）。

（5）可加性：D（$A\cup B$）$+D$（$A\cap B$）$=D$（A）$+D$（B）。

则称 D 是定义在 F（U）上的模糊度函数，而 D（A）为模糊集 A 的模糊度。

可以证明符合上述定义的模糊度是存在的，一个常用的公式（分别针对有限论域和无限论域）就是

$$D_p(A)=\frac{2}{n^{\frac{1}{p}}}\left(\sum_{i=1}^{n}|A(\mu_i)-A_{0.5}(\mu_i)|^{p}\right)^{\frac{1}{p}}$$

$$D(A)=\int_{-\infty}^{+\infty}|A(u)-A_{0.5}(u)|du$$

其中 $p>0$ 是参数，称为 Minkowski 模糊度。特别地，当 $p=1$ 时，称为 Hamming 模糊度或 Kaufmann 模糊指标；当 $p=2$ 时，称为 Euclid 模糊度。

4. 模糊集的基本运算　由于模糊集是用隶属函数来表征的，因此两个子集之间的运算实际上就是逐点对隶属度做相应的运算。

（1）空集。模糊集合的空集为普通集，它的隶属度为 0，即：

$$A=\Phi\Leftrightarrow\mu_A(u)=0$$

（2）全集。模糊集合的全集为普通集，它的隶属度为 1，即：

$$A=E\Leftrightarrow\mu_A(u)=1$$

（3）等集。两个模糊集 A 和 B，若对所有元素 u，它们的隶属函数相等，则 A 和 B 也相等，即：

$$A = B \Leftrightarrow \mu_A(A) = \mu_B(u)$$

(4) 补集。若 $\overline{A}$ 为 A 的补集，则：

$$\overline{A} \Leftrightarrow \mu_{\overline{A}}(u) = 1 - \mu_A(u)$$

(5) 子集。若 B 为 A 的子集，则：

$$B \subseteq A \Leftrightarrow \mu_B(u) \leqslant \mu_A(u)$$

(6) 并集。若 C 为 A 和 B 的并集，则：

$$C = A \cup B$$

一般地，

$$A \cup B = \mu_{A \cup B}(u) = \max[\mu_A(u), \mu_B(u)] = \mu_A(u) \vee \mu_B(u)$$

(7) 交集。若 C 为 A 和 B 的交集，则：

$$C = A \cap B$$

一般地，

$$A \cap B = \mu_{A \cap B}(u) = \min[\mu_A(u), \mu_B(u)] = \mu_A(u) \wedge \mu_B(u)$$

注意：模糊集合的运算符虽然与数学上集合的符号相同，但意思完全不同。

(8) 模糊运算的基本性质。

①幂运算。

$$A \cup A = A, \quad A \cap A = A$$

②交换律。

$$A \cup B = B \cup A, \quad A \cap B = B \cap A$$

③结合律。

$$(A \cup B) \cup C = A \cup (B \cup C)$$
$$(A \cap B) \cap C = A \cap (B \cap C)$$

④吸收律。

$$A \cup (A \cap B) = A$$
$$A \cap (A \cup B) = A$$

⑤分配律。

$$A \cup (B \cap C) = (A \cup B) \cap (A \cup C)$$
$$A \cap (B \cup C) = (A \cap B) \cup (A \cap C)$$

⑥复原律。

$$\overline{\overline{A}} = A$$

⑦对偶律。

$$\overline{A \cup B} = \overline{A} \cap \overline{B}$$
$$\overline{A \cap B} = \overline{A} \cup \overline{B}$$

⑧两极律。

$$A \cup E = A, A \cap E = A$$
$$A \cup \Phi = A, A \cap \Phi = \Phi$$

5. 模糊算子 模糊集合的逻辑运算实质上就是隶属函数的运算过程。采用隶属函数的取大（Max）-取小（Min）进行模糊集合的并、交逻辑运算是目前最常用的方法。但还有其他公式，这些公式统称为模糊算子。

设有模糊集合 A、B 和 C，常用的模糊算子如下：

（1）交运算算子。设 $C = A \cap B$，有3种模糊算子：

①模糊交算子。

$$\mu_c(x) = \mathrm{Min}[\mu_A(x), \mu_B(x)]$$

②代数积算子。

$$\mu_c(x) = \mu_A(x) \cdot \mu_B(x)$$

③有界积算子。

$$\mu_c(x) = \mathrm{Max}[0, \mu_A(x) + \mu_B(x) - 1]$$

（2）并运算算子。设 $C = A \cup B$，有3种模糊算子：

①模糊并算子。

$$\mu_c(x) = \mathrm{Max}[\mu_A(x), \mu_B(x)]$$

②代数和算子。

$$\mu_c(x) = \mu_A(x) + \mu_B(x) - \mu_A(x) \cdot \mu_B(x)$$

③有界和算子。

$$\mu_c(x) = \mathrm{Min}[1, \mu_A(x) + \mu_B(x)]$$

（3）平衡算子。当隶属函数取大、取小运算时，不可避免地要丢失部分信息，采用一种平衡算子，即“算子”可起到补偿作用。

设 A 和 B 经过平衡运算得到 C，则

$$\mu_c(x) = [\mu_A(x) \cdot \mu_B(x)]^{1-\gamma} \cdot \{1 - [1 - \mu_A(x)] \cdot [1 - \mu_B(x)]\}^{\gamma}$$

其中 γ 取值为［0，1］。

当 $\gamma = 0$ 时，$\mu_c(x) = \mu_A(x) \cdot \mu_B(x)$，相当于 $A \cup B$ 时的代数和算子。

当 $\gamma = 1$ 时，$\mu_c(x) = \mu_A(x) + \mu_B(x) - \mu_A(x) \cdot \mu_B(x)$，相当于 $A \cup B$ 时的代数和算子。

二、隶属函数

隶属函数（membership function），是用于表征模糊集合的数学工具。为了描述元素 u 对 U 上的一个模糊集合的隶属关系，由于这种关系的不分明性，它将用从区间［0，1］中所取的数值代替0，1这两值来描述，表示元素属于

某模糊集合的“真实程度”。

1. 定义 若对论域（研究的范围）U 中的任一元素 x，都有一个数 $A(x) \in [0, 1]$ 与之对应，则称 A 为 U 上的模糊集，$A(x)$ 称为 x 对 A 的隶属度。当 x 在 U 中变动时，$A(x)$ 就是一个函数，称为 A 的隶属函数。隶属度 $A(x)$ 越接近于 1，表示 x 属于 A 的程度越高，$A(x)$ 越接近于 0 表示 x 属于 A 的程度越低。用取值于区间 (0，1) 的隶属函数 $A(x)$ 表征 x 属于 A 的程度高低。隶属度属于模糊评价函数里的概念：模糊综合评价是对受多种因素影响的事物做出全面评价的一种十分有效的多因素决策方法，其特点是评价结果不是绝对地肯定或否定，而是以一个模糊集合来表示。

2. 几种典型的隶属函数 在模糊控制中，应用较多的隶属函数有以下 6 种隶属函数：

（1）高斯形隶属函数。高斯形隶属函数由 2 个参数 σ 和 c 确定：

$$f(x,\sigma,c)=e^{-\frac{(x-c)^2}{2\sigma^2}}$$

其中，参数 σ 通常为正，参数 c 用于确定曲线的中心（图 4-4）。Matlab 表示为：

$$\text{gaussm}f(x,[\sigma,c])$$

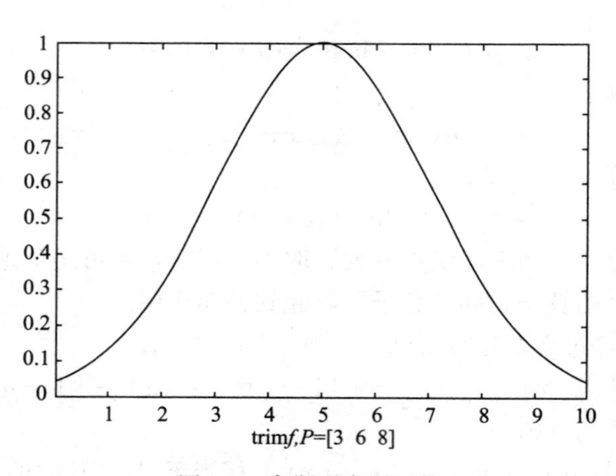

图 4-4 高斯形隶属函数

（2）广义钟形隶属函数。广义钟形隶属函数由 3 个参数 a、b、c 确定：

$$f(x,a,b,c)=\frac{1}{1+\left|\frac{x-c}{a}\right|^{2b}}$$

其中，参数 a 和 b 通常为正，参数 c 用于确定曲线的中心（图 4-5）。Matlab 表示为：

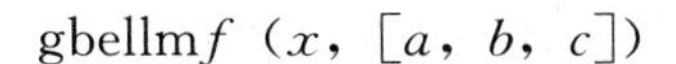

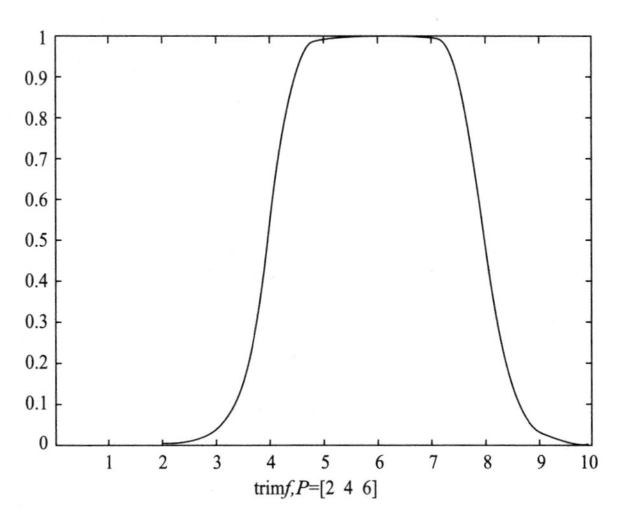

图 4-5　广义钟形隶属函数

（3）S形隶属函数。S形函数 sigm$f$（x，[a ，c]）由参数 a 和 c 决定：

$$f(x,a,c)=\frac{1}{1+e^{-a(x-c)}}$$

其中，参数 a 的正负符号决定了S形隶属函数的开口朝左或朝右，用来表示“正大”或“负大”的概念（图 4-6）。Matlab 表示为：

sigm$f$（x，[a，c]）

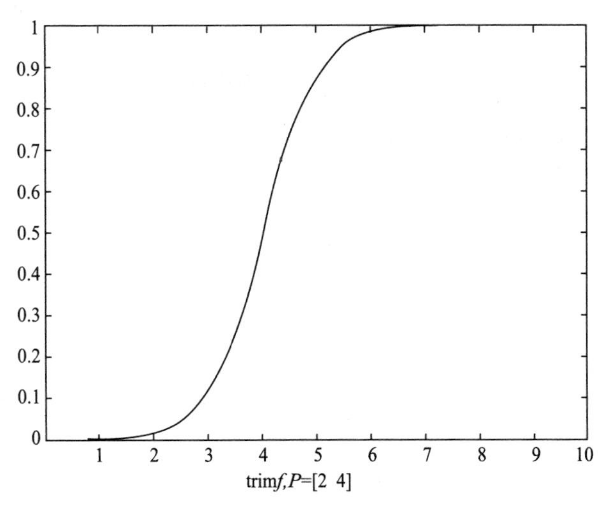

图 4-6　S形隶属函数

（4）梯形隶属函数。梯形曲线可由 4 个参数 a、b、c、d 确定：

$$f(x,a,b,c,d)=\begin{cases} 0 & x\leqslant a \\ \dfrac{x-a}{b-a} & a\leqslant x\leqslant b \\ 1 & b\leqslant x\leqslant c \\ \dfrac{d-x}{d-c} & c\leqslant x\leqslant d \\ 0 & x\geqslant d \end{cases}$$

其中，参数 a 和 d 确定梯形的“脚”，而参数 b 和 c 确定梯形的“肩膀”（图 4-7）。Matlab 表示为：

trapm$f$（x，[a，b，c，d]）

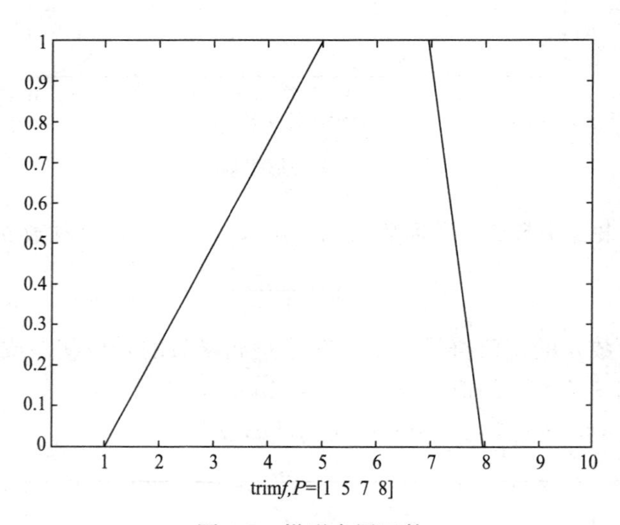

图 4-7　梯形隶属函数

（5）三角形隶属函数。三角形曲线的形状由 3 个参数 a、b、c 确定：

$$f(x,a,b,c)=\begin{cases} 0 & x\leqslant a \\ \dfrac{x-a}{b-a} & a\leqslant x\leqslant b \\ \dfrac{c-x}{c-b} & b\leqslant x\leqslant c \\ 0 & x\geqslant c \end{cases}$$

其中，参数 a 和 c 确定三角形的“脚”，而参数 b 确定三角形的“峰”（图 4-8）。Matlab 表示为：

trim$f$（x，[a，b，c]）

（6）Z 形隶属函数。这是基于样条函数的曲线，因其呈现“Z”形状而得

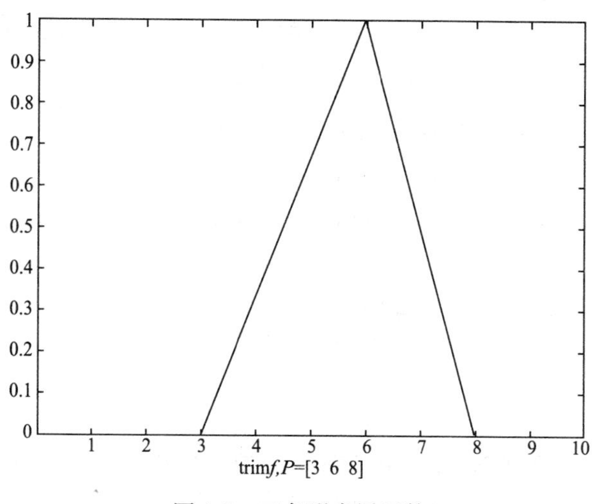

图 4-8　三角形隶属函数

名。参数 a 和 b 确定了曲线的形状（图 4-9）。Matlab 表示为：

$$\mathrm{Zm}f\ (x,\ [a,\ b])$$

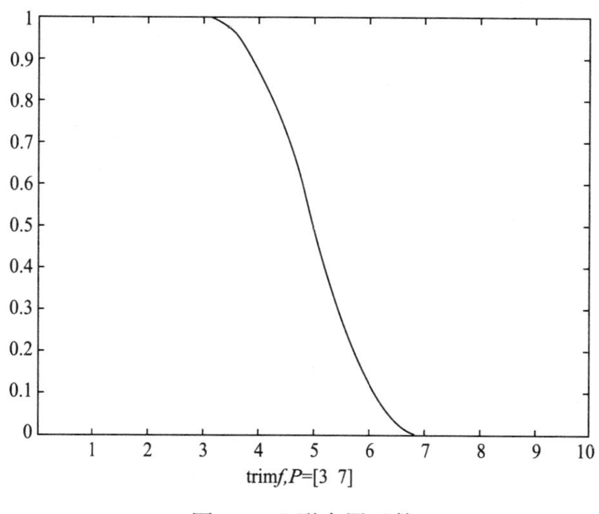

图 4-9　Z 形隶属函数

3. 模糊函数的确定方法　隶属函数是模糊控制的应用基础。目前还没有成熟的方法来确定隶属函数，主要还停留在经验和实验的基础上。通常的方法是初步确定粗略的隶属函数，然后通过学习和实践来不断地调整和完善。遵照这一原则的隶属函数选择方法有以下 3 种：

（1）模糊统计法。根据所提出的模糊概念进行调查统计，提出与之对应的模糊集 A。通过统计实验，确定不同元素隶属于 A 的程度。

$$u_0\text{ 对模糊集 }A\text{ 的隶属度}=\frac{u_0\subset A\text{ 的次数}}{\text{试验总次数 }N}$$

（2）主观经验法。当论域为离散论域时，可根据主观认识，结合个人经验，经过分析和推理，直接给出隶属度。这种确定隶属函数的方法已经被广泛应用。

（3）神经网络法。利用神经网络的学习功能，由神经网络自动生成隶属函数，并通过网络的学习自动调整隶属函数的值。

三、特点

1. 模糊控制不需要被控对象的数学模型 模糊控制是以人对被控对象的控制经验为依据而设计的控制器，故无须知道被控对象的数学模型。

2. 模糊控制是一种反映人类智慧的智能控制方法 模糊控制采用人类思维中的模糊量，如“高”“中”“低”“大”“小”等，控制量由模糊推理导出。这些模糊量和模糊推理是人类智能活动的体现。

3. 模糊控制易于被人们接受 模糊控制的核心是控制规则，模糊规则是用语言来表示的，如“今天气温高，则今天天气暖和”，易于被一般人所接受。

4. 构造容易 模糊控制规则易于软件实现。

5. 鲁棒性和适应性好 通过专家经验设计的模糊规则可以对复杂的对象进行有效的控制。

四、模糊控制器组成

1. 模糊化 主要作用是选定模糊控制器的输入量，并将其转换为系统可识别的模糊量，具体包含以下 3 步：

（1）对输入量进行满足模糊控制需求的处理。

（2）对输入量进行尺度变换。

（3）确定各输入量的模糊语言取值和相应的隶属度函数。

2. 规则库 根据人类专家的经验建立模糊规则库。模糊规则库包含众多控制规则，是从实际控制经验过渡到模糊控制器的关键步骤。

3. 模糊推理 主要实现基于知识的推理决策。

4. 解模糊 主要作用是将推理得到的控制量转化为控制输出。

五、模糊控制规则获得方式

控制规则是模糊控制器的核心，它的正确与否直接影响到控制器的性能，其数目的多少也是衡量控制器性能的一个重要因素。

模糊控制规则的取得方式：

1. 专家的经验和知识　模糊控制规则提供了一个描述人类的行为及决策分析的自然架构；专家的知识通常可用 if⋯. then 的形式来表述。

2. 操作员的操作模式　熟练的操作人员在没有数学模式下，却能够成功地控制这些系统：这启发我们记录操作员的操作模式，并将其整理为if⋯. then 的形式，可构成一组控制规则。

3. 学习　为了改善模糊控制器的性能，必须让它有自我学习或自我组织的能力，使模糊控制器能够根据设定的目标，增加或修改模糊控制规则。

第三节　神经网络控制

神经网络控制的基本思想是从仿生学的角度，模拟人脑神经系统的运作方式，使机器具有人脑那样的感知、学习和推理能力。神经网络应用于控制系统设计，主要是针对系统的非线性、不确定性和复杂性进行的。由于神经网络的适应能力、并行处理能力和鲁棒性，使采用神经网络的控制系统具有更强的适应性和鲁棒性。

一、神经网络控制作用

通常神经网络在控制系统中的作用可分为以下 3 种：

1. 充当系统的模型，构成各种控制结构，如在内模控制、模型参考自适应控制、预测控制中，充当对象的模型等。

2. 直接用作控制器。

3. 在控制系统中起优化计算的作用。

在神经网络控制系统中，信息处理过程通常分为自适应学习期和控制期两个阶段。在控制期，网络连接模式和权重已知且不变，各神经元根据输入信息和状态信息产生输出；在学习期，网络按一定的学习规则调整其内部连接权重，使给定的性能指标达到最优。两个阶段可以独立完成，也可以交替进行。

二、神经网络控制结构和方法

目前，国内外学者提出了许多面向对象的神经网络控制结构和方法，从大类上看，较具有代表性的有以下 6 种：

1. 神经网络监督控制　监督控制是利用神经网络的非线性映射能力，使其学习人与被控对象打交道时获取的知识和经验，从而最终取代人的控制行为。它需要一个导师，以提供神经网络训练用的从人的感觉到人的决策行为的映射。导师可以是人，也可以是常规控制器。在此结构中，神经网络的行为有明显的学习期和控制期之分。在学习期，网络接受训练以逼近系统的逆动力学；而在控制期，神经网络根据期望输出和参考输入回忆起正确的控制输入。这类方案如图 4-10 所示。

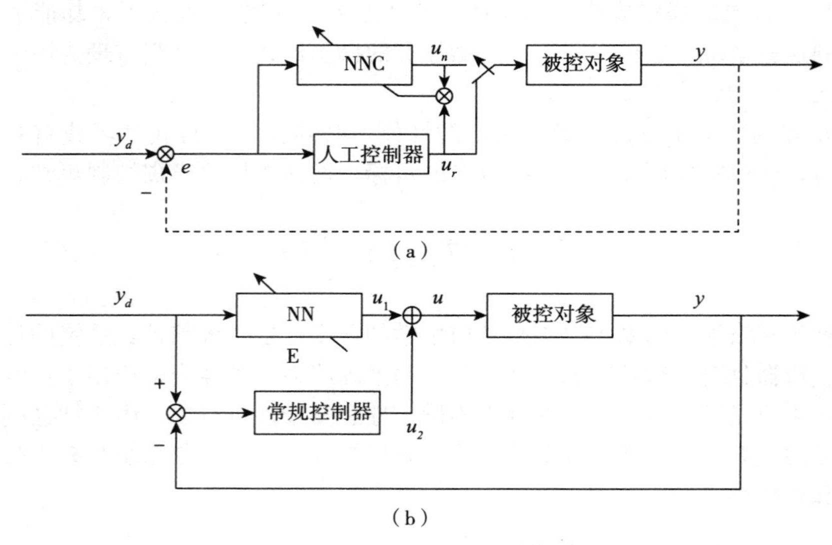

图 4-10　神经网络监督控制

在图 4-10（a）方案中，神经网络学习的是人工控制器的正向模型，并输出与人工控制器相似的控制作用。该方案的缺点是神经网络控制器 NNC 由于缺乏反馈，使得构成的控制系统的稳定性和鲁棒性得不到保证。而在图 4-10（b）方案中，神经网络实质上是一个前馈控制器，它与常规反馈控制器同时起作用，并根据反馈控制器的输出进行学习，目的是使反馈控制器的输出趋于零，从而逐步在控制中占据主导地位，最终取消反馈控制器的作用。而当系统出现干扰时，反馈控制器又重新起作用。这种监督控制方案由于在前期学习中，利用了常规控制器的控制思想，而在控制期，又能通过训练不断地学习新的系统信息，不仅具有较强的稳定性和鲁棒性，而且能有效提高系统的精度和自适应能力，应用效果较好。

2. 神经网络直接逆动态控制　神经网络直接逆动态控制是将系统的逆动态模型直接串联在被控对象之前，使得复合系统在期望输出和被控系统实际输出之间构成一个恒等映射关系。这时网络直接作为控制器工作，如图 4-11 所示。这种控制方案在机器人控制中得到了广泛的应用。

直接控制方法中神经网络控制器 NNC 也相当于逆辨识器，如图 4-11（a）所示。图 4-11（b）也就是人们通常说的神经网络直接控制器的典型结构。对

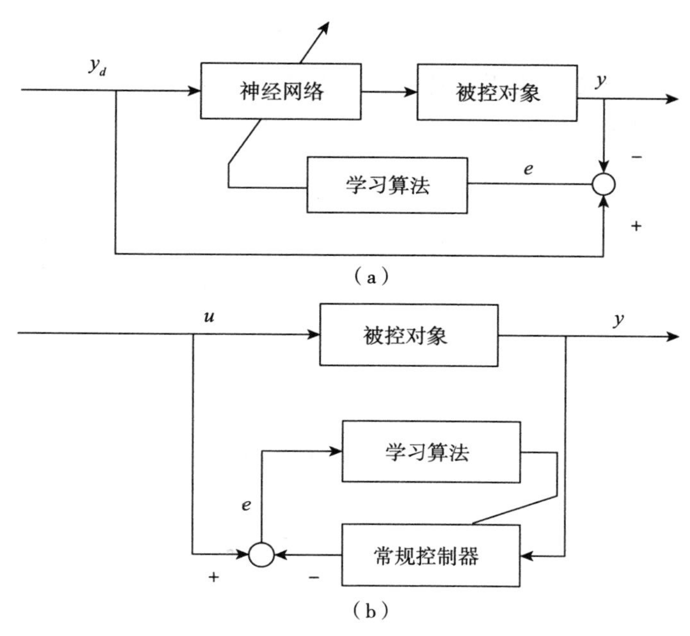

图 4-11　神经网络直接逆动态控制

于周期不变的非线性系统，可以采用静态逆辨识的方式。假设系统的逆存在且可辨识，可先用大量的数据离线训练逆模型，训练好以后再嵌入控制，用静态神经网络进行复杂曲面加工精度的控制。离线训练逆模型问题要求网络有较好的泛化能力，即期望的被控对象的输入输出映射空间必须在训练好的神经网络输入输出映射关系的覆盖下。

但是，这种控制结构要求系统是可逆的，而被控对象的可逆性研究仍是当今一个疑难问题。这在很大程度上限制了此方法的应用。

3. 神经网络参数估计自适应控制　如图 4-12 所示，在这里利用神经网络的计算能力对控制器参数进行约束，优化求解。成功的范例是机器人轨迹控制。控制器可以是基于 Lyapunov 的自适应控制或自校正控制以及模糊控制

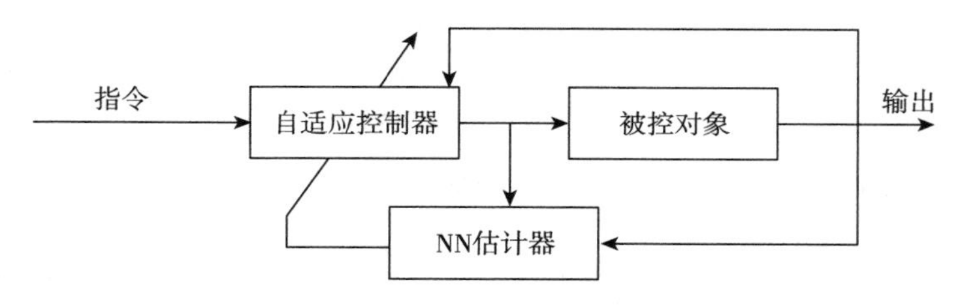

图 4-12　神经网络参数估计自适应控制

器，神经网络对控制器中用到的系统参数进行实时辨识和优化，以便为控制器提供正确的估计值。

4. 神经网络模型参考自适应控制 基于神经网络的非线性系统模型参考控制方案最早是由 Narendra 等人提出的，它分为直接和间接两种，如图 4-13 所示。

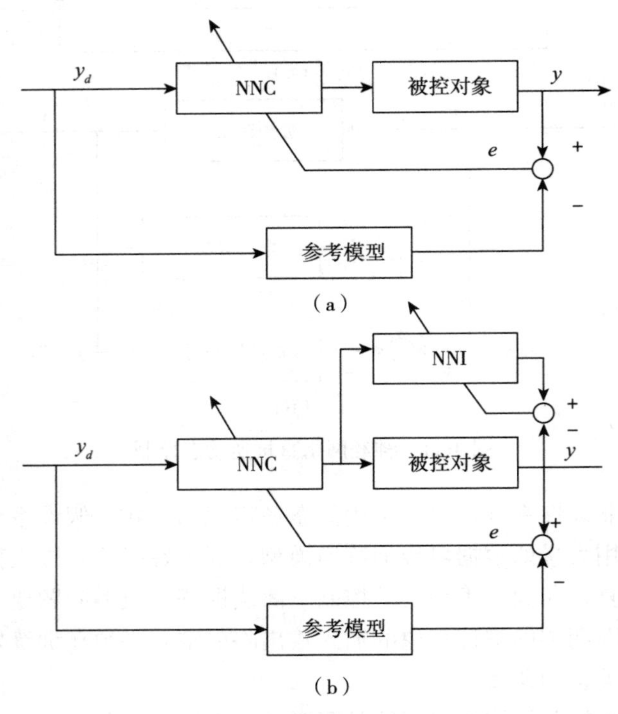

图 4-13 神经网络模型参考自适应控制

该方案将神经网络直接作为控制器，用系统输出误差来进行训练。这里，闭环系统的期望行为由一个稳定的参考模型给出，控制系统的作用是使得系统输出渐进地与参考模型的输出相匹配。这与上面介绍的直接逆动态模型的训练过程相似，当参考模型为恒等映射时，两种方法是一致的。

对于直接模型参考自适应控制，如图 4-13（a）所示，对象必须已知时，才可进行误差的反向传播，这给 NNC 的训练带来了困难。为解决这一问题，可引入神经网络辨识器 NNI，建立被控对象的正向模型，构成图 4-13（b）所示的间接模型参考自适应控制。在这种结构中，系统误差可通过 NNI 反向传播至 NNC。当用自适应控制器代替 NNC 时，这种方法与神经网络参数估计自适应控制类似。

5. 神经网络内模控制　内模控制是近年来人们熟知的一种过程控制方法，它主要利用被控对象的模型和模型的逆构成控制系统。内模控制的主要特点有：

（1）假设被控对象和控制器是输入输出稳定的，且模型是对象的完备表示，则闭环系统是输入输出稳定的。

（2）假设描述对象模型的算子的逆存在，且用这个逆作控制器，构成的闭环系统是输入输出稳定的，则控制是完备的，即总有 $y(k)=y_{\mathrm{d}}(k)$。

（3）假设稳定状态模型算子的逆存在，稳定状态控制器的算子与之相等，且用此控制器时闭环系统是输入输出稳定的，那么对于常值输入，控制是渐进无偏差的。

内模控制为非线性反馈控制器的设计提供了一种直接法，具有较强的鲁棒性。用神经网络建立被控对象的正向模型和控制器，即构成了神经网络内模控制，如图 4-14 所示。通常，在神经网络内模控制结构中，系统的正向模型与被控对象并联，两者之差用作反馈信号，该反馈信号通过前馈通道的滤波器和控制器处理后，对被控对象实施控制。引入滤波器的目的是获得更好的鲁棒性和跟踪响应效果。这种控制结构，对于线性系统，要求对象为开环稳定的；对于非线性系统，是否还有其他条件，目前尚在进一步探索研究之中。

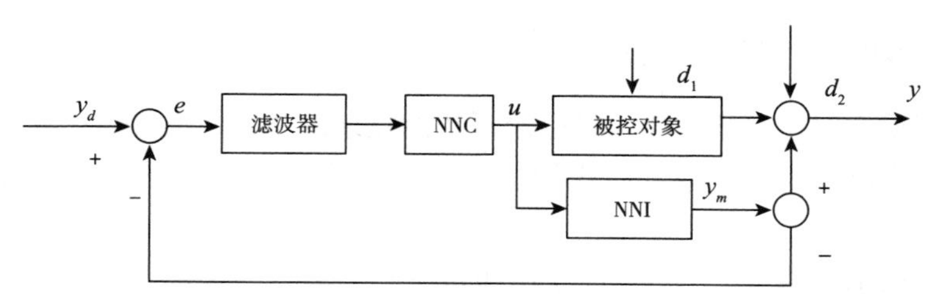

图 4-14　神经网络内模控制

6. 神经网络预测控制　预测控制又称为基于模型的控制，是 20 世纪 70 年代后期发展起来的一类新型计算机控制算法。这种算法的本质特征是预测模型、滚动优化和反馈校正。可以证明，这种方法对非线性系统有期望的稳定性。利用神经网络建立系统的预测模型，即可构成神经网络预测控制，如图 4-15 所示。

在神经网络预测控制方案中，首先由神经网络预测器建立被控对象的预测模型，并可在线修正；然后利用预测模型，根据系统当前的输入、输出信息，预测未来的输出值；最后利用神经网络预测器给出的未来一段时间内的输出值和期望输出值，对定义的二次型性能指标进行滚动优化，产生系统未来的控制

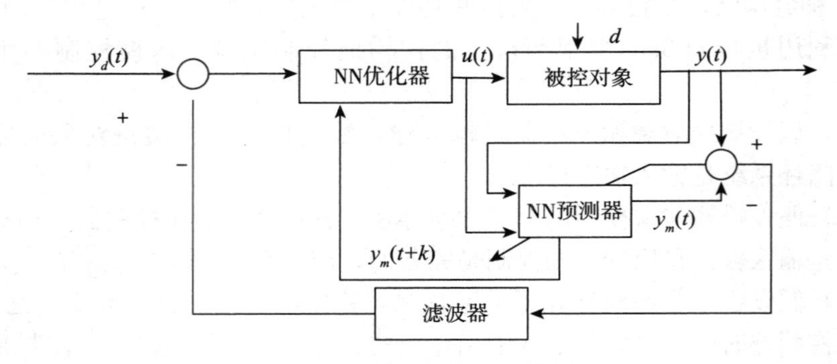

图 4-15　神经网络预测控制

序列，并以第一个控制量对系统进行下一步的控制。

在上述方法中，除第三种以外其余方法的共同特点是其内部都包含有由神经网络建立的系统模型——正向模型或逆向模型，所以可称其为基于神经网络模型的控制。这里要特别指出，神经网络作为一门技术，在实际应用中往往不是以单一的角色独立承担控制任务的。对于复杂的非线性控制对象，常常是自觉或不自觉地与各种控制技术，如变结构控制、模糊控制、专家系统等相结合，构成基于神经网络的智能复合控制结构。对于实际工业过程，这类控制结构往往更具实用价值。

三、神经网络控制特点

1. 本质非线性系统，能够充分逼近任意复杂的非线性系统。

2. 具有高度的自适应和自组织性，能够学习和适应严重不确定性系统的动态特征。

3. 系统信息等势分布存储在网络的各神经元及其连接权中，故有很强的鲁棒性和容错能力。

4. 信息的并行处理方式使得快速进行大量运算成为可能。

第四节　水肥精准控制算法实例

一、算法系统结构

以果园中苹果树的灌溉模糊决策模块设计为例，介绍水肥一体化系统灌溉决策的方案设计，系统的结构模型如图 4-16 所示，利用模糊控制算法将实际的农艺灌溉经验融入灌溉控制系统中，用来进行更加合理的果园灌溉，使系统的灌溉决策更加贴近农业生产实际。

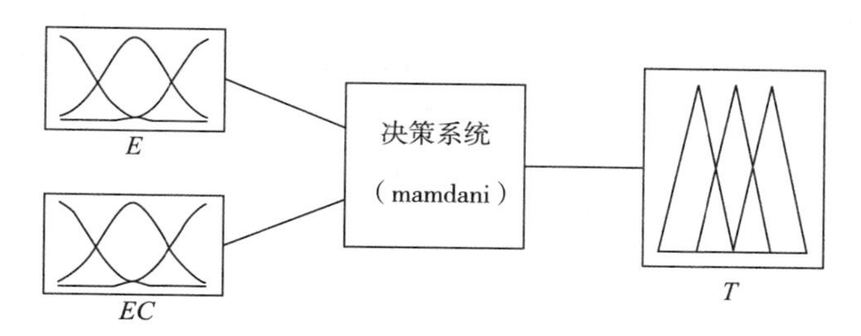

图 4-16　决策系统结构模型

二、输入输出论域

在果园中，对于苹果来说，果树的最适宜土壤湿度范围在 60%～80%，高于 80%时可能会出现果树烂根的现象发生，当土壤湿度值低于 60%时也不利于果树的生长。布设在果园中的小型气象系统每隔 1h 向基地数据中心传输一次检测到的数据，其中包含有土壤湿度、温度、太阳辐射以及果园蒸腾量等环境因子。通过监测数据显示，果园白天的蒸腾量变化范围大概在 0～10mm。通过实验测定，土壤的湿度从 60%升高到 80%大概需要 15min。模糊推理系统将采用查表法来进行具体灌溉实施方案的执行。首先基地数据服务中心将果园中采集到的湿度值（E）和果园蒸腾量（EC），作为模糊推理系统的输入，为了使系统可以实现更多梯度等级的控制，对输入输出值都划分为 7 个语言变量。其中，输入输出均记作｛NB、NM、NS、ZO、PS、PM、PB｝，输出记作｛ZO、PS、PL、PM、PH、PB、PC｝。一般而言，输入输出语言变量定义的个数越多，系统的控制精度越高，能够实现的梯度范围更大。但是，引入较多的输入输出语言变量会使得控制系统更加复杂，而输入输出语言变量定义的个数过少会使得控制范围变小，从而使控制系统的模糊控制效果不理想。因此，在选取输入输出语言变量时，需根据实际的控制情况在两者之间做出权衡，定义合适的输入输出语言变量个数。根据实际工程设计经验，一般控制系统采用的输入输出语言变量在 5 个或者 7 个的时候，控制系统会呈现出比较好的控制效果。所以，在此采用 7 个语言变量来作为输入输出变量，具体的输入输出论域语言表如表 4-2 所示。

表 4-2　输入输出语言变量

输入输出变量	语言变量
E	NB、NM、NS、ZO、PS、PM、PB
EC	NB、NM、NS、ZO、PS、PM、PB
T	ZO、PS、PL、PM、PH、PB、PC

通过上述信息，可将土壤湿度 E 的实际论域定义为 60%～80%，蒸腾量 EC 的实际论域定义为 0～10mm，系统输出灌溉时间的实际论域定义为 0～15min。设计中输入输出的实际论域如表 4-3 所示：

表 4-3　输入输出变量实际论域

输入输出变量	实际论域
E	60%～80%
EC	0～10mm
T	0～15min

如表 4-2 所示，设计的输入输出模糊语言变量均为 7 个。土壤湿度 E 的语言变量为：负大（NB）、负中（NM）、负小（NS）、零（ZO）、正小（PS）、正中（PM）、正大（PB）。ZO 表示土壤湿度的最佳值，NS、NM、NB 分别表示土壤湿度值小于最佳值的 3 个等级，强度依次由强变弱，NB 表示此时果园中土壤处于严重缺水的状态；PS、PM、PB 依次代表土壤湿度值大于果园中土壤最佳湿度值的 3 个等级，大于最佳土壤湿度值的范围等级依次增加，其中，PB 代表果园土壤中的湿度值严重超过最佳土壤湿度值。

果园蒸腾量 EC 的语言变量和土壤湿度语言变量 E 相同，只是代表的含义不相同，对于蒸腾量 EC 语言变量来说，其语言变量代表分别为：负快（NB）、负中（NM）、负慢（NS）、中间（ZO）、正慢（PS）、正中（PM）、正快（PB）。从负快到正快，代表果园蒸腾量的大小从小到大依次增加。NB 说明此时果园的蒸腾量很小，PB 表示此时果园中果树的蒸腾量很大。

输出变量 T 表示灌溉时间的长短，ZO 表示不灌溉、PS 表示微量灌溉、PL 表示少量灌溉、PM 表示中等强度灌溉、PH 表示中等偏上强度灌溉、PB 表示较长灌溉、PC 表示长时间灌溉。从 ZO 到 PC 依次表示灌溉电磁阀的开启时间从短到长。

根据上述语言变量等信息，可以将输入输出变量的模糊集合论域定义如表 4-4 所示：

表 4-4　输入输出变量模糊集合论域

输入输出变量	实际论域
E	−6～6
EC	−6～6
T	0～6

三、隶属度函数

根据上述输入输出语言变量以及变量模糊集合论域，将精确量土壤湿度值 E、果园蒸腾量 EC 以及输出变量时间 T 转化为论域上的模糊变量。模糊控制器隶属度函数定量地描述了输入输出到模糊集合论域的数学映射关系，合理的隶属度函数是进行输入输出变量模糊推理化的前提。隶属度函数的种类有很多，对于不同的隶属度函数有不同的控制效果。在典型的控制器设计中，一般认为，当输入输出模糊子集能够均匀地分布在模糊论域上时，模糊控制器的结构能够达到最佳的控制效果。因此，隶属度函数的选取要结合实际使用场合。由于应用的对象是果园中的果树，因此输入输出变量采用三角形隶属度函数。模糊控制器中的土壤湿度值 E、果园蒸腾量 EC 以及输出变量时间 T 的隶属度函数如图 4-17、图 4-18、图 4-19 所示。

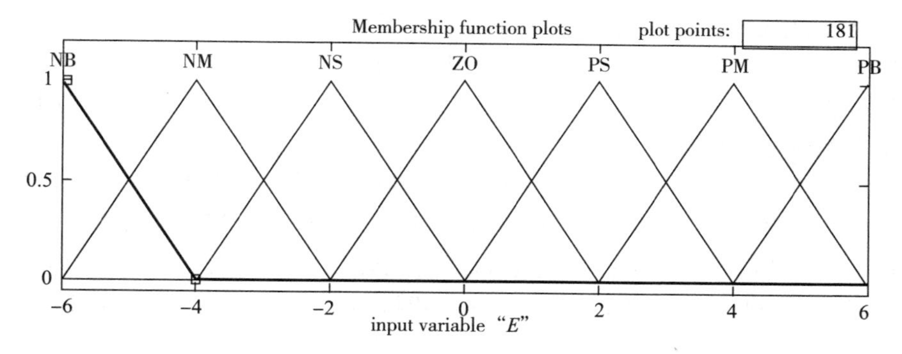

图 4-17　土壤湿度值 E 的隶属度函数

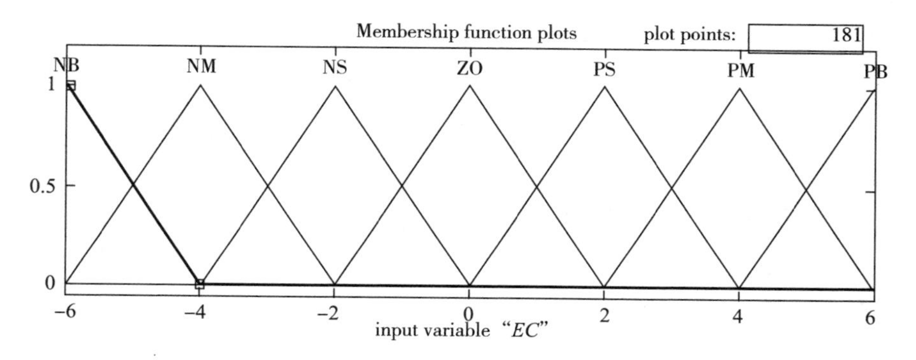

图 4-18　蒸腾量 EC 的隶属度函数

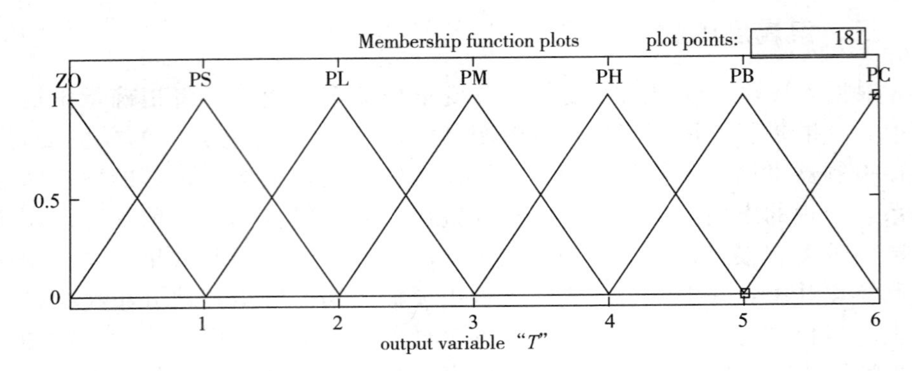

图 4-19　灌溉时间 T 的隶属度函数

四、模糊逻辑推理

由于模糊控制器的优点在于能够结合实际，将实际生活中的许多经验融合在模糊控制推理系统中，因此，在制定模糊推理规则时，可以尽量将一些果树的农艺知识融合进去。例如，果园的湿度值较大且蒸腾量也较大时，灌溉时间要尽可能地减小。当湿度值很低，蒸腾量很大时，就需要加大灌溉的时间。当处于中等程度的湿度时，根据当天不同的蒸腾量采用不同的灌溉时间。

模糊控制逻辑表的制定规则一般根据实际的农艺经验来制定。例如，当土壤湿度达到很大值 PB 时，无论当天的蒸腾量值达到多大都不进行灌溉，园区管道上的电磁阀均不开启；当土壤湿度值为 NB、蒸腾量为 NB 时，园区灌溉时间开启到最大值 PC。随着湿度值和蒸腾量的变化，对应的电磁阀开启时间如表 4-5 所示：

表 4-5　模糊逻辑推理规则

蒸腾量	湿度 E						
EC	NB	NM	NS	ZO	PS	PM	PB
NB	PC	PB	PH	PM	PS	PS	ZO
NM	PC	PB	PH	PM	PS	PS	ZO
NS	PC	PB	PH	PM	PS	PL	ZO
ZO	PC	PB	PH	PM	PL	PL	ZO
PS	PC	PB	PH	PM	PL	PL	ZO
PM	PC	PC	PH	PM	PM	PL	ZO
PB	PC	PC	PB	PM+	PM	PM	PS

为了在控制系统中实现模糊推理，需要得出最后的模糊规则响应表。模糊

规则响应表的推理过程如下所述。首先需要把精确的输入量和输出量模糊化到相对应的输入输出论域中，再根据结果查询模糊控制响应表，求出最终控制执行机构的数值。通过这样的一个过程，可以从很大程度上提高系统的工作效率。先对输入输出变量进行赋值，取土壤湿度值 E 的量化论域为［−6、−5、−4、−3、−2、−1、0、1、2、3、4、5、6］；蒸腾量 EC 的量化论域为［−6、−5、−4、−3、−2、−1、0、1、2、3、4、5、6］；输出灌溉时间变量 T 的量化论域为［0、0.5、1、1.5、2、2.5、3、3.5、4、4.5、5、5.5、6］；则土壤湿度 E 和蒸腾量 EC、灌溉时间 T 的变量赋值表如表 4-6～表 4-8所示。

表 4-6　输入变量 *E* 赋值表

语言变量	土壤湿度 *E*												
	−6	−5	−4	−3	−2	−1	0	1	2	3	4	5	6
NB	1	0.5	0	0	0	0	0	0	0	0	0	0	0
NM	0	0.5	1	0.5	0	0	0	0	0	0	0	0	0
NS	0	0	0	0.5	1	0.5	0	0	0	0	0	0	0
ZO	0	0	0	0	0	1	1	1	0	0	0	0	0
PS	0	0	0	0	0	0	0	0.5	1	0.5	0	0	0
PM	0	0	0	0	0	0	0	0	0	0.5	1	0.5	0
PB	0	0	0	0	0	0	0	0	0	0	0	0.5	1

表 4-7　输入变量 *EC* 的赋值表

语言变量	蒸腾量 *EC*												
	−6	−5	−4	−3	−2	−1	0	1	2	3	4	5	6
NB	1	0.5	0	0	0	0	0	0	0	0	0	0	0
NM	0	0.5	1	0.5	0	0	0	0	0	0	0	0	0
NS	0	0	0	0.5	1	0.5	0	0	0	0	0	0	0
ZO	0	0	0	0	0	1	1	1	0	0	0	0	0
PS	0	0	0	0	0	0	0	0.5	1	0.5	0	0	0
PM	0	0	0	0	0	0	0	0	0	0.5	1	0.5	0
PB	0	0	0	0	0	0	0	0	0	0	0	0.5	1

表 4-8　输出变量 T 的赋值表

语言变量	灌溉时间 T												
	0	0.5	1	1.5	2	2.5	3	3.5	4	4.5	5	5.5	6
ZO	1	0.5	0	0	0	0	0	0	0	0	0	0	0
PS	0	0.5	1	0.5	0	0	0	0	0	0	0	0	0
PL	0	0	0	0.5	1	0.5	0	0	0	0	0	0	0
PM	0	0	0	0	0	1	1	1	0	0	0	0	0
PH	0	0	0	0	0	0	0	0.5	1	0.5	0	0	0
PB	0	0	0	0	0	0	0	0	0	0.5	1	0.5	0
PC	0	0	0	0	0	0	0	0	0	0	0	0.5	1

在模糊推理控制模型中，对建立的模糊控制规则需要经过模糊推理才能决策出控制变量的模糊子集，在这里采用 Mandani 运算法来进行模糊推理。通过上述表格利用 matlab 软件对规则库中的模糊关系进行计算，得出关系矩阵 R。例如，规则库中的第 i 条控制规则：R_i：IF E is A_i and EC is B_i then T is C_i，其蕴含的模糊关系为：

$$R_i = (A_i \times B_i) \times C_i$$

控制规则表中的 n 条规则之间可以看做是“或”，也就是求并的关系，从而得出整个规则表所包含的模糊关系为：

$$R = \bigcup_i R_i$$

通过 matlab 软件求得整个规则库的关系矩阵为：

$$R = \bigcup_i R_i = \begin{Bmatrix} 0 & 0 & 0 & \cdots & 0 & 0.5 & 1 \\ 0 & 0 & 0 & \cdots & 0 & 0.5 & 0.8 \\ \vdots & \vdots & \vdots & & \vdots & \vdots & \vdots \\ 0 & 0 & 0 & \cdots & 0.8 & 0.5 & 0.6 \\ 0 & 0 & 0 & \cdots & 0.6 & 0.5 & 0.1 \\ \vdots & \vdots & \vdots & & \vdots & \vdots & \vdots \\ 1 & 0.5 & 0 & \cdots & 0 & 0 & 0 \end{Bmatrix}$$

得出关系矩阵后，可以利用 matlab 软件求出输入值湿度 E 和蒸腾量 EC 下的输出模糊值，继而得出用“最大隶属度法”去模糊化后的数值。通过计算，得出的模糊控制 z 在线查询响应表如表 4-9 所示。

表 4-9　模糊控制规则在线查询响应表

EC	E												
	−6	−5	−4	−3	−2	−1	0	1	2	3	4	5	6
−6	6	6	6	6	6	6	6	4	4	2	2	−1	−1
−5	6	6	6	6	6	6	6	4	4	−1	2	−1	−1
−4	6	6	6	6	4	4	4	2	2	−1	−1	−2	−2
−2	6	6	6	6	4	4	2	−1	−1	−2	−2	−4	−4
−2	6	6	6	6	4	4	2	−1	−1	−2	−2	−4	−4
−1	6	6	6	6	4	4	2	−1	−1	−2	−2	−4	−4
0	6	6	4	4	2	2	3	−2	−2	−4	−4	−6	−6
1	4	4	2	2	−1	−1	−2	−4	−4	−6	−6	−6	−6
2	4	4	2	2	−1	−1	−2	−4	−4	−6	−6	−6	−6
3	2	−1	−1	−1	−2	−2	−4	−6	−6	−6	−6	−6	−6
4	2	2	−1	−1	−2	−2	−4	−6	−6	−6	−6	−6	−6
5	−1	−1	−2	−2	−4	−4	−6	−6	−6	−6	−6	−6	−6
6	−1	−1	−2	−2	−4	−4	−6	−6	−6	−6	−6	−6	−6

在 matlab 软件中控制系统的推理模型如图 4-20 所示。

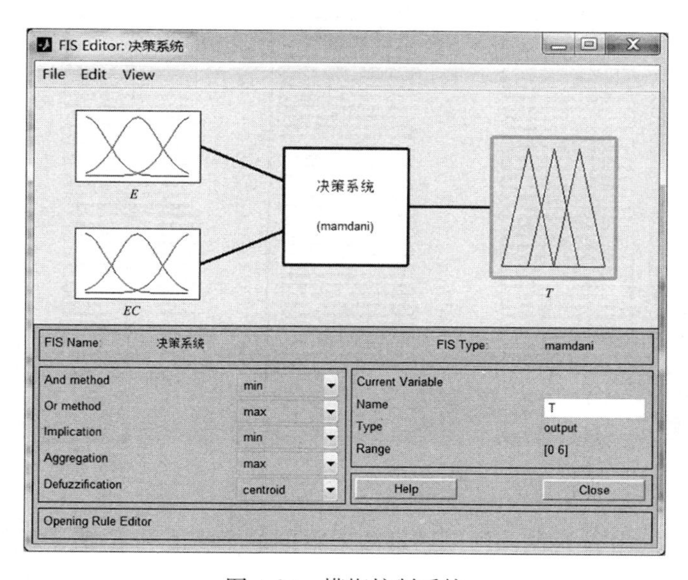

图 4-20　模糊控制系统

其对应的部分模糊控制语句如图 4-21 所示，模糊控制系统总共生成 49 条控制语句。

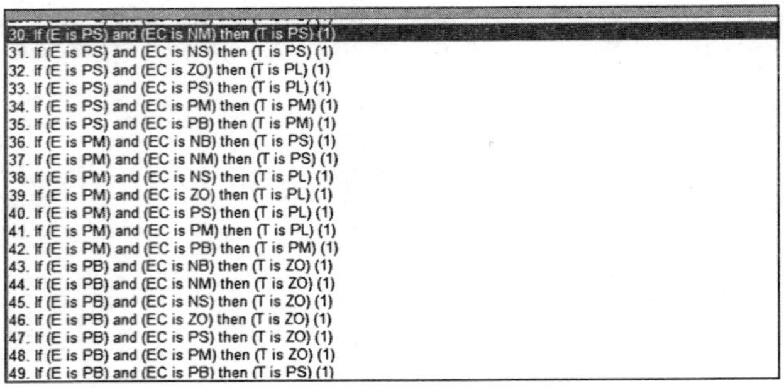

30. If (E is PS) and (EC is NM) then (T is PS) (1)
31. If (E is PS) and (EC is NS) then (T is PS) (1)
32. If (E is PS) and (EC is ZO) then (T is PL) (1)
33. If (E is PS) and (EC is PS) then (T is PL) (1)
34. If (E is PS) and (EC is PM) then (T is PM) (1)
35. If (E is PS) and (EC is PB) then (T is PM) (1)
36. If (E is PM) and (EC is NB) then (T is PS) (1)
37. If (E is PM) and (EC is NM) then (T is PS) (1)
38. If (E is PM) and (EC is NS) then (T is PL) (1)
39. If (E is PM) and (EC is ZO) then (T is PL) (1)
40. If (E is PM) and (EC is PS) then (T is PL) (1)
41. If (E is PM) and (EC is PM) then (T is PL) (1)
42. If (E is PM) and (EC is PB) then (T is PM) (1)
43. If (E is PB) and (EC is NB) then (T is ZO) (1)
44. If (E is PB) and (EC is NM) then (T is ZO) (1)
45. If (E is PB) and (EC is NS) then (T is ZO) (1)
46. If (E is PB) and (EC is ZO) then (T is ZO) (1)
47. If (E is PB) and (EC is PS) then (T is ZO) (1)
48. If (E is PB) and (EC is PM) then (T is ZO) (1)
49. If (E is PB) and (EC is PB) then (T is PS) (1)

图 4-21　模糊控制系统控制语句

通过系统中的 rules 和 surface 的输出结果，可以比较直观地看出系统的灌溉时间和土壤的湿度值、果园蒸腾量之间的关系，rules 输出结果可以判断制定规则是否出错。系统的 rules 输出和 surface 输出图分别如图 4-22、图 4-23 所示。

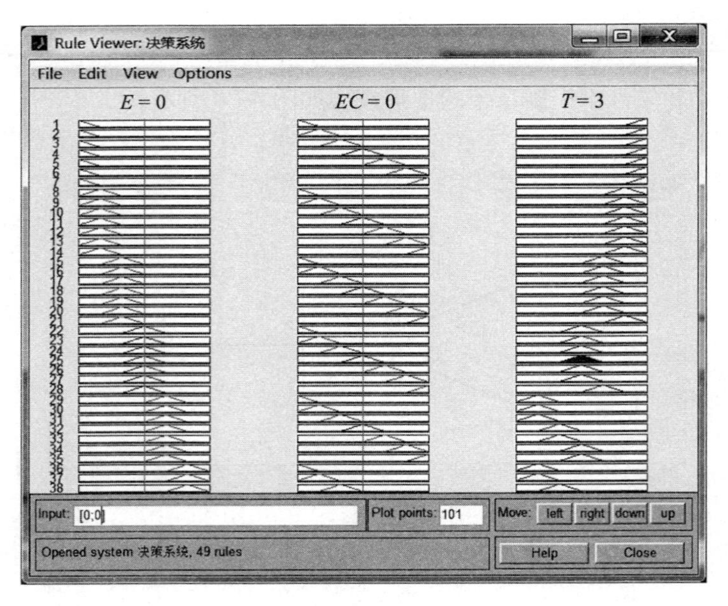

图 4-22　rules 输出结果

在 rules 输出界面中，可以通过输入不同的 EC 值和 E 值来验证模糊控制规则输出结果是否正确，如图 4-22 中，输入 E、EC 值都为 0，输出 T 值为 3，与模糊控制规则在线查询表对应的数值一致，说明规则的输入输出没有出错。图 4-23 中的 surface 图呈现的是模糊控制器输入输出的三维图，可以较为直观地看到制定的灌溉时间与土壤湿度的控制趋势。

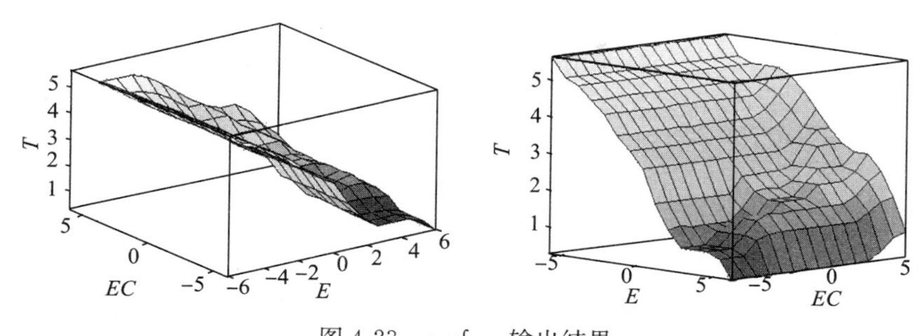

图 4-23 surface 输出结果

第五章

水肥精准施用系统

水肥精准施用系统包括水肥精准施用装备系统及智慧灌溉系统。水肥精准施用装备系统包括水源工程、首部枢纽工程、输配水管网、灌水器以及施肥器等。智慧灌溉系统包括智慧灌溉决策、智慧传感与控制的软硬件系统。以苹果园的水肥精准施用为例进行整个系统的介绍。

第一节　水肥精准施用装备

水肥精准施用装备系统主要由水源工程、首部枢纽工程、输配水管网、灌水器以及施肥器 5 部分组成，见图 5-1。

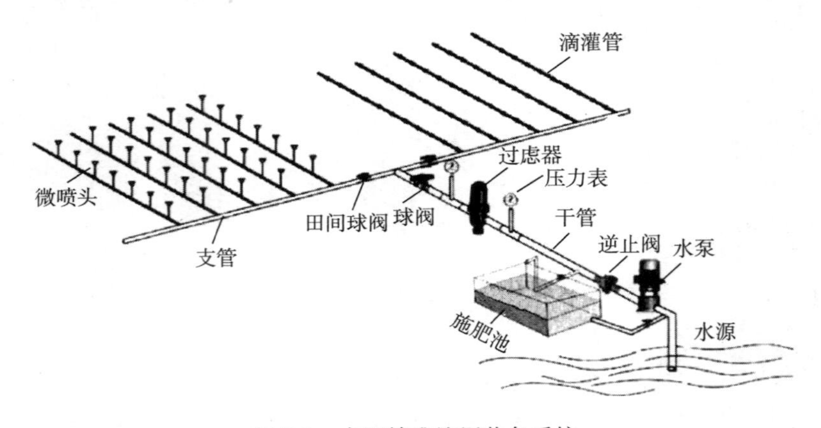

图 5-1　水肥精准施用装备系统

一、水源工程

在生产中，可能的水源有河流水、湖泊、水库水、塘堰水、沟渠水、泉水、井水、水窖水等，只要水质符合要求，均可作为灌溉的水源。但这些水源经常不能被微灌或滴灌工程直接利用，或流量不能满足微灌或滴灌用水量要求。此时需要根据具体情况修建一些相应的引水、蓄水或提水工程，统称为水源工程。

二、首部枢纽工程

首部枢纽是整个灌溉系统的驱动、检测和控制中枢，主要由水泵及动力机、过滤器等水质净化设备、施肥装置、控制阀门、进排气阀、压力表、流量计等设备组成。其作用是从水源中取水经加压过滤后输送到输水管网中去，并通过压力表、流量计等量测设备监测系统运行情况。

（一）加压设备

加压设备的作用是满足灌溉施肥系统对管网水流的工作压力和流量要求。加压设备包括水泵及向水泵提供能量的动力机。水泵主要有离心泵、潜水泵等，动力机可以是柴油机、电动机等。在井灌区，如果是小面积使用灌溉施肥设备，最好使用变频器。在有足够自然水源的地方可以不安装加压设备，利用重力进行灌溉。

1. 泵房　加压设备一般安装在泵房内，根据灌溉设计要求确定型号类别，除深井供水外，多需要建造一座相应面积的水泵用房，并能提供一定的操作空间。水泵用房一般是砖混结构，也存在活动房形式，主要功能是避雨防盗，方便灌溉施肥器材的摆放。

取水点需要建造一个取水池，并预留一个进水口能够与灌溉水源联通，进水口需要安装一个拦污闸（材料最好用热镀锌或不锈钢），防止漂浮物进入池内。取水池的底部稍微挖深，较池外深 0.5m 左右，池底铺钢筋网，用混凝土铺平硬化。取水池的四周切砖，顶上加盖，预留水泵吸水口和维修口（加小盖），并要定期清理池底，进水口不能堵塞，否则将会影响整个系统的运行。

2. 水泵

（1）水泵的选取。水泵的选取对整个灌溉系统的正常运行起着至关重要的作用。水泵选型原则是：在设计扬程下，流量满足灌溉设计流量要求；在长期运行过程中，水泵的工作效率要调幅，而且经常在最高效率点的右侧运行为最好，便于运行管理。

在选择水泵时，首先要确定流量，在设计时，计算出整个灌溉系统所需的总的供水量，确保水源的供水量满足系统所需的水量。按照设计水泵的设计流量选择稍大于所需水量即可。如果已知所用灌水器的数量，也可以根据灌水器的设计流量，计算出整个灌溉系统所需要的供水量。这里所得的系统流量为初定值。之后，按照制定的灌溉制度选择管路水力损失最大的管路，根据灌水器的设计流量从管路的末端依次推算出主干管进口处的流量，该流量即为所需水泵的设计流量。其次是水泵扬程的确定。水泵扬程的计算需要计算系统内管路水头损失最大的管路水头损失值，按照公式（5-1）、公式（5-2）计算水泵所需的扬程。

离心泵： $$H_{泵}=h_{泵}+\Delta Z+f_{进} \tag{5-1}$$

潜水泵： $$H_{泵}=h_1+h_2+h_3 \tag{5-2}$$

式中，$H_{泵}$为系统总扬程；$h_{泵}$为水泵出口所需最大压力水头；ΔZ为水泵出口轴心高程与水源水位的平均高差；$f_{进}$为进水管的水头损失；h_1为井口所需最大压力水头；h_2为井下管路水头损失；h_3为井的动水位到井口的高程差。

（2）离心自吸泵。自吸泵具有一定的自吸能力，能够使水泵在吸不上水的情况下方便启动，并维持正常运行。我国目前生产的自吸泵基本上是自吸离心泵。自吸泵按输送液体和材质可分为污水自吸泵、清水自吸泵、耐腐蚀自吸泵、不锈钢自吸泵等多种自吸泵的结构形式。其主要零件有泵体、泵盖、叶轮、轴、轴承等。自吸泵结构上有独具一格的科学性，泵内设有吸液室、储液室、回液室回阀、气液分离室，管路中不需安装低阀，工作前只需保留泵体储有定量引液即可。因此，既简化了管路系统，又改善了劳动条件。泵体内具有涡形流道，流道外层周围有容积较大的气水分离腔，泵体下部铸有座角作为固定泵用。

ZW型卧式离心自吸泵，是一种低扬程、大流量的污水型水泵，其电机与泵体采用轴联的方式，能够泵机分离，保养容易，在不用水的季节或有台风洪水的季节可以拆下电机，使用时再连接电机即可，同心度好、噪声小。主要应用于3～6hm^2、种植作物单一的农场，这样施肥时间能够统一。一个轮灌区的流量在50～70m^3，水泵的效率能够得到较高的发挥。该水泵具有强力自吸功能，全扬程、无过载，一次加水后不需要再加水（图5-2）。

图5-2　ZW型卧式离心自吸泵

其工作原理是水泵通过电机驱动叶轮，把灌溉水从进水池内吸上来，通过出口的过滤器把水送到田间各处，在水泵的进水管20cm左右处，安装一个三通出口，连接阀门和小过滤器，再连接钢丝软管，作为吸肥管。

水泵在吸水的时候，进水管内部处于负压状态，这时候把吸肥管放入肥料桶的肥液中（可以是饱和肥液），打开吸肥管的阀门，肥液就顺着吸肥管被吸到水泵及管道中与清水混合，输送到田间作物根部进行施肥。与电动注射泵相比，不需要电源，不会压力过高造成不供肥或压力过低造成过量供肥。

（3）潜水泵。潜水泵的工作原理是潜水泵开泵前，吸入管和泵内必须充满液体。开泵后，叶轮高速旋转，潜水泵中的液体随着叶片一起旋转，在离心力的作用下，飞离叶轮向外射出，射出的液体在泵壳扩散室内速度逐渐变慢，压力逐渐增加，然后从泵排出管流出。此时，在叶片中心处，由于液体被甩向周围而形成既没有空气又没有液体的真空低压区，液池中的液体在池面大气压的作用下，经吸入管流入潜水泵内，液体就是这样连续不断从液池中被抽吸上来又连续不断地从排出管流出。

用潜水泵作为首部动力系统，优点是简单实用，不需要加引水，也不会发生漏气和泵体气蚀余量超出等故障，水泵型号多，选择余地大。缺点是泵体电机和电线都浸在水中，在使用过程中要防止发生漏电。

灌溉用潜水泵按出水径，通常在 DN32～DN150（即管直径 32～150mm），如果一台不够，可以安装两台并联使用，这样能节约用电。这里以 QS 系列潜水泵为例，介绍首部的组成和设备操作（图 5-3）。

图 5-3　QS 系列潜水泵

水泵参数：QS 潜水泵，额定流量 $65m^3$，额定扬程 18m，功率 7.5kW，电压 380V，出水口内径 DN80。

QS 水泵的进水口在水泵中上部，工作时，不会把底部淤泥吸上。冷却效果好，输出功率大，出水口在泵体顶部，方便安装。

3. 负压变频供水　通常温室和大田灌溉都是用水泵将水直接从水源中抽取加压使用，无论用水量大小，水泵都是满负荷运转。所以，当用水量较小时，所耗的电量与用水量大时一样，容易造成极大的浪费。

负压变频供水设备能根据供水管网中瞬时变化的压力和流量参数，自动改变水泵的台数和电机运行转速，实现恒压变量供水的目的（图 5-4）。水泵的功率随用水量变化而变化，用水量大，水泵功率自动增大；用水量小，水泵功率自动减小，能节电 50%，从而达到高效节能的目的。

图 5-4　变频供水系统

负压变频供水设备的应用，优化了常规果园供水的方式。如由某单位研制开发的 LFBP-DL 系列变频供水设备（图 5-5），在原有基础上进行了优化升级，目前第三代设备已经具有自动加水、自动开机、自动关机、故障自动检索的功能。打开阀门，管道压力感应通过 PLC 执行水泵启动，出水阀全部关闭后，水泵停止动作，达到节能的效果。

图 5-5　LFBP-DL 系列变频供水设备

负压供水设备由变频控制柜、离心水泵（DL 系列或 ZW 系列）、真空引水罐、远传压力表、引水筒、底阀等部件组成。电机功率一般为 5.5kW、7.5kW、11kW，一台变频控制水泵数量从一控二到控四，可以根据现场实际用水量确定。其中，11kW 组合一定要注意电源电压。

变频恒（变）压供水设备控制柜，是对供水系统中的泵组进行闭环控制的机电一体化成套设备（图 5-6）。该设备采用工业微机可变程序控制器和数字变频调整技术，根据供水系统中瞬时变化的流量和相应的压力，自动调节水泵的转速和运行台数，从而改变水泵出口压力和流量，使供水管网系统中的压力按设定压力保持恒定，达到提高供水品质和高效节能的目的。

图 5-6　变频恒（变）压供水设备控制柜

控制柜适用于各种无高层水塔的封闭式供水场合的自动控制，具有压力恒定、结构简单、操作简便、使用寿命长、高效节能、运行可靠、使用功能齐全及完善的保护功能等特点。

控制柜具有手动、变频和工频自动 3 种工作形式，并可根据各用户要求，追加以下各种附加功能：小流量切换或停泵，水池无水停泵，定时启停泵，双电源、双变频、双路供水系统切换，自动巡检，改变供水压力，供水压力数字显示及用户在供水自动化方面要求的其他功能。

（二）过滤设备

过滤设备的作用是将灌溉水中的固体颗粒（沙石、肥料沉淀物及有机物）滤去，避免污物进入系统，造成系统和灌水器堵塞。

1. 含污物分类　灌溉水中所含污物及杂质有物理、化学和生物三大类。物理污物及杂质是悬浮在水中的有机或无机的颗粒（有机物质主要有死的水藻、鱼、枝叶等动植物残体等，无机杂质主要是黏粒和沙粒）。化学污物及杂质是指溶于水中的某些化学物质，在条件改变时，会变成不溶的固体沉淀物，堵塞灌水器。生物污物及杂质主要包括活的菌类、藻类等微生物和水生动物等，它们进入系统后可能繁殖生长，减小过水断面，堵塞系统。表 5-1 表明了水中所含杂质情况与滴头堵塞程度有关。

表 5-1　水质与滴头堵塞程度

杂质类型		堵塞程度		
		轻微	中度	严重
物理性	固体悬移质颗粒（mg/L）	<50	50～100	>100
化学性	悬浮物质（mg/L）	<7.0	7.0～8.0	>8.0
	溶解物质（mg/L）	<500	500～2 000	>2 000
	锰（mg/L）	<0.1	0.1～1.5	>1.5
	总铁（mg/L）	<0.2	0.2～1.5	>1.5
	硫化物（mg/L）	<0.2	0.2～2.0	>2.0
生物性	细菌（个/L）	<10 000	10 000～50 000	>50 000

注：肥料也是堵塞原因，要把含有肥料的水装入玻璃瓶中，在暗处放置 12h，然后在光照下观察是否有深沉情况。

对于灌溉水中物理杂质的处理则主要采取拦截过滤的方法，常见的有拦污栅（网）、沉淀池和过滤器。过滤设备根据所用的材料和过滤方式可分为筛网式过滤器、叠片式过滤器、沙石过滤器、离心分离器、自净式网眼过滤器、沉沙池、拦污栅（网）等。在选择过滤设备时，要根据灌溉水源的水质、水中污物的各类、杂质含量，结合各种过滤设备的规格、特点及本身的抗堵塞性能，进行合理的选取。

过滤器并不能解决化学和微生物堵塞问题，对水中的化学和生物污物杂物可以采取在灌溉水中注入某些化学药剂的办法以溶解和杀死。如对含泥较多的蓄水塘或蓄水池中加入 0.1%的沸石 10h 左右，可以将泥泞沉积到池底，水变清澈。对容易长藻类的蓄水池，可以加入硫酸铜等杀灭藻类。具体用法参照有关厂家杀藻剂的说明书。

2. 过滤设备

（1）筛网式过滤器。筛网式过滤器是微灌系统中应用最为广泛的一种简单而有效的过滤设备，它的过滤介质有塑料、尼龙筛网或不锈钢筛网。

①适用条件。筛网式过滤器主要作为末级过滤，当灌溉水质不良时，则连接在主过滤器（沙砾或水力回旋过滤器）之后，作为控制过滤器使用。主要用于过滤灌溉水中的粉粒、沙和水垢等污物。当有机物含量较高时，这种类型的

过滤器的过滤效果很差。尤其是当压力较大时，有机物会从网眼中挤过去，进入管道，造成系统与灌水器的堵塞。筛网式过滤器一般用于二级或三级过滤（即与沙石分离器或沙石过滤器配套使用）。

②分类。筛网式过滤器的种类很多，按安装方式分有立式和卧式两种；按清洗方式分有人工清洗和自动清洗两种；按制造材料分有塑料和金属两种；按封闭与否分有封闭式和开敞式（又称自流式）两种。

③结构。筛网式过滤器主要由筛网、壳体、顶盖等部分组成（图 5-7）。筛网的孔径大小（即网目数）决定了过滤器的过滤能力。由于通过过滤器筛网的污物颗粒会在灌水器的孔口或流道内相互挤在一起而堵塞灌水器，因而一般要求所选用的过滤器滤网的孔径大小应为所使用的灌水器孔径的 1/10～1/7。筛网规格与孔口大小的关系见表 5-2。

图 5-7　筛网式过滤器外观及滤芯

表 5-2　筛网规格与孔口大小的对应关系

滤网规格（目）	孔口大小		土粒类别	粒径（mm）
	mm	μm		
20	0.711	711	粗沙	0.50～0.75
40	0.420	420	中沙	0.25～0.40
50	0.180	180	细沙	0.15～0.20
100	0.152	152	细沙	0.15～0.20
120	0.125	125	细沙	0.10～0.15
150	0.105	105	极细沙	0.10～0.15
200	0.074	74	极细沙	<0.10
250	0.053	53	极细沙	<0.10
300	0.044	44	粉沙	<0.10

过滤器孔径大小的选择要根据所用灌水器的类型及流道断面大小而定。同时，由于过滤器减小了过流断面，存在一定的水头损失，在进行系统设计压力的推算时，一定要考虑过滤器的压力损失范围。否则，当过滤器发生一定程度的堵塞时，会影响系统的灌水质量。一般来说，喷灌要求 40～80 目过滤，滴灌要求 100～150 目过滤。但过滤目数越大，压力损失越大，能耗越多。

（2）叠片式过滤器。叠片式过滤器是由大量的、很薄的圆形片重叠起来，并锁紧形成一个圆柱形滤芯，每个圆形叠片的两个面分布着许多滤槽，当水流经过这些叠片时，利用盘壁和滤槽来拦截杂质污物。这种类型的过滤器过滤效果要优于筛网式过滤器，其过滤力在40～400目可用于初级和终级过滤。但当水源水质较差时，不宜作为初级过滤；否则，清洗次数过多，反而带来不便（图5-8）。

图5-8　叠片式过滤器外观及叠片

叠片式过滤器由滤壳和滤芯组成；滤壳材料一般为塑料、不锈钢、涂塑碳钢，形状有很多种；滤芯形状为空心圆柱体，空心圆柱体由很多两面注有微米级正三角形沟槽的环形塑料片组装在中心骨架上组成。每个过滤单元中被弹簧和水压紧的叠片便形成了无数道杂质无法通过的滤网，总厚度相当于30层普通滤网。

全自动叠片过滤器自带电子控制装置，可使用时间间隔和压力差控制反冲洗的所有步骤。一旦设定完毕，即可长期使用。自动反冲洗过滤器在不中断工作的情况下在数秒内完成整个自动反冲洗过程。由设定的时间或压差信号自动启动反洗，反洗阀门改变过滤单元中水流方向，过滤芯上弹簧被水压顶开，所有盘片及盘片之间的小孔隙被松开。位于过滤芯中央的喷嘴沿切线方向喷水，使盘片旋转，在水流的冲刷与盘片高速旋转离心力作用下，截留在盘片上的物体被冲洗出去。因此，用很少的自用水量即可达到很好的清洗效果。然后，反洗阀门恢复过滤位置，过滤芯上弹簧再次将盘片压紧，回复到过滤状态。反冲洗用水均为系统过滤过的水。

薄薄的、特定颜色的塑料叠片两边刻有大量一定微米尺寸的沟槽。一叠同种模式的叠片压在特别设计的内撑上。通弹簧和液体压力压紧时，叠片之间的沟槽交叉，从而制造出拥有一系独特过滤通道的深层过滤单元，这个过滤单元装在一个超强性能工程塑料滤筒中形成叠片式过滤器。

①叠片过滤原理。如图5-9所示，水流通过过滤器的进水口进入，过滤芯

架活塞将叠片压紧；当水流进入过滤器与离心盘的塑料切线方向接触时，产生的离心效果把携带大颗粒杂质的水甩在过滤器的内壁上，并集中于过滤器顶部，携带更少杂质的水再接触过滤叠片，就大大降低了叠片所需的清洗频率，达到了节水和设备维护更简单的效果。过滤芯架活塞上提，叠片松开，反洗水从过滤芯架柱体的小孔喷出，按绿色箭头方向喷射到散开的叠片上，使叠片产生横向旋转和纵向颤动的运动；在叠片快速旋转作用下的水流对叠片进行彻底的清洗；然后，按红色箭头方向从排污口排出。

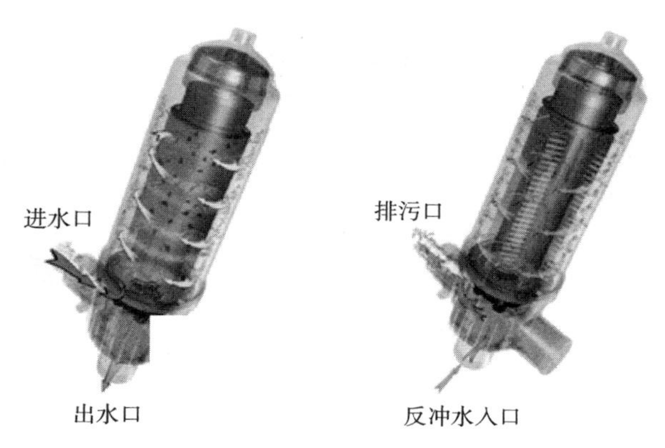

图 5-9　叠片过滤原理

②过滤过程。如图 5-10 所示，原水进入过滤器，通过叠片组底部的螺旋盘时水流高速旋转，产生离心效果，使水中杂质、颗粒物远离叠片，通过叠片再实施深层过滤。

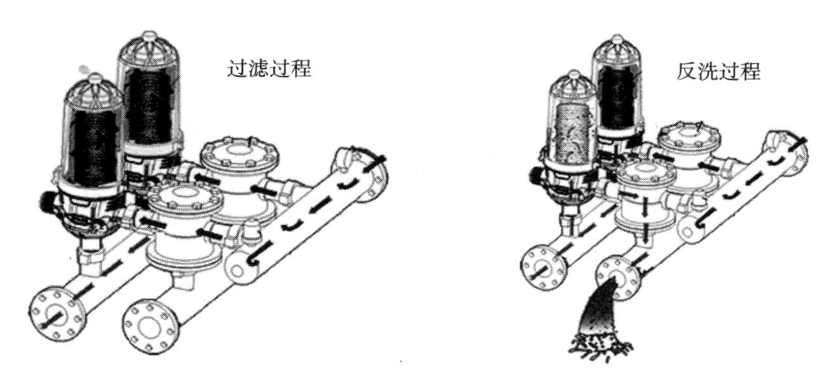

图 5-10　自动反冲洗叠片式过滤器过滤过程

③反洗过程。当启动反洗的压差或时间任何一个设定的条件达到时，控制器厂就发出一个启动反洗的电信号；电磁阀接到电信号后，发送水压信号至反洗阀，使其从过滤状态切换至反洗状态。此时，第一个反洗的过滤器靠其他过

滤器的滤后清水经出水管路进行反洗，反洗过程 15s 左右（根据设置），反洗污水则经排污管路被排出。

第一个过滤头的反洗结束时间到达时，控制器终止加给该电磁阀的反洗信号，反洗阀 E 切换回到过滤状态，过滤芯压盖靠水压驱动隔膜重新压紧叠片，第一个反洗的过滤器又回到过滤状态。第二个反洗过滤器及该系统其后的过滤器都经过同样的运行程序，顺次完成反洗，每两个过滤器的反洗间隔数秒钟（根据设置）用于维持系统压力。在所有过滤器完成反洗后，系统又回到初始过滤状态。

（3）离心式过滤器。离心式过滤器又称为旋流水沙分离过滤器或涡流式水沙分离器，是由高速旋转水流产生的离心力，将沙粒和其他较重的杂质从水体中分离出来。它内部没有滤网，也没有可拆卸的部件，保养维护很方便。这类过滤器主要应用于高含沙量水源的过滤，当水中含沙量较大时，应选择离心式过滤器为主过滤器。它由进水口、出水口、旋涡室、分离室、储污室和排污口等部分组成（图 5-11）。

图 5-11　离心式过滤器

离心式过滤器的工作原理是当压力水流从进水口以切线方向进入旋涡室后做旋转运动，水流在做旋转运动的同时也在重力作用下向下运动，在旋流室内呈螺旋状运动，水中的泥沙颗粒和其他固体物质在离心力的作用下被抛向分离室壳壁上，在重力作用下沿壁面渐渐向下移动，向储污室中汇集。在储污室内断面增大，水流速度下降，泥沙颗粒受离心力作用减小，受重力作用加大，最后深沉下来，再通过排污管排出过滤器。而在旋涡中心的净水速度比较低、位能较高，于是做螺旋运行上升经分离器顶部的出水口进入灌溉管道系统。

只有在一定的流量范围内，离心式过滤器才能发挥出应有的净化水质的效果，因而对那些分区大小不一、各区流量不均的灌溉系统，不宜选用此种过滤器。离心式过滤器正常运行条件下的水头损失应在 3.5～7.7m 范围内，若水头损失小于 3.5m，则说明流量太小而形成不了足够的离心力，将不能有效分离出水中杂质。只要通过离心式过滤器的流量保持恒定，则其水头损失也就是恒定的，并不像网式过滤器或沙石过滤器那样，随着滤出的杂质增多其水头损失也随之增大。

离心式过滤器因其是利用旋转水流和离心作用使水沙分离而进行过滤的，因而对高含沙水流有较理想的过滤效果。但是，较难除去与水密度相近和密度比水小的杂质，因而有时也称为沙石分离器。另外，在水泵启动和停机时，由于系统中水流流速较小，过滤器内所产生的离心力小，其过滤效果较差，会有较多的沙粒进入系统，因而离心式过滤器一般不能单独承担微灌系统的过滤任务，必须与筛网式或叠片式过滤器结合运用，以水沙分离器作为初级过滤器，这样会起到较好的过滤效果，延长冲洗周期。离心式过滤器底部的储污室必须频繁冲洗，以防沉积的泥沙再次被带入系统。离心式过滤器有较大的水头损失，在选用和设计时，一定要将这部分水头损失考虑在内。

（4）沙石过滤器。沙石过滤器又称介质过滤器。它是利用沙石作为过滤介质进行过滤的，一般选用玄武岩砂床或石英砂床，沙砾的粒径大小根据水质状况过滤要求及系统流量确定。沙石过滤器对水中的有机杂质和无机杂质的滤出和存留能力很强，并可不间断供水。当水中有机物含量较高时，无论无机物含量有多少，均应选用沙石过滤器。沙石过滤器的优点是过滤力强、适用范围很广。不足之处在于占用空间比较大、造价比较高。它一般用于地表水源的过滤，使用时，根据出水量和过滤要求可选择单一过滤器或两个以上的过滤器组进行过滤。

沙石过滤器主要由进水口、出水口、过滤器壳体、过滤介质沙砾和排污孔等部分组成，其形式见图 5-12。

图 5-12 沙石过滤器

工作原理：其工作过程如图 5-13 所示。正常工作时，需过滤的水通过进水口达到介质层。这时，大部分污染物被截留在介质上表面，细小的污物及其他浮动的有机物被截留在介质层内部，以保证生产系统不受污染物的干扰，能良好的工作。运行后，当水中杂质和各种悬浮物达到一定量的时候，该过滤系统能通过压差控制装置实时检测进出口压差，当压差达到设定值时，控制器会给控制系统中的三通水力控制阀发送信号，三通水力控制阀会通过水路自动控制其对应过滤单元的三通阀门，让其关闭进口通道的同时打开排污通道。这时，由于排污通道压力较小，其他过滤单元的水会在水的压力作用下由通过该过滤单元的出水口进入，并持续冲刷该过滤单元的介质层，从而达到清洗介质的效果，冲洗后的污水在水压的作用下由该过滤单元的排污口进入排污管道，完成一次排污过程。过滤器也可采用定时控制的方式进行排污，当时间达到定时控制器设定的时间时，电控盒发出排污清洗信号给三通水力控制阀。

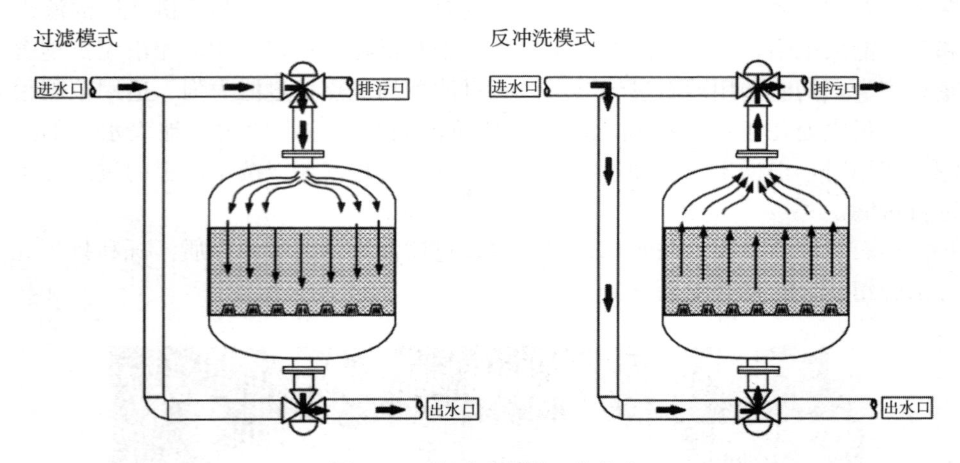

图 5-13　沙石过滤器工作状态

沙石过滤器的过滤能力主要取决于所选用的沙石的性质及粒径级配。不同粒径组合配的沙石其过滤能力不同，同时由于沙石与灌溉水充分接触，且在反冲洗时会产生摩擦，因此沙石过滤器用沙应满足以下要求：具有足够的机械强度，以防反冲洗时沙粒产生磨损和破碎现象；沙具有足够的化学稳定性，以免沙粒与化肥、农药、水处理用酸（碱）等化学物品发生化学反应，产生引起微灌堵塞的物质，更不能产生对动、植物有毒害作用的物质；具有一定颗粒级配和适当孔隙率；尽量就地取材，且价格便宜。

（5）自制过滤设备。在自压灌溉系统，包括扬水自压灌溉系统中，在管道入水口处压力都是很低的。在这种情况下，如果直接将上述任何一种过滤器安装在管道入水口处，则会由于压力过小而使过滤器中流量很小，不能满足灌溉要求。如果安装过多的过滤器，不仅使设计安装过于复杂，而且会大大增加系统投资。此时，只要自行制作一个简单的管道入口过滤设备，既可完全满足系统过滤要求，也可达到系统流量要求，而且投资很小。下面介绍一种适用于扬水自压灌溉的过滤设备。

扬水自压灌溉系统在丘陵地区应用非常广泛，一般做法是在灌区最高处修建水池，利用水泵扬水至水池，然后利用自然高差进行灌溉，这种灌溉系统干管直接与水池相接。根据这个特点，自制过滤器可按下列步骤完成，干管管径以 90mm 为例。

①截取长约 1m 的 110mm 或 90mm PVC 管，在管上均匀钻孔，孔径在40～50mm，孔间距控制在 30mm 左右。孔间距过大，则总孔数太少，过流量会减少；孔间距过小，则会降低管段的强度，易遭破坏。制作时，应引起注意。

②根据灌溉系统类型购买符合要求的滤网，喷灌 80 目，滴灌 120 目。为保证安全耐用，建议购买不锈钢滤网，滤网大小以完全包裹钻孔的 110mm PVC 管为宜，也可多购一些，进行轮换拆洗。③滤网包裹。将滤网紧贴管外壁包裹一周，并用铁丝或管箍扎紧，防止松落。特别要注意的是，整个管段除一端不包外，其余部位全部用滤网包住，防止水流不经过滤网直接进入管道。如果对一端管口进行包裹时觉得有些不便操作，可以用管堵直接将其堵死，仅在管臂包裹滤网即可。

④通过另一端与干管的连接，此过滤设备最好用活接头、管螺纹或法兰与干管连接，以利于拆洗及检修。此过滤设备个数可根据灌溉系统流量要求确定，且在使用过程中要定期检查清洗滤网；否则，也会因严重堵塞造成过流量减小，影响灌溉质量。

（6）拦污栅（网）。很多灌溉系统是以地表水作为水源的，如河流、塘库等。这些水体中常含有较大体积的杂物，如枯枝残叶、藻类杂草和其他较大的漂浮物等。为防止这些杂物进入深沉池或蓄水池中，增加过滤器的负担，常在蓄水池进口或水源中水泵进口处安装一种网式拦污栅（图 5-14），作为灌溉水

图 5-14　网式拦污栅

源的初级净化处理设施。拦污栅构造简单，可以根据水源实际情况自行设计和制作。

（7）沉沙池。沉沙池是灌溉用水水质净化初级处理设施之一，尽管是一种简单而古老的水处理方法，却是解决多种水源水质净化问题的有效而又经济的一种处理方式（图 5-15）。

图 5-15　灌溉用的沉沙池

沉沙池的作用表现在两个方面：一是清除水中存在的固体物质。当水中含泥沙太多时，下设沉沙池可起初级过滤作用。二是去除铁物质。一般水中含沙量超过 200mg/L 或水中含有氧化铁，均需修建沉沙池进行水质处理。

沉沙池设计应遵循以下原则：灌溉系统的取水口尽量远离沉沙池的进水口；在灌溉季节结束后，沉沙池必须能保证清除掉所沉积的泥沙；灌溉系统尽量提取沉沙池的表层水；在满足沉沙速度和沉沙面积的前提下，应建窄长形沉沙池；从过滤器反冲出的水应回流至沉沙池，但其回水口应尽量远离灌溉系统的取水口。

3. 过滤器的选型　过滤器在微灌系统中起着非常重要的作用，不同类型的过滤器对不同杂质的过滤能力不同。在设计选型时，一定要根据水源的水质情况、系统流量及灌水器要求，选择既能满足系统要求，且操作方便的过滤器类型及组合。过滤器选型一般有以下步骤：

第一步，根据灌溉水杂质种类及各类杂质的含量选择过滤器类型。地面水（江河、湖泊、塘库等）一般含有较多的沙石和有机物，宜选用沙石过滤器作为一级过滤，如果杂质体积比较大，还需要用拦污栅作初级拦污过滤；如果含沙量大，还需要设置沉沙池做初级拦污过滤。地下水（井水）杂质一般以沙石为主，宜选用离心式过滤器作为一级过滤。无论是沙石过滤器还是离心式过滤器，都可以根据需要选用筛网式过滤器或叠片式过滤器作为二级过滤。对于水质较好的水源，可直接选用筛网式或叠片式过滤器。表 5-3 总结了不同类型过滤器对去除浇灌水中不同污物的有效性。

表 5-3 过滤器的类型选择

污物类型	污染程度	定量标准（mg/L）	离心式过滤器	沙石过滤器	叠片式过滤器	自动冲洗筛网过滤器	控制过滤器的选择
土壤颗粒	低	≤50	A	B	—	C	筛网
	高	>50	A	B	—	C	筛网
悬浮固定物	低	≤80	—	A	B	C	叠片
	高	>80	—	A	B	—	叠片
藻类	低	—	—	B	A	C	叠片
	高	—	—	A	B	C	叠片
氧化铁和锰	低	≤50	—	B	A	A	叠片
	高	>50	—	A	B	B	叠片

注：控制过滤器指二级过滤器。A 为第一选择方案；B 为第二选择方案；C 为第三选择方案。

第二步，根据灌溉系统所选灌水器对过滤器的能力要求确定过滤器的目数大小。一般来说，微喷要求 80～100 目过滤，滴灌要求 100～150 目过滤。

第三步，根据系统流量确定过滤器的过滤容量。

第四步，确定冲洗类型。在有条件的情况下，建议采用自动反冲洗类型，以减少维护和工作量。特别是劳力短缺及灌溉面积大时，自动反冲洗过滤器应优先考虑。

第五步，考虑价格因素。对于具有相同过滤效果的不同过滤器来说，选择过滤器时主要考虑价格高低，一般沙介质过滤器是最贵的，而叠片式或筛网式过滤器则是相对便宜的。

（三）控制和量测设备

为了确保灌溉施肥系统正常运行，首部枢纽中还必须安装控制装置保护装置、量测装置，如进排气阀、逆止阀、压力表和水表等。

1. 控制部件 控制部件的作用是控制水流的流向、流量和总供水量。它是根据系统设计灌水方案，有计划地按要求的流量将水流分配输送至系统的各部分，主要有各种阀门和专用给水部件。

（1）给水栓。给水栓是指地下管道系统的水引出地面进行灌溉的放水口，根据体结构形式可分为移动式给水栓、半固定式给水栓和固定式给水栓（图 5-16）。

图 5-16 给水栓

（2）阀门。阀门是喷灌系统必用的部件，主要有闸阀、蝶阀、球阀、截止阀、止回阀、安全阀、减压阀等（图 5-17～图 5-22）。在灌溉系统中，不同的阀门起着不同的作用。使用时，可根据实际情况选用不同类型的阀门。表 5-4 列出了各类阀门的作用、特点及应用，在选择时供参考。

图 5-17　闸阀　　图 5-18　蝶阀　　图 5-19　PVC 球阀

图 5-20　截止阀　　图 5-21　止回阀　　图 5-22　减压阀

表 5-4　各类阀门的作用、特点及应用

阀门类型	作　用	特点及应用
闸阀	截断和接通管道中的水流	阻力小，开关力小，水可从两个方向流动，占用空间较小，但结构复杂，密封面容易被擦伤而影响止水功能，高度较大
球阀	截断和接通管道中的水流	结构简单，体积小，重量轻，对水流阻力小，但启闭速度不易控制，可能使管内产生较大的水锤压力。多安装于喷洒支管进口处，控制喷头，而且可起到关闭移动支管接口的作用
蝶阀	开启可关闭管道中的水流流动，也可起调节作用	启闭速度较易控制，常安装于水泵出水口处

（续）

阀门类型	作　用	特点及应用
止回阀	防止水流逆流	阻力小，顺流开启，逆流关闭，水流驱动，可防止水泵倒转和水流倒流产生水锤压力，也可防止管道中肥液倒流而腐蚀水泵，污染水源
安全阀	压力过高时打开泄压	安装于管道始端和易产生水柱分享处，防止水锤
减压阀	压力超过设定工作压力自动打开，降低压力，保护设备	安装于地形较陡管线急剧下降处的最低端，或当自压喷灌中压力过高时安装于田间管道入口处
空气阀	排气、进气	管道内有高压空气时排气，防止管内产生真空时气，防止负压破坏。安装于系统最高处和局部高处

（3）自动阀。自动阀的种类很多，其中电磁阀是在自动化灌溉系统中应用最多的一种，电磁阀是通过中央控制器传送的电信号来打开或关闭阀门的。其原理是电磁阀在接收到电信号后，电磁头提升金属塞，打开阀门上游与下游之间的通道，使电磁阀内橡胶隔膜上面与下面形成压差，阀门开启（图5-23）。

图5-23　电磁阀

2. 安全保护装置　灌溉系统运行中不可避免地会遇到压力突然变化、管道进气、突然停泵等一些异常情况，威胁到系统。因此。在灌溉系统相关部位必须安装安全保护装置，防止系统内因压力变化或水倒流对灌溉设备产生破坏，保证系统正常运行。常用的设备有进（排）气阀、安全阀、调压装置、逆止阀、泄水阀等。

（1）进（排）气阀。进（排）气阀是能够自动排气和进气，且当压力水来时能够自动关闭的一种安全保护设备。主要作用是排除管内空气，破坏管道真空，有些产品还具有止回水功能。当管道开始输水时，管道内的空气受水的挤压向管道高处集中，如空气无法排出，就会减小过水断面，严重时会截断水流，还会造成高于工作压力数倍的压力冲击。当水泵停止供水时，如果管道中有较低的出水口（如灌水器），则管道内的水会流向系统低处而向外排出，此时会在管内较高处形成真空负压区，压差较大时对管道系统不利。解决此类问题的方法便是在管道系统的最高处和管路中凸起处安装进（排）气阀。进（排）气阀是管路安全的重要设备，不可缺少。一些非专业的设计不安装进（排）气阀造成爆管及管道吸扁，使系统无法正常工作。

（2）安全阀。安全阀是一种压力释放装置，当管道的水压超过设定压力时自动打开泄压，防止水锤事故，一般安装在管路的较低处。在不产生水柱分离的情况下，安全阀安装在系统首部（水泵出水端），可对整个喷灌系统起保护作用。如果管道内产生水柱分离，则必须在管道沿程一处或几处安装安全阀才能达到防止水锤的目的（图 5-24）。

图 5-24　安全阀

3. 流量与压力调节装置　当灌溉系统中某些区域实际流量和压力与设计工作压力相差较大时，就需要安装流量与压力调节装置来调节管道中的压力和流量，特别是在利用自然高差进行自压喷灌时，往往存在灌溉区管道内压力分布不均匀，或实际压力大于喷头工作压力，导致流量与压力很难满足要求，也给喷头选型带来困难。此时，除进行压力分区外，在管道系统中安装流量与压力调节装置是极为必要的。流量与压力调节装置都是通过自动改变过水断面来调节流量与压力的，实际上是通过限制流量的方法达到减小流量或压力的一种装置，并不会增加系统流量或压力。根据此工作原理，在生产实践中，考虑到投资问题，也有用球阀、闸阀、蝶阀等作为调节装置的，但这样一方面会影响到阀门的使用寿命，另一方面也很难进行流量与压力的精确调节。

4. 量测装置　灌溉系统的量测装置主要有压力表、流量计和水表。其作用是系统工作时实时监测管道中的工作压力和流量，正确判断系统工作状态，及时发现并排除系统故障。

（1）压力表。压力表是所有设施灌溉系统必需的量测装置，它是测量系统管道内水压的仪器，它能够实时反映系统是否处于正常工作状态。当系统出现故障时，可根据压力表读数变化的大小初步判断可能出现的故障类型，压力表常安装于首部枢纽、轮灌区入口处、支管入口处等控制节点处，实际数量及具体位置要根据喷灌区面积、地形复杂程度等确定。在过滤器前后一般各需安装 1 个压力表，通过两端压力差大小判断过滤器堵塞程度，以便及时清洗，防止过滤器堵塞减小过水断面，造成田间工作压力及流量过小而影响灌溉质量。喷灌用压力表要选择灵敏度高、工作压力处于压力表主要量程范围内、表盘较大、易于观看的优质产品。喷灌系统工作状态除田间观察外，主要由压力表反映。因此，必须保证压力表处于正常工作状态，出现故障要及时更换（图 5-25）。

（2）流量计和水表。流量计和水表都是量测水流流量的仪器，两者不同之处是流量计能够直接反映管道内的流量变化，不记录总过水量（图 5-26）；而水表反映的是通过管道的累积水量，不能记录实时流量，要获得系统流量时需要观测计算，一般安装于首部枢纽或干管上。在配备自动施肥机的喷灌系统，由于施肥机需要按系统流量确定施肥量的大小，因而需安装一个自动量测水表。

图 5-25　压力表

图 5-26　电子式流量表

三、输配水管网

水肥一体化技术中，输配水管网包括干管、支管和毛管，由各种管件、连接件和压力调节器等组成，其作用是向果园输水肥和配水肥。

管道系统分为输配干管、田间支管和连接支管与灌水器的毛管，对于固定式微灌系统的干管与支管以及半固定式系统的干管，由于管内流量较大，常年不动，一般埋于地下。在我国，生产实践中应用最多的是硬塑料管（PVC）。

1. 灌溉用的管道　灌溉系统的地面用管较多，由于地面管道系统暴露在阳光下容易老化，缩短使用寿命，因而微灌系统的地面各级管道常用抗老化性能较好、有一定柔韧性的高密度聚乙烯管（HDPE），尤其是微灌用毛管，基本上都用聚乙烯管，其规格有 12mm、16mm、20mm、25mm、32mm、40mm、50mm、63mm 等，其中 12mm、16mm 主要作为滴灌管用。连接方式有内插式、螺纹连接式和螺纹锁紧式 3 种，内插式用于连接内径标准的管道，螺纹锁紧式用于连接外径标准的管道，螺纹连接式用于 PE 管道与其他材质管道的连接。

2. 管件　微灌用的管件主要有直通、三通、旁通、管堵、胶垫。直通用于两条管的连接，有 12mm、16mm、20mm、25mm 等规格。从结构分类，分别有承插直通（用于壁厚的滴灌管）、拉扣直通和按扣直通（用于壁薄的滴灌管）、承插拉扣直通（一端是倒刺，另一端为拉扣，用于薄壁与厚壁管的连接）。三通用于 3 条滴灌管的连接，规格和结构同直通。旁通是用于输水管（PE 或 PVC）与滴灌管的连接，有 12mm、16mm、20mm 等规格，有承插和拉扣两种结构。管堵是封闭滴灌管尾端的配件，有“8”字形（用于厚壁管）和拉扣形（用于薄壁管）。胶垫通常与旁通一起使用，压入 PVC 管材的孔内，然后安装旁通，这样可以防止接口漏水。

四、灌水器

灌水器是灌溉系统中的最关键的部件，是直接向作物灌水的设备。其作用是将灌溉施肥系统中的压力水（肥液）等，通过不同结构的流道和孔口，消减压力，使水流变成水滴、雾状、细流或喷状，直接作用于作物根部或叶面。微灌系统的灌水器根据结构和出流形式不同主要有滴头、滴灌管、滴灌带、微喷头四类。其作用是把管道内的压力水流均匀而又稳定地灌到作物根区附近的土壤中。

1. 滴头 滴头要求工作压力为50～120kPa，流量为1.5～12L/h。滴头应满足以下要求：一是精度高，其制造偏差系数Cv值应控制在0.07以下；二是出水量小而稳定，受水压变化的影响较小；三是抗堵塞性能强；四是结构简单，便于制造、安装、清洗；五是抗老化性能好，耐用，价格低廉。

滴头的分类方法很多，按滴头的消能方式，可分为长流道型头、孔口型滴头、涡流型滴头、压力补偿型滴头。

（1）长流道型滴头。长流道型滴头是靠水流在流道壁内的沿程阻力来消除能量，调节出水量的大小，如微管滴头、内螺纹管式滴头等。其中，内螺纹管式滴头利用两端倒刺结构连接于两段毛管中间，本身成为毛管一部分，水流绝大部分通过滴头体腔流向下一段毛管，很少一部分则通过滴头体内螺纹流道流出（图5-27）。

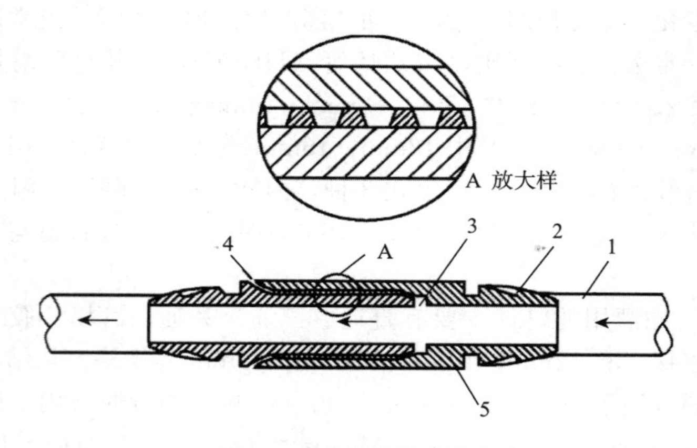

图5-27 内螺纹管式滴头

1. 毛管 2. 滴头 3. 滴头出水口 4. 螺纹流道槽 5. 流道

（2）孔口型滴头。孔口型滴头是通过特殊的孔口结构以产生局部水头损失来消能和调节滴头流量的大小。其原理是毛管中有压水流经过孔口收缩、突然变大及孔顶折射 3 次消能后，连续的压力水流变成水滴或细流（图 5-28）。

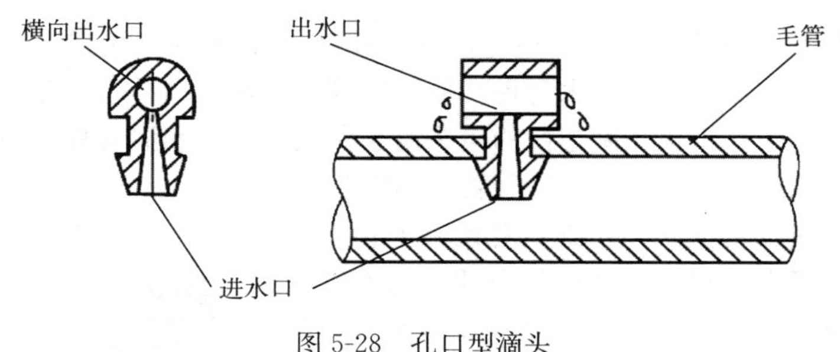

图 5-28　孔口型滴头

（3）涡流型滴头。涡流型滴头的工作原理是当水流进入灌水器的涡流室内时形成涡流，通过涡流达到消能和调节出水量的目的。水流进入涡室内，由于水流旋转产生的离心力迫使水流趋向涡流室的边缘，在涡流中心产生一低压区，使位于中心位置的出水口处压力较低，从而调节出流量（图 5-29）。

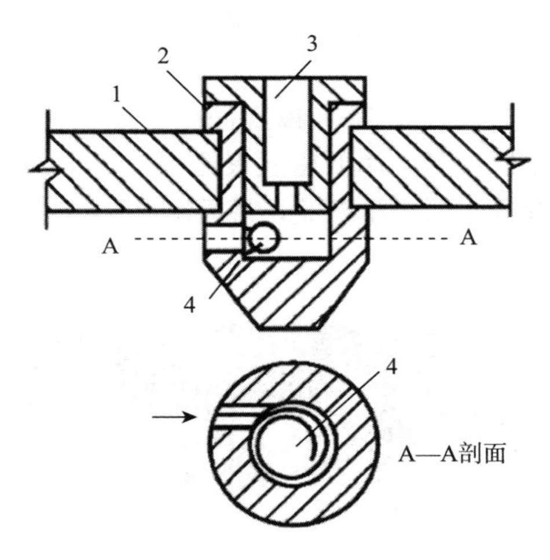

图 5-29　涡流型滴头

1. 毛管　2. 滴头体　3. 出水口　4. 涡流室

（4）压力补偿型滴头。压力补偿型滴头是利用有压水流对滴头内的弹性体产生压力变形，通过弹性体的变形改变过水断面的面积，从而达到调节滴头流量的目的，也就是当压力增大时，弹性体在压力作用下会对出流口产生部分阻挡作用，减小过水断面积；而当压力减小时，弹性体会逐渐恢复原状，减小对出流口的阻挡，增大过水断面积，从而使滴头出流量自动保持稳定。一般压力补偿性滴头只有在压力较高时保证出流量不会增加，但当压力低于工作压力时则不会增加液头流量，因而在滴灌设计时要保证最不利灌溉点的压力满足要求，压力最高处也不能超过滴头的压力补偿范围，否则必须在管道中安装压力调节装置。

2. 滴灌管 滴灌管是在制造过程中将滴头与毛管一次成型为一个整体的灌水装置，它兼具输水和滴水两种功能。按滴管（带）的结构可分为两种，在毛管制造过程中，将预先制造好的滴头镶嵌在毛管内的滴灌管称为内镶式滴灌管。内镶式滴灌管有片式滴灌管和管式滴灌管两种。

（1）片式滴灌管。片式滴灌管是指毛管内部装配的滴头仅为具有一定结构的小片，与毛管内壁紧密结合，每隔一定距离（即滴头间距）装配一个，并在毛管上与滴头水流出口对应处开一小孔，使已经过消能的细小水流由此流出进行灌溉（图 5-30）。

图 5-30　内镶贴片式滴灌管

（2）管式滴灌管。管式滴灌管是指内部镶嵌的滴头为一柱状结构，根据结构形式又分为紊流迷宫式滴灌管、压力补偿型滴灌管、内镶薄壁式滴灌管和短道迷宫式滴灌管。

①紊流迷宫式滴灌管。以 1979 年欧洲滴灌公司设计生产的冀-2 型（GR）最具代表性，该滴头呈圆柱形，用低密度聚乙烯（LDPE）材料注射成型，外壁有迷宫流道。当水流通过时产生紊流，最后水流从对称布置在流道末端的水室上的两个孔流出（图 5-31）。

图 5-31　紊流迷宫式滴灌管

②压力补偿型滴灌管。压力补偿型滴灌管是为适应果园中地块直线距离较长且地势起伏大的需要而设计的，它的滴头具有压力自动功能，能在 8～45m 水头压力工作范围内保持比较恒定的流量，有效长度可达 400～500m。它是在

固定流道中，用弹性柔软的材料作为压差调节元件，构成一段横断面可调流道，使滴头流量保持稳定。采用的形式有长流道补偿式、鸭嘴形补偿式、弹片补偿式和自动清洗补偿式等。

3. 薄壁滴灌管　目前，国内使用的薄壁滴灌管有两种：一种是在 0.2～1.0mm 厚的薄壁滴灌管上按一定间距打孔，灌溉水由孔口喷出湿润土壤；另一种是在薄壁滴灌管的一侧热合出各种形状的流道，灌溉水通过流道以水滴的形式湿润土壤，称为单翼迷宫式滴灌管（图 5-32）。

图 5-32　单翼迷宫式滴灌管

滴灌管和滴灌带均有压力补偿式与非压力补偿式两种。

4. 微喷头　微喷头是将压力水流以细小水滴喷洒在土壤表面的灌水器。微喷头的工作压力一般为 50～350kPa，其流量一般不超过 250L/h，射程一般小于 7m。

较好的微喷头应满足以下基本要求：一是制造精度高。由于微喷头流道尺寸较小，且对流量和喷洒特性的影响大，因而微喷头的制造偏差 Cv 值不大于 0.11。二是微喷头原材料要具有较高的稳定性和光稳定性。微喷头所使用的材料应具有良好的自润滑性和较好的抗老化性。三是微喷头及配件在规格上要有系列性和较高的可选择性。由于微喷灌是一种局部灌溉，其喷洒的水量分布、喷洒特性、喷灌强度等均由单个喷头决定，一般不进行微喷头间的组合，因而对不同的作物、土壤和地块形状，要求不同喷洒特性的微喷头进行灌水，在同一作物（尤其是果树）的不同生长阶段，对灌水量及喷洒范围等都有不同的要求，因而微喷头要求产品在流量、灌水强度及喷洒半径等方面有较好的系列性，以适应不同作物和不同场合。

微喷头按结构和工作原理，可以分为折射式、旋转式、离心式、缝隙式和射流式 5 类。其中，折射式、缝隙式、离心式微喷头没有旋转部件，属于固定式喷头；自由射流式喷头具有旋转或运动部件，属于旋转式微喷头。

（1）折射式微喷头。折射式微喷头主要由喷嘴、折射破碎机构和支架 3 部分构成，如图 5-33 所示。其工作原理是水流由喷嘴垂直向上喷出，在折射破碎机构的作用下，水流受阻改变方向，被分散成薄水层向四周射出，在空气阻力作用下形成细小水滴喷洒到土壤表面，喷洒图形有全圆、扇形、条带状、放射状水束或呈雾化状态等。折射式微喷头又称为雾化微喷头，其工作压力一般为 100～350kPa，射程为 1.0～7.0m，流量为 30～250L/h。折射式微喷头的优点是结构简单，没有运动部件，工作可靠，价格便宜；缺点是由于水滴太小，在空气十分干燥、温度高、风力较大且多风的地区，蒸发漂移损失较大。

（2）旋转式微喷头。旋转式微喷头主要由 4 个部件组成：插杆、接头、微管和喷头（图 5-34）。喷头由喷嘴、支架、转轮 3 部分组成。微喷头旋转体采用异形喷洒折射体，喷洒折射体的折射曲面是组合双曲面，其工作原理是压力水流从喷嘴喷出后，呈线状束流射出，进入转轮的导流槽内，水流经转轮的组合双曲面的导流、折射，产生向后的推力，推动转轮高速旋转，折射后的水流沿转轮旋转的切向方向以一定的仰角射出并粉碎，在其有效射程之内均匀地喷洒，使以旋转轴为心的圆形区域内水量喷洒满足均匀度要求。旋转式微喷头工作压力一般为 200～300kPa，射程为 2.0～4.0m，流量为 30～100L/h。在蔬菜、果园、苗圃以及花卉等经济作物的灌溉中得到了广泛的应用。

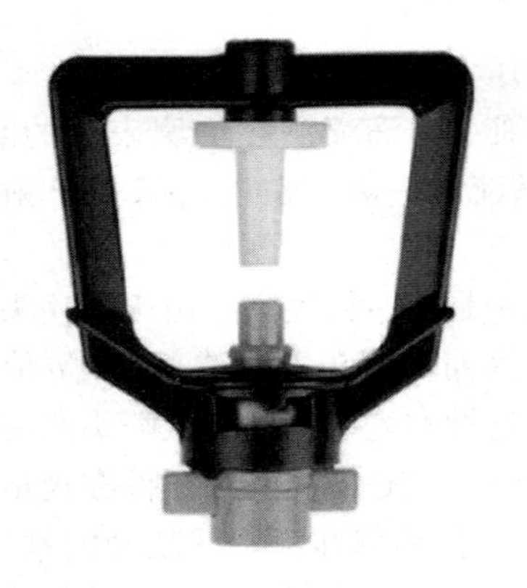
图 5-33　折射式微喷头

图 5-34　旋转式为喷头

（3）离心式微喷头。离心式微喷头主要由喷嘴、离心室和进水口接头构成（图 5-35）。其工作原理是：压力水流从切线方向进入离心室，绕垂直轴旋转，通过离心室中心的喷嘴射出，在离心力的作用下呈水膜状，在空气阻力的作用下水膜被粉碎成水滴散落在微喷头四周。离心式喷头具有结构简单体积小、工作压力低、雾化程度高、流量小等特点。喷洒形式一般为全圆喷洒，由于离心室流道尺寸可设计得比较大，减少了堵塞的可能性，从而对过滤的要求较低。

图 5-35　可调式离心式微喷头

（4）缝隙式微喷头。缝隙式微喷头一般由两部分组成，下部是底座，上部是带有缝的盖，如图 5-36 所示。其工作原理是水流从缝隙中喷出的水舌，在空气阻力作用下，裂散成水滴的微喷头。缝隙式微喷头从结构来说实际上也是折射式微喷头，只是折射破碎机构与喷嘴距离非常近，形成一个缝隙。

图 5-36　缝隙式微喷头

（5）射流式微喷头。射流式微喷头又称为旋转式微喷头，主要由折射臂支架、喷嘴和连接部件构成。其工作原理是压力水流从喷嘴喷出后，集中成一束，向上喷射到一个可以旋转的单向折射臂上，折射臂上的流道开关不仅改变了水流的方向，使水流按一定喷射仰角喷出，而且还使喷射出的水舌对折射臂所产生反作用力，对旋转轴形成一个力矩，使折射臂做快速旋转，进行旋转喷洒，故此类微喷头一般均为全圆喷洒。射流式微喷头的工作压力一般为100～200kPa，喷洒半径较大，为1.5～7.0m，流量为45～250L/h，灌水强度较低，水滴细小，适合于果园、茶园、苗圃、蔬菜、城市园林绿地等。但由于有运动部件，加工精度要求较高，并且旋转部件容易磨损，大田应用时由于受太阳光照射容易老化，致使旋转部分运转受影响。因此，此类微喷头的主要缺点是使用寿命较短。

5. 灌水器的结构参数和水力性能参数 结构参数和水力性能参数是微灌灌水器的两个主要技术参数。结构参数主要指灌水器的几何尺寸，如流道或孔口的尺寸、流道长度及滴灌带的直径和壁厚等。水力性能参数主要指灌水器的流量、工作压力、流态指数、制造偏差系数，对于微喷头还包括射程、喷灌强度、水量分布等。表 5-5 列出了各类微灌水器的结构与水力性能参数。

表 5-5 微灌水器技术参数

灌水器种类	结构参数					水力性能参数				
	流道或孔口直径（mm）	流道长度（cm）	滴头或孔口间距（cm）	带管直径（mm）	带管壁厚（mm）	工作压力（kPa）	流量（L/h）或［L/(h·m)］	流态指数 X	制造偏差 Cv	射程（m）
滴头	0.5～1.2	30～50				50～100	1.5～12	0.5～1.0	<0.07	
滴灌带	0.5～0.9	30～50	30～100	10～16	0.2～1.0	50～100	1.5～30	0.5～1.0	<0.07	
微喷头	0.6～2.0					70～200	20～250	0.5	<0.07	0.5～4.0
涌水器	2.0～4.0					40～100	80～250	0.5～0.7	<0.07	
渗灌管（带）				10～20	0.9～1.3	40～100	2～5	0.5	<0.07	
压力补偿型								0～0.5	<0.15	

注：1. 渗灌管（带）出流量以 L/（h·m）计，其余流量以 L/h 计。

2. 各种灌水器都有压力补偿型，其参数均适用，通常 $X<0.3$ 为全补偿，其余为部分补偿。

3. Cv 值是《微灌灌水器——滴头》（SL/T 67.1—1994）的规定。

五、施肥设备

水肥一体化技术中常用到的施肥设备主要有压差施肥罐、文丘里施肥器、重力自压式施肥法、泵吸肥法、泵注肥法、注射泵、施肥机等。

1. 压差施肥罐

（1）基本原理。压差施肥罐，由两根细管（旁通管）与主管道相接，在主管道上两条细管接点之间设置一个节制阀（球阀或闸阀）以产生一个较小的压力差（1～2m 水压），使一部分水流流入施肥罐，进水管直达罐底，水溶解罐中肥料后，肥料溶液由另一根细管进入主管道，将肥料带以作物根区（图 5-37）。

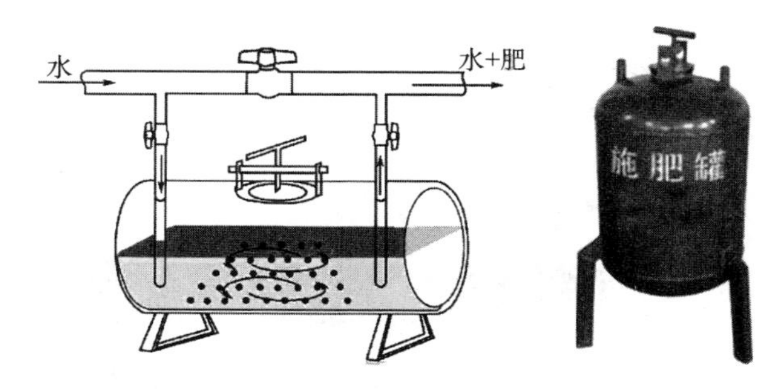

图 5-37 压差施肥罐示意图及立式金属施肥罐

肥料罐是用抗腐蚀的陶瓷衬底或镀锌铸铁、不锈钢或纤维玻璃做成，以确保经得住系统的工作压力和抗肥料腐蚀。在低压滴灌系统中，由于压力低（约10m 水压），也可用塑料罐，固体可溶肥料在肥料罐里逐渐溶解，液体肥料则与水快速混合。随灌溉进行，肥料不断被带走，肥料溶液不断被稀释，养分越来越低，最后肥料罐里的固体肥料都流走了。该系统较简单、便宜，不需要用外部动力就可以达到较高的稀释倍数。然而，该系统也存在一些缺陷，如无法精确控制灌溉水中的肥料注入速率和养分浓度，每次灌溉之前都得重新将肥料装入施肥罐内。节流阀增加了压力的损失，而且该系统不能用于自动化操作。肥料罐常做成 10～300L 的规格。一般温室果树大棚小面积地块用体积小的施肥罐，露地果树轮灌区面积较大的地块用体积大的施肥罐。

（2）优缺点。优点：设备成本低，操作简单，维护方便；适合施用液体肥料和水溶性固体肥料，施肥时不需要外加动力；设备体积小，占地少。缺点：为定量化施肥方式，施肥过程中的肥液浓度不均一；易受水压变化的影响；存在一定的水头损失，移动性差，不适宜用于自动化作业；锈蚀严重，耐用性差；由于罐口小，加入肥料不方便，特别是轮灌区面积大时，每次的肥料用量大，而罐的体积有限，需要多次倒肥，降低了工作效率。

（3）适用范围。压差施肥罐适用于包括温室果树大棚、露地果树种植等多种形式的水肥一体化灌溉施肥系统。对于不同压力范围的系统，应选用不同材质的施肥罐。因不同材质的施肥罐其耐压能力不同。

2. 文丘里施肥器

（1）基本原理。水流通过一个由大渐小然后由小渐大的管道时（文丘里管喉部），水流经狭窄部分时流速加大，压力下降，使前后形成压力差。当喉部有一更小管径的入口时，形成负压，将肥料溶液从敞口肥料罐通过小管径细管吸取上来。文丘里施肥器即根据这一原理制成（图 5-38）。文丘里施肥器用抗腐蚀材料制作，如塑料和不锈钢，现绝大部分为塑料制造。文丘里施肥器的注入速度取决于产生负压的大小（即所损耗的压力）。损耗的压力受施肥器类型和操作条件的影响，损耗量为原始压力的10%～75%。表5-6列出了压力损耗与吸肥量（注入速度）的关系。

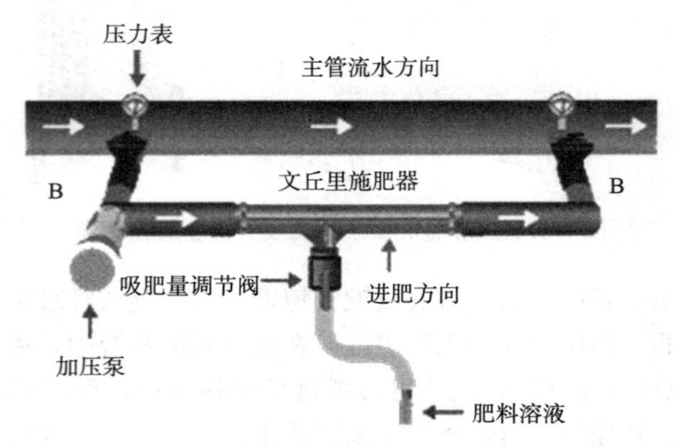

图5-38 文丘里施肥器示意图

表5-6 文丘里施肥器的压力损耗（产生负压时的压力差）**与吸肥量的关系**

序号	压力损耗（%）	流经文丘里管道的水流量（L/min）	吸肥量（L/h）
1	26	1.89	22.7
2	25	7.95	37.8
3	18	12.8	64.3
4	16	24.2	94.6
5	16	45.4	227.1
6	18	64.3	283.8
7	18	128.6	681.3
8	18	382	1 892
9	50	7.94	132.4
10	32	45.4	529.9
11	35	136.2	1 324.7
12	67	109.7	4 277

注：流经文丘里管道的水流量为压力0.35MPa时测定。

由于文丘里施肥器会造成较大的压力损耗，通常安装时加装一个小型增压泵。一般厂家均会告知产品的压力损耗，设计时根据相关参数配置加压泵或不加泵。

文丘里施肥器的操作需要有过量的压力来保证必要的压力损耗；施肥器入

口稳定的压力是养分浓度均匀的保证。压力损耗量用占入口处压力的百分数来表示，吸力产生需要损耗入口压力的 20%以上，但是两级文丘里施肥器只需损耗 10%的压力。吸肥量受入口压力、压力损耗和吸管直径影响，可通过控制阀和调节器来调整。文丘里施肥器可安装于主管路上（串联安装）或者作为管路的旁通件安装（并联安装）。在温室里，作为旁通件安装的施肥器，其水流由一个辅助水泵加压。

文丘里施肥器的主要工作参数有：一是进口处工作压力（$\rho_{进}$）。二是压差，压差（$\rho_{进}-\rho_{出}$）常被表达成进口压力的百分比，只有当此值降到一定值时，才开始抽吸。如前所述，这一值约为 1/3 的进口压力，某些类型高达 50%，较先进的可小于 15%。表 5-7 列出了压力差与吸肥量的关系。三是抽吸量。指单位时间里抽吸液体肥料的体积，单位为 L/h。抽吸量可通过一些部件调整。四是流量。指流过施肥器本身的水流量。进口压力和喉部尺寸影响着施肥器的流量。流量范围由制造厂家给定。每种类型只有在给定的范围内才能准确地运行。

表 5-7　文丘里施肥器压力差与吸肥量的关系

入口压力 P_1（kPa）	出口压力 P_2（kPa）	压力差 ΔP（kPa）	吸肥流量 Q_1（L/h）	主管流量 Q_2（L/h）	总流量（Q_1+Q_2）（L/h）
150	60	90	0	1 260	1 260
150	30	120	321	2 133	2 454
150	0	150	472	2 008	2 480
100	20	80	0	950	950
100	0	100	354	2 286	2 640

注：表中数据为天津水利科学研究所研制的单向阀文丘里注肥器测定。

（2）主要类型。

①简单型。这种类型结构简单，只有射流收缩段，无附件，因水头损失过大一般不宜采用。

②改进型。灌溉管网内的压力变化可能会干扰施肥过程的正常运行或引起事故。为防止这些情况发生，在单段射流管的基础上，增设单向阀和真空破坏阀。当产生抽吸作用的压力过小或进口压力过低时，水会从主管道流进储肥罐以至产生溢流。在抽吸管前安装一个单向阀，或在管道上装一球阀均可解决这一问题。当文丘里施肥器的吸入室为负压时，单向阀的阀芯在吸力作用下关闭，防止水从吸入口流出。

当敞口肥料桶安放在田块首部时，罐内肥液可能在灌溉结束时因出现负压面被吸入主管，再流至田间最低处，既浪费肥料而且可能烧伤作物。在管路中安装真空破坏阀，无论系统何处出现局部真空，都能及时补进空气。

有些制造厂提供各种规格的文丘里喉部，可按所需肥料溶液的数量进行调换，以使肥料溶液吸入速率稳定在要求的水平上。

③两段式。国外研制了的改进的两段式结构。使得吸肥时的水头损失只有入口处压力的12%～15%，因而克服了文丘里施肥器的基本缺陷，并使之获得了广泛的应用。不足之处是流量相应降低了。

（3）优缺点。文丘里施肥器的优点：设备成本低，维护费用低，操作简单；施肥过程可维持均一的肥液浓度，施肥过程无须外部动力；设备重量轻，便于移动和用于自动化系统；施肥时，肥料罐为敞开环境，便于观察施肥进程。

文丘里施肥器的缺点：施肥时，系统水头压力损失大；为补偿水头损失，系统中要求较高的压力；施肥过程中的压力波动变化大；为使系统获得稳压，需配备增压泵；不能直接使用固体肥料，需把固体肥料溶解后施用。

（4）适用范围。文丘里施肥器因其出流量较小，主要适用于小面积种植场所，如温室大棚种植或小规模果园。

（5）安装方法。在大多数情况下，文丘里施肥器安装在旁通管上（并联安装），这样只需部分流量经过射流段。当然，主管道内必须产生与射流管内相等的压力降。这种旁通运行可使用较小（较便宜）的文丘里施肥器，而且更便于移动。当不加肥时，系统也工作正常。当施肥面积很小且不考虑压力损耗时，也可用串联安装。

在旁通管上安装的文丘里施肥器，常采用旁通调压阀产生压差。调压阀的水头损失足以分配压力。如果肥液在主管过滤器之后流入主管，抽吸的肥水要单独过滤。常在吸肥口包一块100～120目的尼龙网或不锈钢网，或在肥液输送管的末端安装一个耐腐蚀的过滤器，筛网规格为120目。有的厂家产品出厂时已在管末端连接好不锈钢网。输送管末端结构应便于检查，必要时可进行清洗。肥液罐（或桶）应低于射流管，以防止肥液在不需要时自压流入系统。并联安装方法可保持出口端的恒压，适合于水流稳定的情况。当进口处压力较高时，在旁通管入口端可安装一个小的调压阀，这样在两端都有安全措施。

因文丘里施肥器对运行时的压力波动很敏感，应安装压力表进行监控。一般在首部系统都会安装多个压力表。节制阀两端的压力表可测定节制阀两端的压力差。一些更高级的施肥器本身即配有压力表供监测运行压力。

3. 重力自压式施肥法

（1）基本原理。在应用重力滴灌或微喷灌的场合，可以采用重力自压式施肥法。在南方丘陵山地果园，通常引用高处的山泉水或将山脚水源泵至高处的蓄水池。通常在水池旁边高于水池液面处建立一个敞口式混肥池，池大小在

0.5～5.0m^3，可以是方形或圆形，方便搅拌溶解肥料即可。池底安装肥液流出的管道，出口处安装 PVC 球阀，此管道与蓄水池出水管连接。池内用 20～30cm 长的大管径（如 Φ75mm 或 Φ90mm PVC 管）。管入口用 100～120 目尼龙网包扎。为扩大肥料的过流面积，通常在管上钻一系列的孔，用尼龙网包扎（图 5-39）。

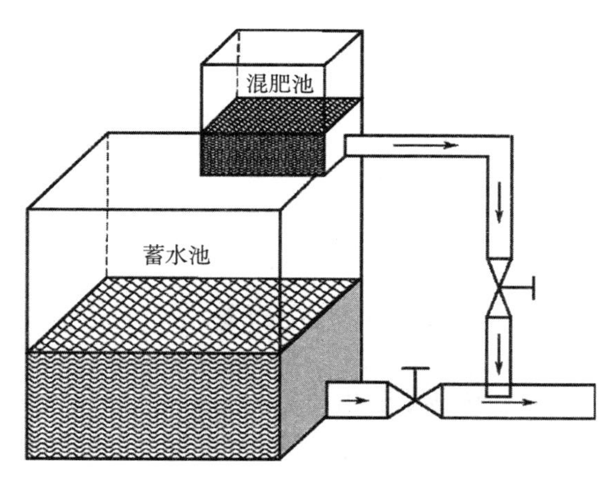

图 5-39　重力自压式施肥法示意图

（2）应用范围。我国华南、西南、中南等地有大面积的丘陵山地果园，非常适合采用重力自压式施肥法。很多山地果园在山顶最高处建有蓄水池，果园一般采用拖管淋灌或滴灌。此时采用重力自压式施肥法非常方便做到水肥结合。在华南地区的柑橘园、荔枝园、龙眼园有相当数量的果农采用重力自压式施肥法。重力自压式施肥法简单方便，施肥浓度均匀，农户易于接受。不足之处是必须把肥料运送到山顶。

4. 泵吸肥法　泵吸肥法是利用离心泵直接将肥料溶液吸入灌溉系统，适合于几十公顷以内面积的施肥。为防止肥料溶液倒流入水池而污染水源，可在吸水管上安装逆止阀。通常在吸肥管的入口包上 100～120 目滤网（不锈钢或尼龙），防止杂质进入管道。该法的优点是不需外加动力，结构简单，操作方便，可用敞口容器盛肥料溶液。施肥时，通过调节肥液管上阀门，可以控制施肥速度，精确调节施肥浓度。缺点是施肥时要有人照看，当肥液快完时，应立即关闭吸肥管上的阀门，否则会吸入空气，影响泵的运行（图 5-40）。

5. 泵注肥法　泵注肥法是利用加压泵将肥料溶液注入有压管道，通常泵产生的压力必须要大于输水管的水压，否则肥料注不进去。对用深井泵或潜水泵抽水直接灌溉的地区，泵注肥法是最佳选择。泵注肥法施肥速度可以调节，施肥浓度均匀，操作方便，不消耗系统压力。不足之处是要单独配置施肥泵。

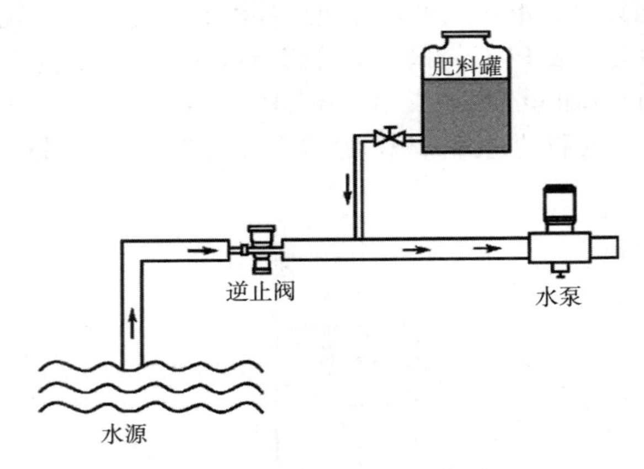

图 5-40　泵吸施肥法示意图

对施肥不频繁地区，普通清水泵可以使用，施完肥后用清水清洗，一般不生锈。但对于频繁施肥的地区，建议用耐腐蚀的化工泵。

6. 注射泵　在无土栽培技术应用普遍的国家（如荷兰、以色列等），注射泵的应用很普遍，有满足各种用户需要的产品。注射泵是一种精确施肥设备，可控制肥料用量或施肥时间，在集中施肥和进行复杂控制的同时还易于移动，不给灌溉系统带来水头损失，运行费较低等。但注射泵装置复杂，与其他施肥设备相比，价格昂贵，肥料必须溶解后使用，有时需要外部动力。对于电力驱动泵还存在特别风险，当系统供水受阻中断后，往往注肥仍在进行。目前常用的类型有膜式泵、柱塞泵等。

（1）水力驱动泵。这种泵以水压力为运行动力，因此在田间只要有灌溉供水管道就可以运行。一般的工作压力最小值是 0.3MPa。流量取决于泵的规格。同一规格的泵水压力也会影响流量，但可调节。此类泵一般为自动控制，泵上安有脉冲传感器将活塞或隔膜的运动转变为电信号来控制吸肥量。灌溉中断时注肥立即停止，停止施肥时泵会排出一部分驱动水。由于此类泵主要用于大棚温室中的无土栽培，一般安置在系统首部，但也可以移动。典型的水力驱动泵有隔膜泵和柱塞泵。

①隔膜泵。这种泵有两个膜部件，一个安装在上面，一个安装在下面，之间通过一根竖直杠杆连接。一个膜部件是营养液槽，另一个是灌溉水槽。灌溉水同时进入到两个部件中较低的槽，产生向上运动。运动结束时，分流阀将肥料吸入口关闭并将注射进水口打开，膜下两个较低槽中的水被射出。向下运动结束时，分流阀关闭出水口并打开进水口，再向上运动。当上方的膜下降时，开始吸取肥料溶液；而当向上运动时，则将肥料溶液注入以灌溉系统中。隔膜泵比柱塞泵昂贵，但是它的运动部件较少，而且组成部分与腐

蚀性肥料溶液接触的面积较小。隔膜泵的流量为 3～1 200L/h，工作压力为 0.14～0.8MPa。肥料溶液注入量与排水量之比为 1∶2。由一个计量阀和脉冲转换器组成的阀对泵进行调控，主要调控预设进水量与灌溉水流量的比例。可采用水力驱动的计量器来按比例进行加肥灌溉。在泵上安装电子微断流器将电脉冲转化为信息传到灌溉控制器来实现自动控制。隔膜泵的材料通常采用不锈钢或塑料（图 5-41）。

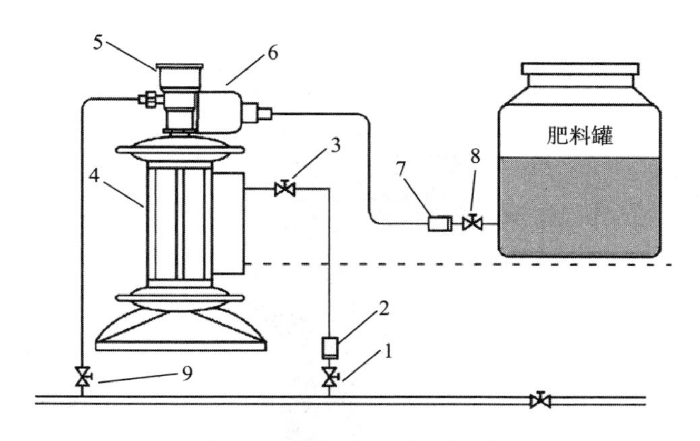

图 5-41　隔膜泵施肥工作原理

1. 动力水进口阀　2. 驱动水过滤阀　3. 调节阀　4. 肥料注射器　5. 逆止阀　6. 吸力阀　7. 肥料过滤器　8. 施肥　9. 肥料出口阀

②柱塞泵。柱塞泵利用加压灌溉水来驱动活塞。它所排放的水量是注入肥料溶液的 3 倍。泵外形为圆柱体，并含有一个双向活塞和一个使用交流电的小电机，泵从肥料罐中吸取肥料溶液并将它注入灌溉系统中。泵启动时，有一个阀门将空气从系统中排出，并防止供水中断时肥料溶液虹吸到主管。柱塞泵的流量为 1～250L/h，工作压力为 0.15～0.80MPa。可用流量调节器来调节泵的施肥量或在驱动泵的供水管里安装水计量阀来调节。与注射器相连的脉冲传感器可将脉冲转化为电信号，将信号传送给溶液注入量控制器。然后，控制器据此调整灌溉水与注入溶液的比例。在国内使用较多的为法国 DOSATRONL 国际公司的施肥泵和美国 DOSMATIC 国际公司的施肥泵。均有多种型号，肥水稀释比例从几百至几千倍不等（表 5-8、图 5-42、图 5-43）。

表 5-8　美国 DOSMATIC 国际公司几种型号的施肥泵技术参数

型号	最小流量（L/min）	最大流量（m^3/h）	最小稀释比例	最大稀释比例	压力范围（kPa）
A10-2.5%	0.1	2.7	200∶1	40∶1	40～690
A15　4mL	0.15	4.5	4 000∶1	250∶1	27～600

（续）

型号	最小流量（L/min）	最大流量（m^3/h）	最小稀释比例	最大稀释比例	压力范围（kPa）
A30-2.5%	0.9	6.8	500∶1	40∶1	33～690
A30 4mL	0.9	6.8	4 000∶1	250∶1	33～690
A40-2.5%	1.9	9.1	500∶1	40∶1	22～690
A80-2.5%	3.8	18	500∶1	100∶1	33～690
A120（单注射）	57	27.2	500∶1	100∶1	140～820

图 5-42　美国 DOSMATIC 国际公司的施肥泵

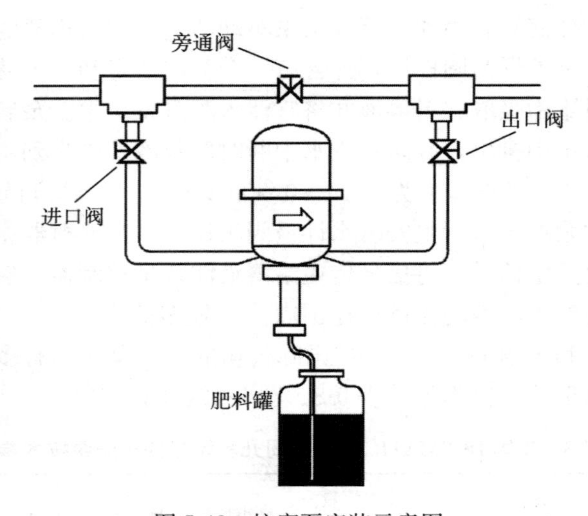

图 5-43　柱塞泵安装示意图

（2）电机或内燃机驱动施肥泵。电动泵类型及规格很多，有从仅供几升的小流量泵到与水表连接能按给定比例注射肥料溶液和供水的各种泵型。因需电源，这些泵适合在固定的场合，如温室或井边使用。因肥料会腐蚀泵体，常用不锈钢或塑料材质制造。用内燃机（含拖拉机）驱动的泵常见的是机载的喷油机泵，泵应是耐腐蚀的，并需配置数百升容积的施肥罐。优点是启动和停机均靠手动操作，便于移动，供水量可以调节等。

第二节　智慧灌溉系统

一、智慧灌溉决策

（一）灌水决策

1. 原理　以土壤含水量为依据，当土壤含水量低于田间持水量的60%时开始灌水，土壤含水量达到田间持水量的80%时停止灌水；同时，考虑自然降水因素。

2. 方法

（1）当土壤含水量低于田间持水量的60%时：

①若未来3d无自然降水，则开始灌水；

②若未来3d有自然降水，则暂不灌水；待自然降水结束后，若土壤含水量仍低于田间持水量的60%，则开始灌水。

（2）当土壤含水量达到田间持水量的80%时，停止灌水。

（二）施肥决策

1. 原理　根据养分平衡法计算施肥量。

$$肥料年施用量=\frac{养分年吸收量-土壤养分供应量}{肥料中养分含量百分比\times肥料利用率}$$

2. 方法

（1）幼树期。

$$氮肥年施用量（kg/667m^2）=\frac{0.67\times主干粗度\times养分吸收参数}{肥料中养分含量百分比\times肥料利用率}$$

$$磷肥年施用量（kg/667m^2）=\frac{0.5\times主干粗度\times养分吸收参数}{肥料中养分含量百分比\times肥料利用率}$$

$$钾肥年施用量（kg/667m^2）=\frac{0.5\times主干粗度\times养分吸收参数}{肥料中养分含量百分比\times肥料利用率}$$

幼树期肥料单次施用量占年施用量的比例如表5-9所示：

表5-9　幼树期肥料单次施用量占年施用量的比例

肥料种类	单次施用量占年施用量的比例（%）		
	3月下旬	5月下旬	9月上中旬
氮肥	40	30	30

（续）

肥料种类	单次施用量占年施用量的比例（%）		
	3月下旬	5月下旬	9月上中旬
磷肥	25	25	50
钾肥	30	35	35

（2）结果期。

$$氮肥年施用量（kg/667m^2）=\frac{0.0067\times目标产量\times养分吸收参数}{肥料中养分含量百分比\times肥料利用率}$$

$$磷肥年施用量（kg/667m^2）=\frac{0.005\times目标产量\times养分吸收参数}{肥料中养分含量百分比\times肥料利用率}$$

$$钾肥年施用量（kg/667m^2）=\frac{0.005\times目标产量\times养分吸收参数}{肥料中养分含量百分比\times肥料利用率}$$

结果期肥料单次施用量占年施用量的比例如表5-10所示：

表5-10 结果期肥料单次施用量占年施用量的比例

肥料种类	单次施用量占年施用量的比例（%）		
	3月下旬	5月下旬	9月上中旬
氮肥	60	20	20
磷肥	40	40	20
钾肥	30	55	15

（三）水肥一体化常用肥料及养分含量 见表5-11。

表5-11 水肥一体化常用肥料及养分含量

肥料种类	肥料名称	养分含量（%）		
		N	P_2O_5	K_2O
氮肥	尿素	46	—	—
	硝酸铵	35	—	—
	氯化铵	26	—	—
	硫酸铵	21	—	—
	碳酸氢铵	17	—	—
	硝酸钙	13	—	—
磷肥	磷酸（75%）	—	54	—
钾肥	氯化钾	—	—	60
	硫酸钾	—	—	50

（续）

肥料种类	肥料名称	养分含量（%）		
		N	P_2O_5	K_2O
复合肥	磷酸二氢钾	—	52	35
	磷酸二铵	18	46	—
	磷酸一铵	11	59	—
	硝酸钾	13	—	46

注：施肥时，储肥罐中肥液浓度无特殊要求，以使肥料充分溶解为度。

二、硬件系统

（一）果树冠层、中部与底部微域环境温湿度及大气压信息精准获取装置

当前，用于检测空气温湿度的传感器有许多种类型，既有单独测空气温度的传感器，又有单独测空气湿度的传感器，还有同时测空气温湿度的温湿度传感器。由于现代果园矮化密植，果园冠层、中部与底部的环境差异，特别是在生长旺季的夏天14：00，冠层与底部的温度差将近1℃。为此，需要精度高的温湿度传感器，综合精度与成本考虑，选用SHT30和MS5611传感器进行果园微域环境的温湿度与大气压的智能感知，如图5-44所示。

图5-44　SHT30和MS5611

SHT30传感器温度的测量采用热电偶的方法，热电偶由两种不同材料的金属丝组成，两种丝材的一端焊接在一起，形成工作端，置于被测温度处；另一端称为自由端，与测量仪表相连，形成一个封闭回路。当工作端与自由端的温度不同时，回路中就会出现热电动势，经过电路的转换将这个电压的变化送到单片机，转化成机器能够识别的信号。

SHT30传感器湿度的测量是使用沉积在两个导电电极上的聚胺盐或醋酸纤维聚合物薄膜（一种高分子化合物），当薄膜吸水或失水后，会改变两个电极间的介电常数。进而引起电容器容量的变化，利用外部测量电路可将电容器

的容量变化进行捕捉、转化处理，最终在输出端显示成易识别的信号。

大气压传感器采用MS5611传感器，该传感器模块包括一个高线性度的压力传感器和一个超低功耗的24位Σ模数转换器。

MS5611提供了一个精确的24位数字压力值和温度值以及不同的操作模式，可以提高转换速度并优化电流消耗。高分辨率的温度输出无须额外传感器可实现高度计/温度计功能。几乎可以与任何微控制器连接。

通信协议简单，无须在设备内部寄存器编程。MS5611压力传感器只有5.0mm×3.0mm×1.0mm的小尺寸可以集成在移动设备中。

（二）果树根部温湿度电导率与pH信息精准获取装置

目前，国内外有很多种土壤水分测定方法，进而有不同的土壤水分传感器。例如，时域反射法（TDR）、石膏法、红外遥感法、频域反射法/频域法（FDR/FD法）、滴定法、电容法、电阻法、微波法、中子法、Karl Fischer法、γ射线法和核磁共振法等。

SMTS-II-485L创新一代土壤水分、温度、电导率三合一传感器（图5-45），是采用全新的技术方案研发的土壤传感器，其工作原理采用频域反射法（FDR）测定方法，可同时测量土壤水分、温度和电导率，并且进行参数之间的补偿计算，消除了电导对水分、温度对水分、温度对电导率的影响，补偿运算，精确求值。该传感器可用于盐碱地的水分测量，不受土壤含盐量的影响，准确测量出土壤含水量。

pH传感器是用来检测被测物中氢离子浓度并转换成相应的可用输出信号的传感器，通常由化学部分和信号传输部分构成（图5-46）。

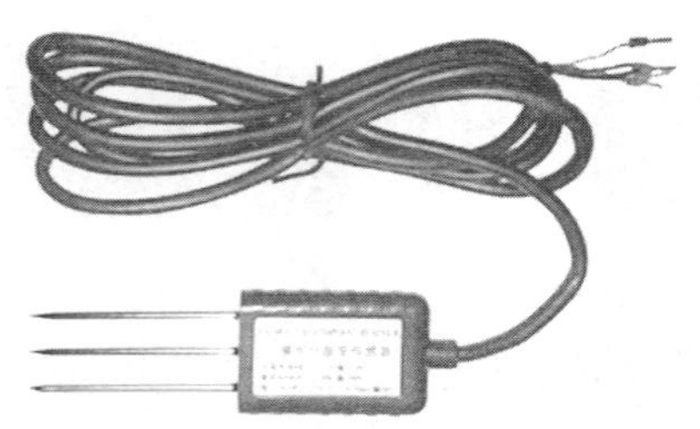

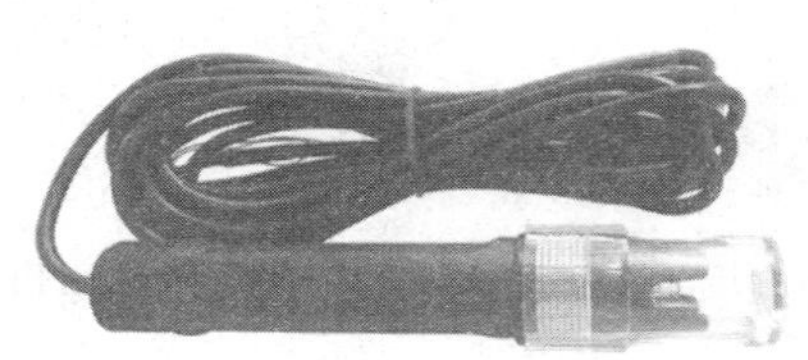

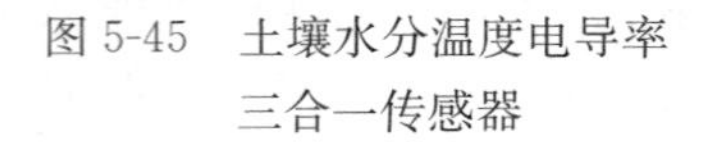

图5-45　土壤水分温度电导率三合一传感器

图5-46　pH传感器

pH测量属于原电池系统，它的作用是使化学能转换成电能，此电池的端电压被称为电极电位；此电位由两个半电池构成，其中一个称为测量电极，另一个称为参比电极。具体原理见第二章第一节中的“土壤pH感知”。

（三）果园冠层光合有效辐射信息精准获取装置

光合有效传感器采用硅光探测器，通过一个400～700nm的光学滤光器，当有光照时，产生一个与入射辐射强度成正比的电压信号，并且其灵敏度与入射光的直射角度的余弦成正比。每台光合有效辐射传感器都给出各自的灵敏度，并可以直接读出单位为 μmol/m^2 · s 的测量数值。

植物的 5 种光合反应，即光合作用、色素合成、光周期现象、趋光性和光形态诱变，都集中在波长 400～700nm 范围内。所以，通常将 400～700nm 波段的辐射称为光合有效辐射，以符号 Q_p 代表，单位为 W/m^2，或以光量子通量密度来度量，单位为 μmol/（m^2 · s)。光合有效辐射是植物生命活动、有机物质合成和产量形成的能量来源。

NHGH09 光合有效辐射传感器采用光学材料窗口，铝合金壳体结构；具有结构坚固、密封性好、使用寿命长、测量精度高、稳定性好、传输距离长、抗外界干扰能力强等特点，符合世界气象组织（WMO）规范（CIMO Guide)。可广泛用于环境、农业、实验室等各类光合有效辐射测量的场合（图 5-47)。

（四）果园冠层雨量信息精准获取装置

水桶口收集雨水经过水嘴、漏斗注入翻斗。当一个斗室接水时，另一斗室处于等待状态。当集水容积达到设定值（6.28mL）时，由于重力的作用使其翻转，此时另一斗室便升至接水状态，接水达到设定值时使其翻转，如此反复交替形成接水、翻转过程。随着翻斗的翻转，翻斗侧面的磁钢对其上部磁控开关进行扫描，磁控开关随之接通、断开，即使磁控开关通断一次，输出一个脉冲信号，表示 0.2mm 降雨量，通过信号电缆输出给二次仪表，实现降雨量远程测量（图 5-48)。

图 5-47　光合有效辐射传感器

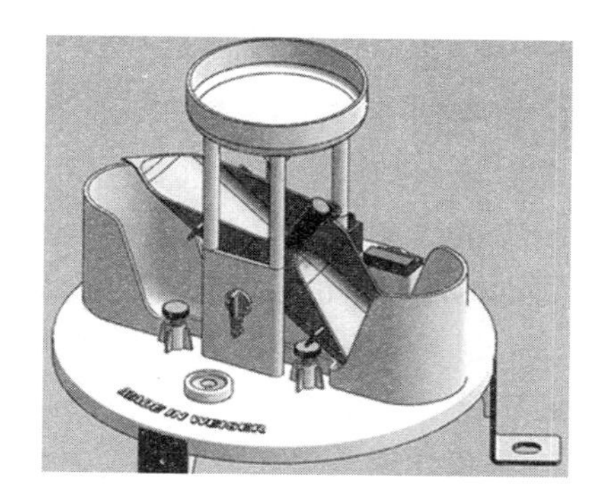

图 5-48　雨量检测原理

雨量传感器翻动部位是不锈钢轴与精密宝石轴承配合，不仅翻斗翻动灵敏度高，工作稳定可靠，并且耐磨损、寿命长。精密加工，确保整个翻斗系统精度高。使用进口干簧管，测量精度高，稳定性好。底盘内部设有水平泡，可以通过底角调整达到最佳水平度。结构设计合理，承水斗外壳采用不锈钢结构，美观大方，耐腐蚀性。

（五）果园冠层风速风向信息精准获取技术

风速风向仪有机械转动式、热敏式和超声波等。机械转动式风速风向仪是感应距地面 11m 处的空气流动，对空气流动速度及方向进行检测及光电转换，并进行数字量化、时间平均、存储等处理，再通过系统的通信设备及路由传输至室内气象观测工作站（图 5-49）。热敏式风速风向仪是基于冷冲击气流带走热元件上的热量，借助一个调节开关，保持温度恒定，则调节电流和流速成正比关系。超声波风速风向仪利用超声波在空气中传播时间差来测量风速和风向（图 5-49）。综合考虑成本与性能，选择机械转动式风速风向仪。

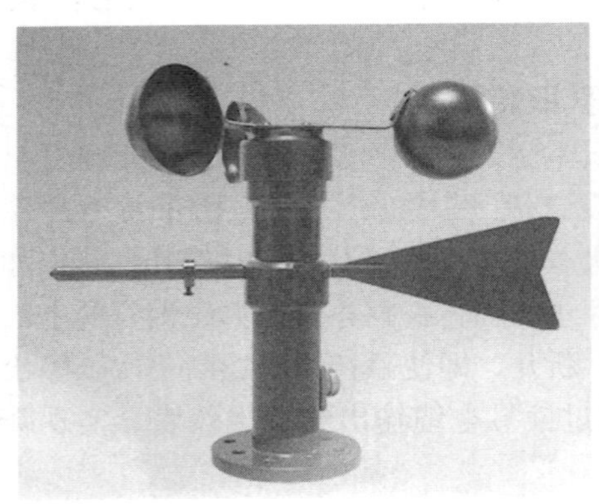

图 5-49　机械转动式与超声波式风速风向仪

（六）基于多信号的果园微域环境信息采集装置

为实现对大气温湿度（10cm、150cm、350cm）、大气压、土壤温湿度电导率（20cm、30cm、40cm）、光合有效辐射、降雨量、风速风向、土壤 pH 计等不同传感器信息的采集，需要研发多信号采集装置，采集传感器数据，具体数值显示到 lcd 屏幕，并通过以太网或 GPRS 将数据上传到服务器，在服务器可以远程显示、分析、处理等。

1. 采集元素单位及其范围

（1）大气温度（包括 10cm、150cm、350cm 高度）：

单位：℃。

范围：－20～100。

（2）大气湿度（包括 10cm、150cm、350cm 高度）：

单位：%。

范围：0～100。

（3）土壤温度（包括20cm、30cm、40cm深度）：

单位：℃。

范围：－20～100。

（4）土壤湿度（包括20cm、30cm、40cm深度）：

单位：%。

范围：0～100。

（5）光合有效辐射：

单位：W/m^2。

范围：0～2 000。

（6）土壤pH：

单位：无。

范围：0～14。

（7）大气压：

单位：kPa。

范围：1～120。

（8）降雨量：

单位：mm/min。

范围：≤4mm/min。

（9）风速：

单位：m/s。

范围：0～40。

（10）风向：

单位：°。

范围：0～360。

2. 硬件部分　硬件原理框架，见图5-50。

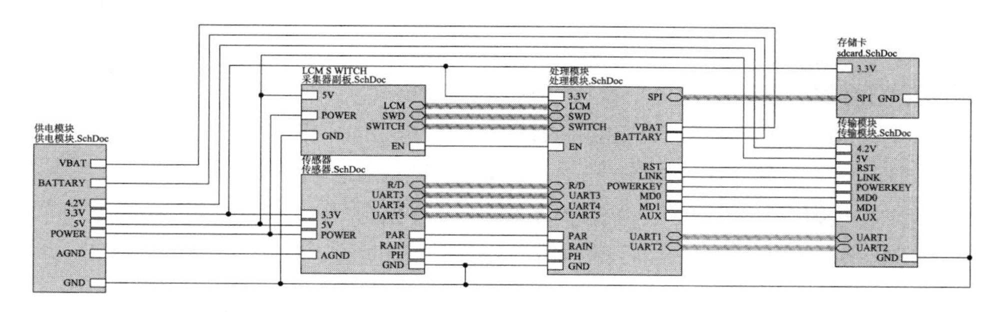

图5-50　设备原理总体框图

总体由六部分组成：供电模块、传感器模块、处理模块、存储卡模块、传输模块、采集器附板模块组成。

①供电模块。供电模块的主要功能是为系统的各模块提供电量，设备可以同时接入由220V变压的12V直流和太阳能电池提供的12V直流电，系统可以根据设备供电情况，自动切换供电。当交流电和电池同时供电时，设备优先选择交流电；当交流电断开时，设备自动切换到电池供电，这时设备的电能由太阳能板提供，当12V直流重新接入时，设备可重新从电池切换到12V直流电源。

②传感器模块。传感器模块可以采集3种信号，分别是4～20mA电流信号、RS-485数字信号和开关脉冲信号。其中，4～20mA可以采集光合有效辐射和土壤pH，RS-485可以采集空气温湿度、大气压、风速风向、土壤温湿度和电导率，开关和脉冲电路可以采集降雨量。

③处理模块。处理模块由LED显示模块、单片机最小系统和调试模块组成。LED显示模块由三极管驱动LED进行显示。单片机最小系统电路为主控芯片STM32F103VCT6的最小系统，其速度为72MHz。调试模块包括单片机调试接口、晶振电路、复位电路和由AT24C02构成的EEPROM存储电路。AT24C02的大小为2kB，适合保存小数据，本设备的配置信息就保存在这里。

④存储卡模块。该模块为MICRO SD的电路，主要实现传感器采集数据的保存。

⑤传输模块。传输模块包括串口转以太网模块和无线模块构成（433M、GPRS）。串口转以太网模块电路实现将网络的数据转换成TTL信号，供单片机处理。无线模块实现无线数据传输，接433M或者GPRS模块。

⑥采集器附板模块。该电路包括12V的接线端子、LCD显示屏和开关，接线端子用于给传感器进行供电，LCD屏幕可显示采集的数据，以及结合按键对设备参数进行配置。

3. 软件部分

（1）传感器数据采集和转换公式。

①大气温度。采集的数据为数字信号，数据分为高低2字节，高低字节整合即是当前的温度值（℃）。

计算公式：温度＝（$H\times256+L$）$\times175/65534-45$ （5-3）

式中，H为高字节去掉符号位；L为低字节；S为符号。

②大气湿度。采集的数据为数字信号，数据分为高低2个字节，无符号位，高低字节和低字节连接后得到值，即是当前的湿度值（%）。

计算公式：湿度＝（$H\times256+L$）$\times100/65534$ （5-4）

式中，H为高字节；L为低字节。

③大气压。采集的数据为数字信号，数据为 4 字节，无符号位，将 4 个字节连接后得到值除以 1 000，即是当前的大气压值（kPa），保留 3 位小数。

计算公式：

$$大气压=(H\times16777216+MH\times65536+ML\times256+L)/1000 \tag{5-5}$$

式中，H 为第一字节（高字节）；MH 为第二字节；ML 为第三字节；L 为第四字节（低字节）。

④土壤温度。采集的数据为数字信号，数据分为高低 2 字节，有符号位，高字节最高位为符号位，为“1”时负值，为“0”时正值，去掉符号位将高低字节连接后得到值除以 100，即是当前的温度值（℃）。

计算公式：S 为“1”时，$温度=(H\times256+L)/100$ (5-6)

S 为“0”时，$温度=[\sim(H\times256+L)/100]+1$

式中，H 为高字节去掉符号位；L 为低字节；S 为符号。

⑤土壤湿度。采集的数据为数字信号，数据分为高低 2 个字节，无符号位，高低字节和低字节连接后得到值除以 100，即是当前的湿度值（%）。

计算公式：$温度=(H\times256+L)/100$ (5-7)

式中，H 为高字节；L 为低字节。

⑥土壤电导率。采集的数据为数字信号，数据分为高低 2 个字节，无符号位，高低字节和低字节连接后得到值，即是当前的电导率值（μS/mm）。

计算公式：$温度=H\times256+L$ (5-8)

式中，H 为高字节；L 为低字节。

⑦降雨量。雨量计采用翻斗式结构，当雨水从上方的漏斗进入下方的翻斗的量达到一定时，翻斗反转带动内部干簧管吸合，电路接通，采集到一次脉冲信号，翻斗翻转的量是一定的，为 0.2mm。当到达上传时间，降雨量上传给服务器，计数清零，重新计数（mm）。

计算公式：$降雨量=N\times0.2$ (5-9)

式中，N 为两次上传时间间隔内脉冲计数值；T 为两次上传时间间隔（s）。

⑧pH。原始信号为 4～20mA 的电流信号，经采样电阻和放大器的放大，转换成电压信号，由单片机的 ADC 进行采集。

计算公式：

a）电压计算（V）：

$$电压值=Val\times V(ref)/4095 \tag{5-10}$$

式中，Val 为 12 位（最大可表示 4095）ADC 寄存器值；$V(ref)$ 为 ADC 参考电压（V）。

b）电流计算（mA）：

$$电流值=U\times1000 \quad (5\text{-}11)$$

式中，U 为电压值（V）。

c）pH 计算：

$$pH=（I-400）\times14/16/D \quad (5\text{-}12)$$

式中，I 为电流值（A）；D 为放大倍数。

⑨光合有效辐射。原始信号为 4～20mA 的电流信号，经采样电阻和放大器的放大，转换成电压信号，由单片机的 ADC 进行采集。

计算公式：

a）电压计算（V）：

$$电压值=Val\times V（ref）/4095 \quad (5\text{-}13)$$

式中，Val 为 12 位（最大可表示 4095）ADC 寄存器值；V（ref）为 ADC 参考电压（V）。

b）电流计算（A）：

$$电流值=U\times1000/R \quad (5\text{-}14)$$

式中，U 为电压值（V）；R 为采样电阻（Ω）。

c）光合有效辐射计算（W/m^2）：

$$光合有效辐射=（I\times1000-4000）/f \quad (5\text{-}15)$$

式中，I 为电流值（mA）；f 为灵敏度，对于 NHGH09BI 型，f 为 $8\mu A/W/m^2$。

⑩风速。采集的数据为数字信号，数据分为 2 个字节，无符号。这两个字节是浮点型（float）数据在内存中存储的数据，需要利用 C 语言的联合体对数据进行转换。

转换完成后即为采集的风速值。

转换方式：

```
Union
{
        float TestData _ Float;
        unsigned int    TestData;
} TData;
        TestData _ Float= (H×256+L) /10;
```

TData. TestData _ Float 即是当前的风速值，保留 1 位小数。

H：高字节；L：低字节。

⑪风向。采集的数据为数字信号，数据分为高低 2 个字节，无符号位，高低字节和低字节连接后除以放大倍数 10 所得到值，即是当前的风向（°）。

计算公式：

风向＝（$H\times256+L$）/10

H 为高字节；L 为低字节。

（2）文件系统。

①数据的离线保存和发送。设备采用 FATfs 文件系统，方便保存离线的和上传用户数据（图 5-51）。

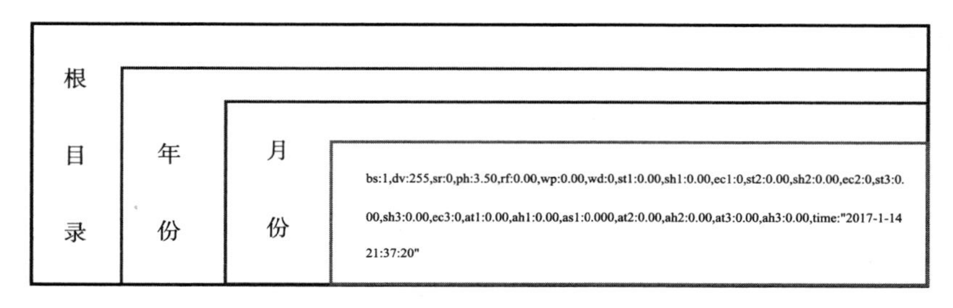

图 5-51　保存文件结构

为了方便地查找文件，采用以上的目录结构。根目录中包含着以“年份”命名的文件夹，“年份”文件夹中包含着以“月份”命名的文件夹，“月份”文件夹中包含着以“日 . txt”命名的文本文件，文本文件中记录着离线保存的数据。

②工作机制。工作机制如图 5-52。

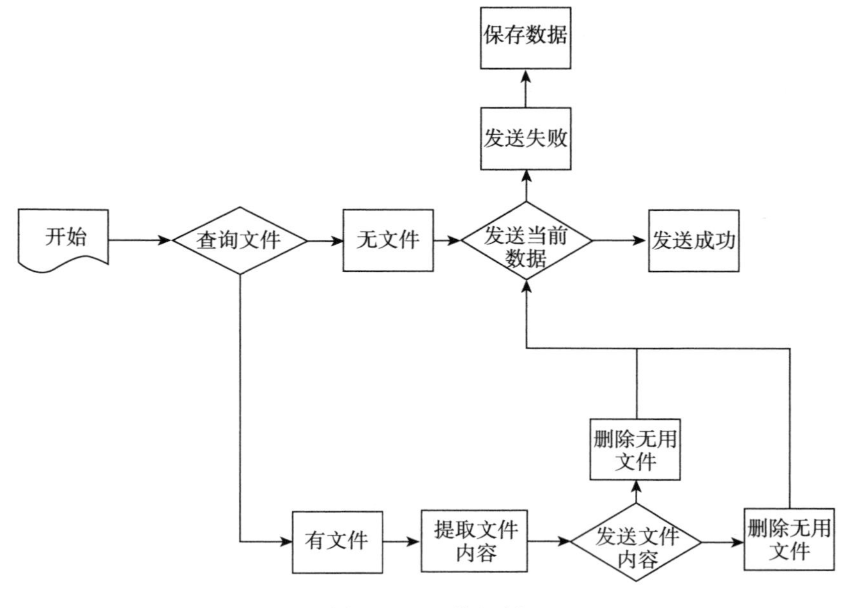

图 5-52　工作机制

③设备上传。设备上传到服务器的方式为 http post 方式，格式采用 json 格式。具体上传格式如图 5-53 所示。

```
{ /*数据*******************数据含义*************数据范围*******数据类型*********单位*******************/
  "base":1,                   //基地代号             |范围1-255,    |整数,        |可以通过采集器进行设置
  "devices":1,                //设备代号             |范围1-255,    |整数,        |可以通过采集器进行设置
  "sr":0,                     //光合有效辐射          |范围0-2000,   |整数,        |单位：w
  "ph":0.00,                  //PH值                |范围0-14 ,    |保留两位小数, |单位：ph
  "rainfall":0,               //降雨量               |范围0-65535,  |保留两位小数, |单位：mm
  "windpower":0.00,           //风力                 |范围0-40,     |保留两位小数, |单位：m/s
  "winddirection":126,        //风向                 |范围0-360,    |整数,        |单位：度
  "soiltemperature1":26.57,   //土壤温度1   (20cm)   |范围-20-100,  |保留两位小数, |单位：摄氏度
  "soilhumidity1":50.03,      //土壤湿度1   (20cm)   |范围0-100,    |保留两位小数, |单位;%
  "ec1":485,                  //土壤电导率1 (20cm)   |范围0-6000,   |整数,        |单位：us/cm
  "soiltemperature2":26.79,   //土壤温度2   (30cm)   |              |             |
  "soilhumidity2":49.52,      //土壤湿度2   (30cm)   |              |             |
  "ec2":496,                  //土壤电导率2 (30cm)   |              |             |
  "soiltemperature3":26.68,   //土壤温度3   (40cm)   |              |             |
  "soilhumidity3":50.38,      //土壤湿度3   (40cm)   |              |             |
  "ec3":509,                  //土壤电导率3 (40cm)   |              |             |
  "airtemperature":32.60,     //空气温度    (350cm)  |范围-20-100,  |保留两位小数, |单位：摄氏度
  "airlhumidity":61.61,       //空气湿度    (350cm)  |范围0-100,    |保留两位小数, |单位：%
  "atmosphere":100.314        //大气压力    (350cm)  |范围1~120,    |保留三位小数, |单位：kpa
  "airtemperature2":32.60,    //空气温度2   (150cm)  |范围-20-100,  |保留两位小数, |单位：摄氏度
  "airlhumidity2":61.61,      //空气湿度2   (150cm)  |范围0-100,    |保留两位小数, |单位：%
   "airtemperature3":32.60,   //空气温度3   (10cm)   |范围-20-100,  |保留两位小数, |单位：摄氏度
  "airlhumidity3":61.61,      //空气湿度3   (10cm)   |范围0-100,    |保留两位小数, |单位：%
}
```

图 5-53　上传数据格式

三、软件系统

（一）软件平台架构

软件平台架构包括网络层、数据层、服务层、应用层 4 个层次，各层逻辑上独立，由用户接口互联，形成一个有机的整体，采用面向服务架构（service-oriented architecture，SOA）。面向服务架构是当前国内外数据共享建设的主要服务架构之一，从本质上来说，是一种基于对象/组件模型的分布式计算技术，遵从松耦合体系结构，通过使用 Web Services 定义接口，可以掩盖各种不同实现之间的区别以及相互联结的系统之间的异构性。在 Web Services 技术中，整个网络成为一个开放式的组件平台，通过组合不同的 Web 组件，应用程序很容易就能得到近乎无限的扩展，从而满足用户的各种功能需求。因此，采用以 SOA 体系架构为主体的平台总体架构，构建管理服务平台框架。

1. 运行支撑环境　运行支撑环境包括 4 个体系，分别是安全保障体系、运行保障体系、标准体系、地理信息标准体系。这 4 个体系是保障系统建设和运行的基础规范，同时为信息化建设提供了标准。

2. 网络层　数据中心的网络层依托互联网，包括了网络系统、服务器集群系统、存储备份系统、安全系统，确保平台通信畅通、安全稳定。

3. 数据层　数据层是建立数据中心，面向信息网络化服务需求，依据统一技术标准和规范而构建的一体化数据资源体系。数据层关注的是数据的全面

管理，主要解决多部门数据的整合、数据更新与汇交机制的建立、矢量数据的管理、影像数据的管理、历史数据的管理、地理信息数据的标准化等关键问题，还包括数据库日常维护和安全保障工作。

4. 服务层　服务层关注的是服务的丰富与高效，主要功能是提供丰富的、在线的、标准的和专业的服务，提供高效、全面的运维管理平台和服务门户。服务层提供了根据多数用户对业务系统的共性需求而设计实现的系列标准服务接口，如目录数据接口等。这些接口一方面方便了系统管理人员的维护和开发，另一方面可以在封装的过程中统一规范，推动标准体系的建立。

数据管理服务平台分为5个部分：数据服务子系统、管理平台、数据应用子系统、数据仓库子系统、数据处理子系统。平台通过数据服务子系统为各业务处室提供数据服务，通过管理平台实现数据的共享和信息公开，通过数据应用子系统、数据仓库子系统、数据处理子系统为数据处理人员提供数据导入、导出、查询、更新、管理、应用、分析平台，并有利于系统管理员提升对平台全面的监控和管理能力。

5. 应用层　应用层面向平台服务的对象包括业务处室、数据处理人员、系统管理员。

（二）软件设计

1. 登录页　通过首页点击标注点进入不同的登录系统，用户根据不同的权限登录，并能够查看不同的信息（图5-54）。

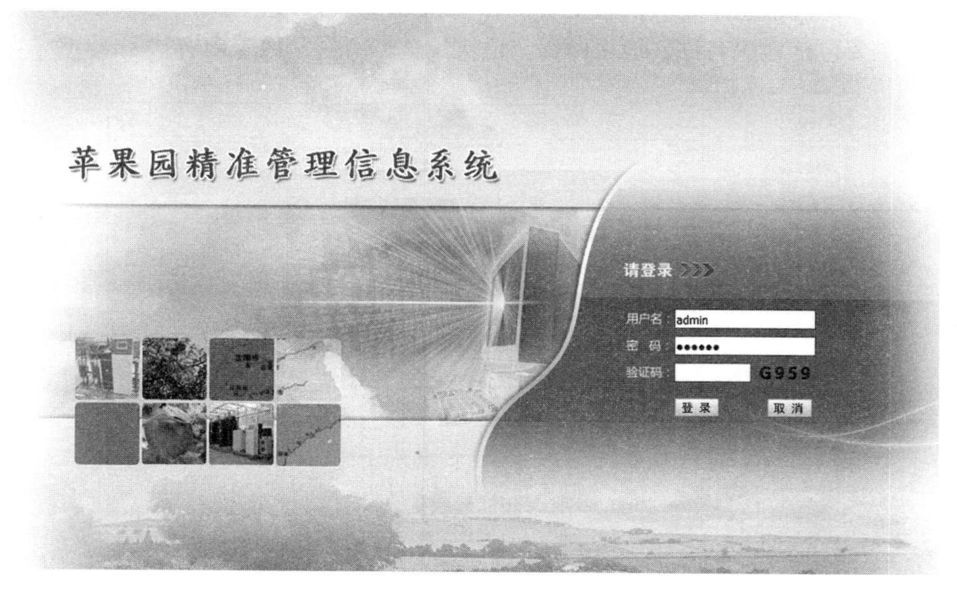

图5-54　登录页

2. 基础信息

（1）基地信息。基地信息主要提供对基地的基本情况进行管理，主要包括基地编号、基地名称、基地面积、灌溉面积、土壤类型、土壤容重、土壤封冻期起始时间、土壤封冻期截止时间、负责人、联系电话、详细地址、基地简介等内容（图 5-55）。

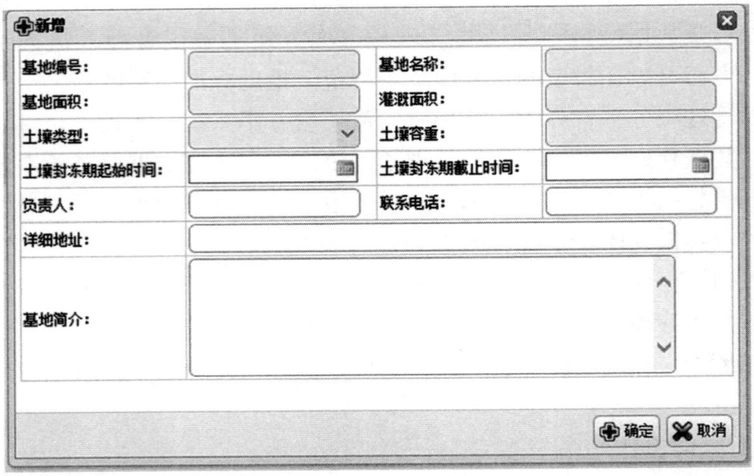

图 5-55　基地信息

（2）地块信息。地块信息主要提供对所有灌溉区域内的土地情况进行管理，主要包括地块名称、地块面积、地块位置、所属基地等内容（图 5-56）。

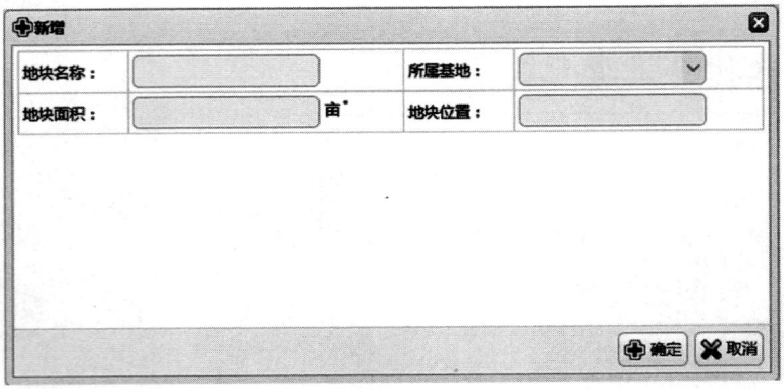

图 5-56　地块信息

* 亩为非法定计量单位。1 亩=1/15 公顷。此处为软件设计好的截图。

（3）水源信息。主要包括水源名称、所属基地、水源类型、泵数量、设计扬程、设计水位、设计流量（图 5-57）。

添加水源基本信息

水源名称：		所属基地：	
水源类型：	请选择	泵数量：	台
设计扬程：	m	设计水位：	m
设计流量：	m³/h		

确定添加　取消添加

图 5-57　水源信息

（4）墒情监测站。墒情基本信息主要包括墒情站名称、建成日期、所属基地、安装位置、监测深度、监测项目（图 5-58）。

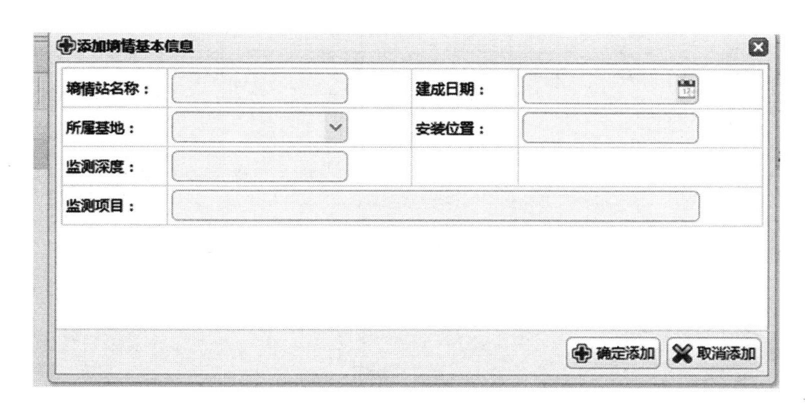

添加墒情基本信息

墒情站名称：		建成日期：	
所属基地：		安装位置：	
监测深度：			
监测项目：			

确定添加　取消添加

图 5-58　墒情监测站

（5）气象监测站。气象基本信息主要包括气象站名称、建成日期、所属基地、安装位置、气候区类型、年平均降雨量以及监测项目（图 5-59）。

3. 作物信息

（1）作物基础信息。基本信息主要包括作物名称、作物品种、作物说明等信息（图 5-60）。

（2）作物水分信息。作物水分信息主要包括作物名称、作物品种、生育期阶段、生育期起始时间、生育期截止时间、适宜土壤含水量上下限（图 5-61）。

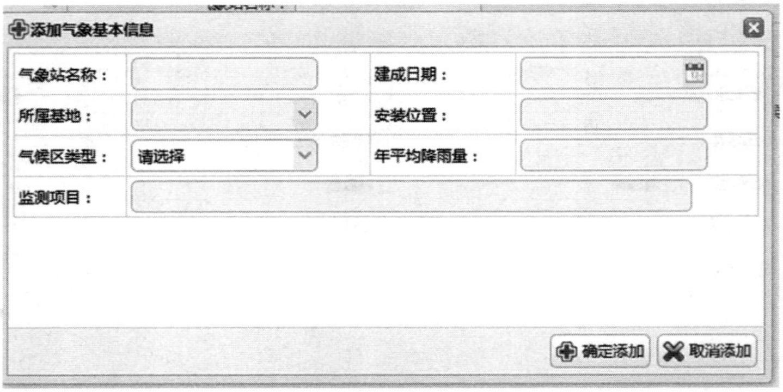

添加气象基本信息

气象站名称：		建成日期：	
所属基地：		安装位置：	
气候区类型：	请选择	年平均降雨量：	
监测项目：			

确定添加　取消添加

图 5-59　气象监测站

添加作物信息

作物名称：	请选择	作物品种：	
作物说明：			

确定添加　取消添加

图 5-60　作物信息

添加作物水分状态

作物名称:		作物品种:	
生育期阶段:			
生育期起始时间:		生育期截止时间:	
适宜含水量上限(%):		适宜含水量下限(%):	

确定添加　取消添加

图 5-61　作物水分信息

（3）作物信息。每季种植或收获后，进行作物信息登记，获取最适宜的灌溉施肥制度。主要包括作物名称、作物品种、年度、所属基地、登记时间、果树主干粗度、目标产量、果树生育期等内容（图5-62），并能够根据所填写的作物信息进行方案申请。

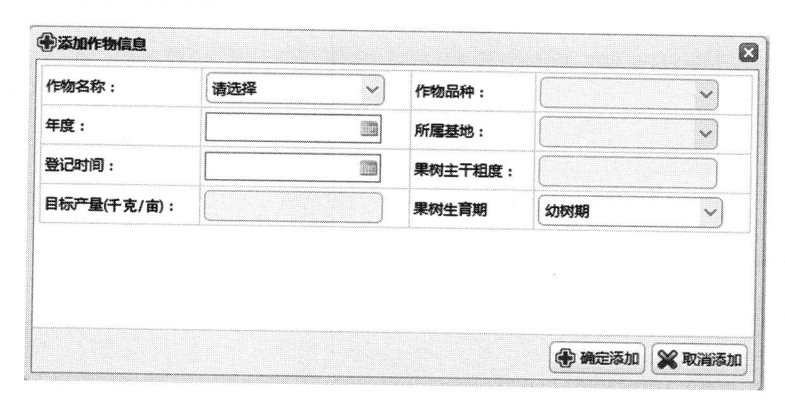

图5-62　作物信息

（4）作物养分信息。主要对作物所需要的养分信息进行管理，包括作物品种、氮吸收养分含量、磷吸收养分含量、钾吸收养分含量（图5-63）。

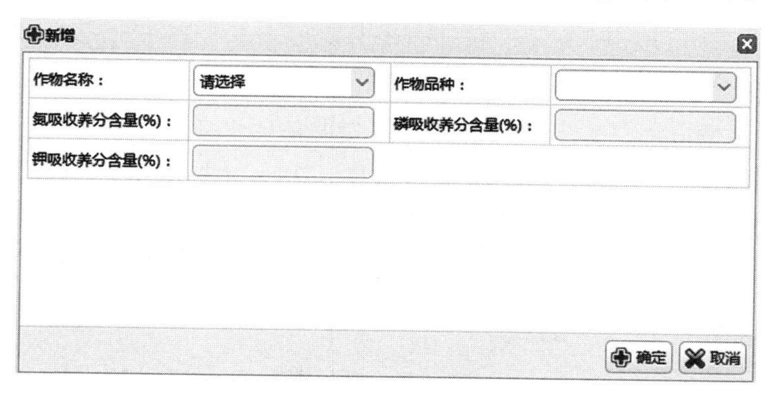

图5-63　作物养分信息

（5）化肥资料信息。主要对化肥所需要的资料信息进行管理，包括化肥种类、肥料名称、氮养分含量、磷养分含量、钾养分含量（图5-64）。

4. 运行信息

（1）气象站运行信息。气象站运行信息主要是能够实时显示监测信息。主要包括监测站名称、基地名称、3.5m空气温度、3.5m空气湿度、风力、风向、降雨量、光合有效辐射、3.5m大气压力、1.5m空气温度、1.5m空气湿度、10cm空气温度、10cm空气湿度的实时监测数据（图5-65）。

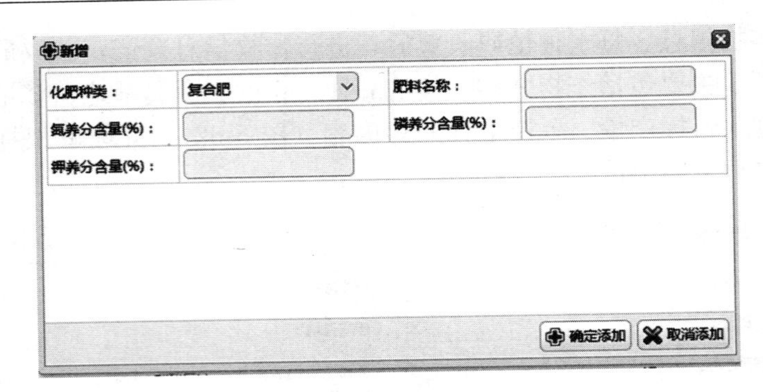

图 5-64　化肥资料信息

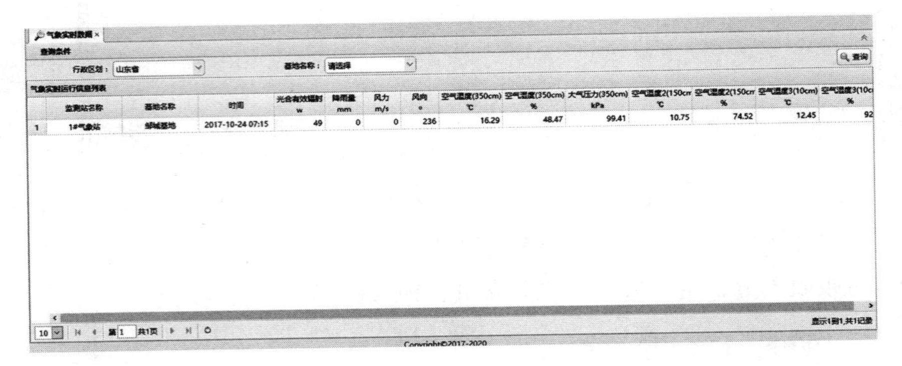

图 5-65　气象实时运行信息

（2）墒情运行信息。墒情运行信息主要是能够实时显示监测信息。主要包括监测站名称、基地名称、20cm 土壤温度、20cm 土壤湿度、20cm 土壤电导率、30cm 土壤温度、30cm 土壤湿度、30cm 土壤电导率、40cm 土壤温度、40cm 土壤湿度、40cm 土壤电导率、土壤 pH 的实时监测数据（图 5-66）。

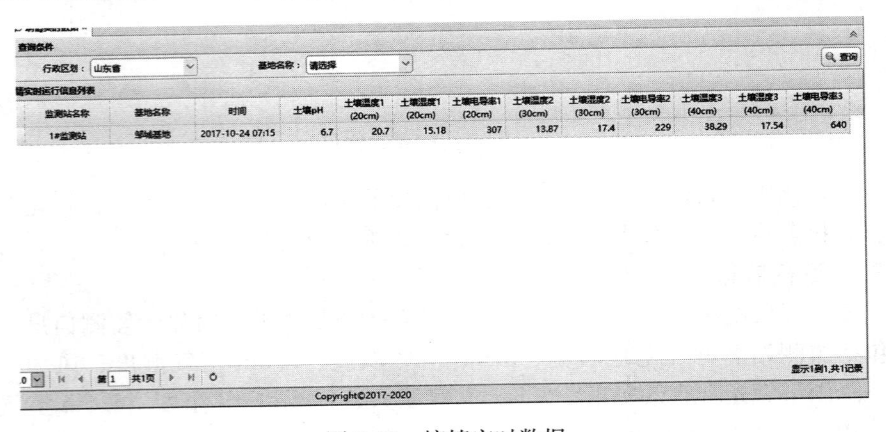

图 5-66　墒情实时数据

（3）设备运行信息。设备运行信息主要是记录每次的开启状况。包括基地名称、时间、地块运行状态、施肥泵运行状态等运行数据（图 5-67）。

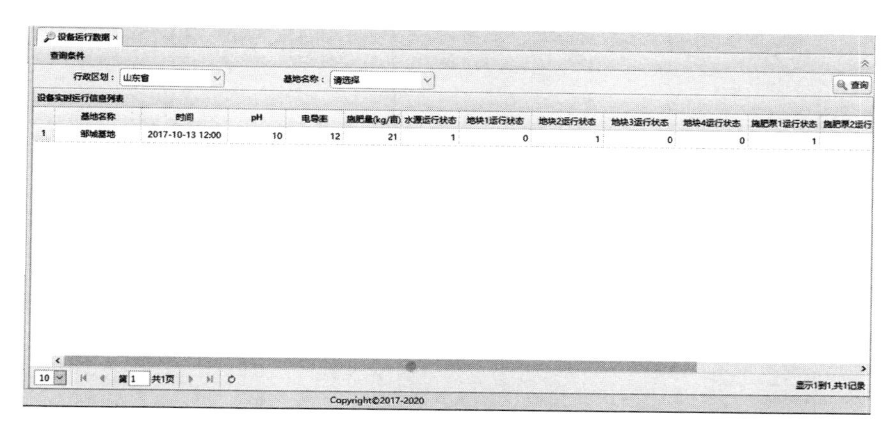

	基地名称	时间	pH	电导率	施肥量(kg/亩)	水源运行状态	地块1运行状态	地块2运行状态	地块3运行状态	地块4运行状态	施肥泵1运行状态	施肥泵2运行
1	邹城基地	2017-10-13 12:00	10	12	21	1	0	1	0	0	1	

图 5-67　设备运行数据

（4）果树生育及茎流速率检测信息。果树生育及茎流速率检测信息主要是记录果树在生长阶段的树干、叶片、果实等相应的信息。主要包括所属基地、树高、主干粗度、新梢长度、叶片面积、果实横径、果实纵径、果实硬度等信息（图 5-68）。

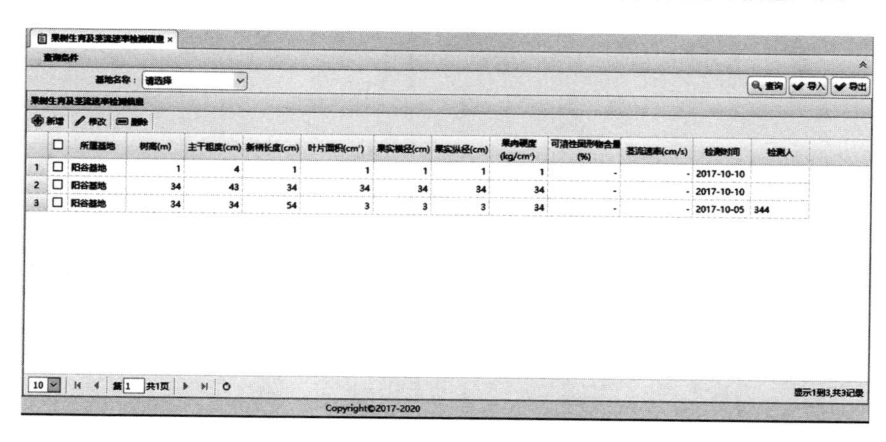

	所属基地	树高(m)	主干粗度(cm)	新梢长度(cm)	叶片面积(cm²)	果实横径(cm)	果实纵径(cm)	果肉硬度(kg/cm²)	可溶性固形物含量(%)	茎流速率(cm/s)	检测时间	检测人
1	阳谷基地	1	4	1	1	1	1	1	-	-	2017-10-10	
2	阳谷基地	34	43	34	34	34	34	34	-	-	2017-10-10	
3	阳谷基地	34	34	54	3	3	3	34	-	-	2017-10-05	344

图 5-68　果树生育及茎流速率检测信息

（5）土壤理化性质检测信息。土壤理化性质检测信息主要是记录果树在生长阶段中每次对果树的检测信息、土壤有机质含量、土壤全氮含量、土壤碱解氮含量、土壤全磷含量、土壤有效磷含量、土壤全钾含量、土壤速效钾含量、土壤有效钙含量等信息（图 5-69）。

（6）病虫害检测信息。病虫害检测信息主要是记录果树在生长阶段的红蜘蛛、苹小卷叶蛾、桃小食心虫等信息（图 5-70）。

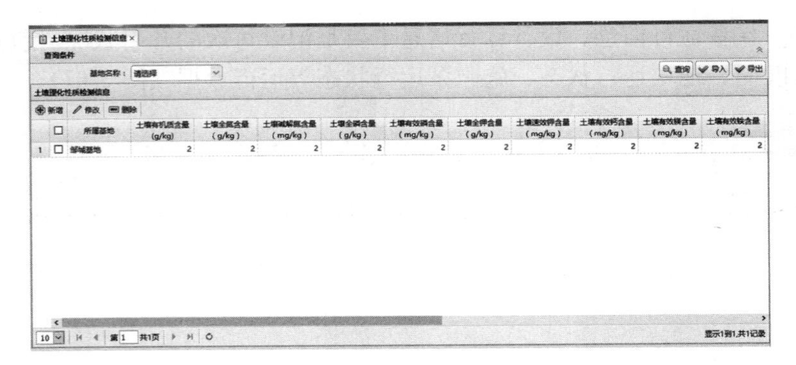

图 5-69　土壤理化性质检测信息

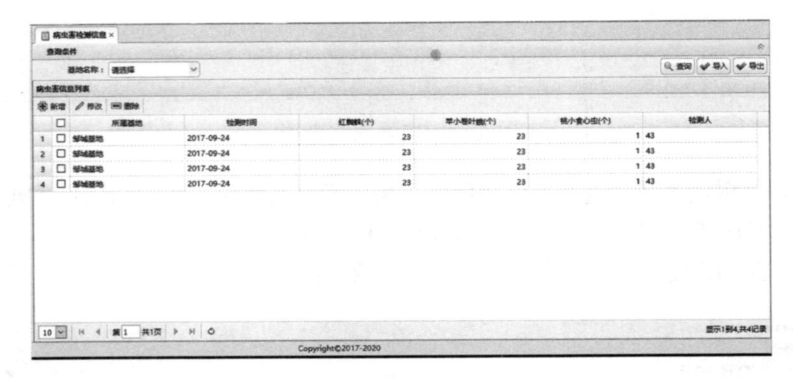

图 5-70　病虫害检测信息

5. 统计信息

（1）气象站历史信息。气象站历史信息主要是能够对气象站历史的信息进行显示。主要包括监测站名称、基地名称、3.5m 空气温度、3.5m 空气湿度、风力、风向、降雨量、光合有效辐射、3.5m 大气压力、1.5m 空气温度、1.5m 空气湿度、10cm 空气温度、10cm 空气湿度的历史监测数据（图 5-71）。

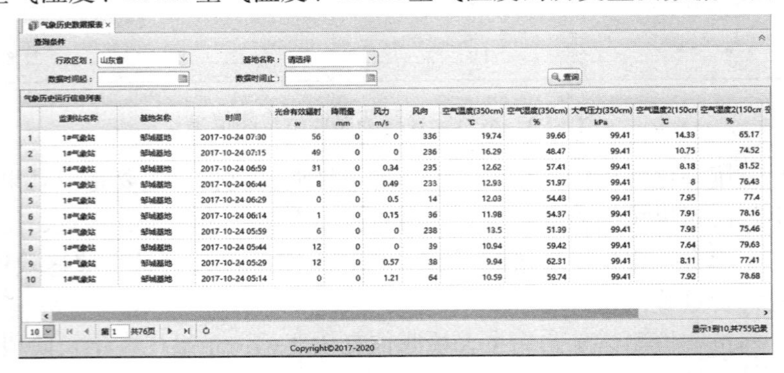

图 5-71　气象历史运行信息

（2）墒情历史信息。墒情历史信息主要是能够实时历史监测信息。主要包括监测站名称、基地名称、20cm 土壤温度、20cm 土壤湿度、20cm 土壤电导率、30cm 土壤温度、30cm 土壤湿度、30cm 土壤电导率、40cm 土壤温度、40cm 土壤湿度、40cm 土壤电导率、土壤 pH 的历史监测数据（图 5-72）。

墒情历史数据报表

查询条件

行政区划：山东省　基地名称：请选择

数据时间起：　数据时间止：　查询

墒情历史运行信息列表

	监测站名称	基地名称	时间	土壤PH	土壤温度1 (20cm)	土壤湿度1 (20cm)	土壤电导率1 (20cm)	土壤温度2 (30cm)	土壤湿度2 (30cm)	土壤电导率2 (30cm)	土壤温度3 (40cm)	土壤湿度3 (40cm)	土壤电导率3 (40cm)
1	1#监测站	邹城基地	2017-10-24 07:30	6.68	20.76	15.13	306	13.94	17.39	228	38.24	17.54	641
2	1#监测站	邹城基地	2017-10-24 07:15	6.7	20.7	15.18	307	13.87	17.4	229	38.29	17.54	640
3	1#监测站	邹城基地	2017-10-24 06:59	6.75	20.8	15.24	305	14	17.42	226	38.08	17.55	649
4	1#监测站	邹城基地	2017-10-24 06:44	6.66	20.74	15.29	305	13.93	17.44	227	38.01	17.57	652
5	1#监测站	邹城基地	2017-10-24 06:29	6.77	20.74	15.36	305	14.22	17.48	224	38.48	17.58	634
6	1#监测站	邹城基地	2017-10-24 06:14	6.76	20.81	15.4	304	13.78	17.5	228	38.08	17.59	649
7	1#监测站	邹城基地	2017-10-24 05:59	6.76	20.8	15.46	305	13.97	17.51	227	38.17	17.61	646
8	1#监测站	邹城基地	2017-10-24 05:44	6.69	20.68	15.5	307	14.28	17.53	225	38.46	17.61	644
9	1#监测站	邹城基地	2017-10-24 05:29	6.65	20.97	15.57	302	13.53	17.55	231	38.17	17.62	647
10	1#监测站	邹城基地	2017-10-24 05:14	6.8	20.83	15.6	304	14.56	17.59	222	38.22	17.63	650

10　第1　共76页

显示1到10,共755记录

Copyright©2017-2020

图 5-72　墒情历史数据

（3）气象站日信息。通过历史监测数据，对气象站每天产生的信息进行统计并且展示（图 5-73）。

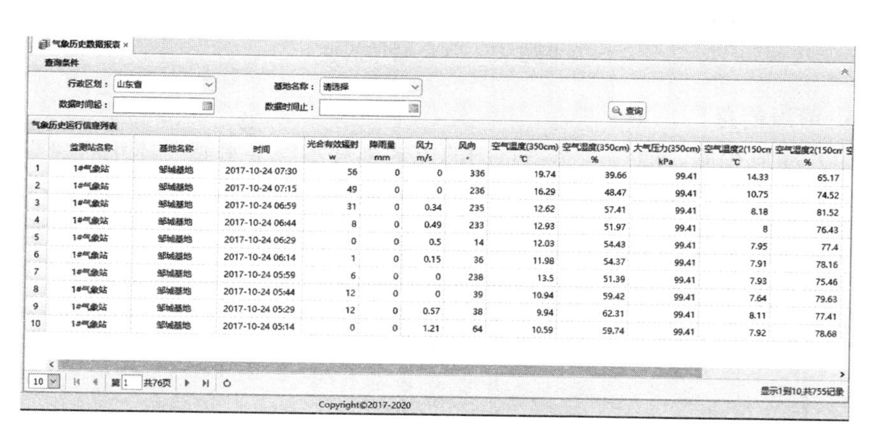

气象历史数据报表

查询条件

行政区划：山东省　基地名称：请选择

数据时间起：　数据时间止：　查询

气象历史运行信息列表

	监测站名称	基地名称	时间	光合有效辐射 w	降雨量 mm	风力 m/s	风向 °	空气温度(350cm) ℃	空气湿度(350cm) %	大气压力(350cm) kPa	空气温度2(150cm ℃	空气湿度2(150cm %
1	1#气象站	邹城基地	2017-10-24 07:30	56	0	0	336	19.74	39.66	99.41	14.33	65.17
2	1#气象站	邹城基地	2017-10-24 07:15	49	0	0	236	16.29	48.47	99.41	10.75	74.52
3	1#气象站	邹城基地	2017-10-24 06:59	31	0	0.34	235	12.62	57.41	99.41	8.18	81.52
4	1#气象站	邹城基地	2017-10-24 06:44	8	0	0.49	233	12.93	51.97	99.41	8	76.43
5	1#气象站	邹城基地	2017-10-24 06:29	0	0	0.5	14	12.03	54.43	99.41	7.95	77.4
6	1#气象站	邹城基地	2017-10-24 06:14	1	0	0.15	36	11.98	54.37	99.41	7.91	78.16
7	1#气象站	邹城基地	2017-10-24 05:59	6	0	0	238	13.5	51.39	99.41	7.93	75.46
8	1#气象站	邹城基地	2017-10-24 05:44	12	0	0	39	10.94	59.42	99.41	7.64	79.63
9	1#气象站	邹城基地	2017-10-24 05:29	12	0	0.57	38	9.94	62.31	99.41	8.11	77.41
10	1#气象站	邹城基地	2017-10-24 05:14	0	0	1.21	64	10.59	59.74	99.41	7.92	78.68

10　第1　共76页

显示1到10,共755记录

Copyright©2017-2020

图 5-73　气象站日信息

（4）气象站月信息。通过历史监测数据，对气象站每月产生的信息进行统计并且展示（图 5-74）。

（5）气象站年信息。通过历史监测数据，对气象站每年产生的信息进行统计并且展示（图 5-75）。

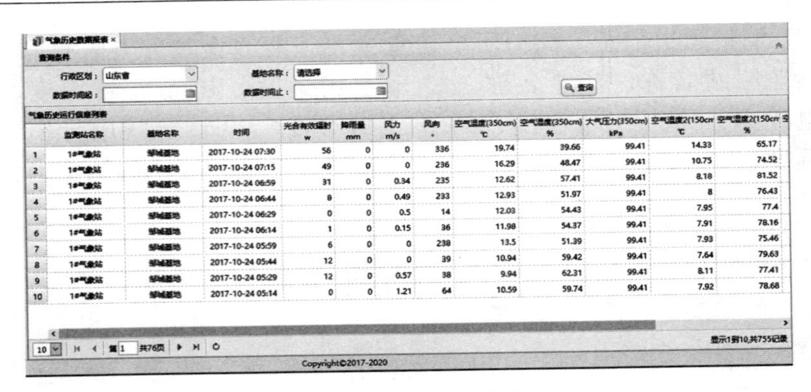

气象历史数据报表

查询条件

行政区划：山东省　基地名称：请选择

数据时间起：　数据时间止：　查询

气象历史运行信息列表

	监测站名称	基地名称	时间	光合有效辐射 w	降雨量 mm	风力 m/s	风向 °	空气温度(350cm) ℃	空气湿度(350cm) %	大气压力(350cm) kPa	空气温度2(150cm ℃	空气湿度2(150cm %
1	1#气象站	邹城基地	2017-10-24 07:30	56	0	0	336	19.74	39.66	99.41	14.33	65.17
2	1#气象站	邹城基地	2017-10-24 07:15	49	0	0	236	16.29	48.47	99.41	10.75	74.52
3	1#气象站	邹城基地	2017-10-24 06:59	31	0	0.34	235	12.62	57.41	99.41	8.18	81.52
4	1#气象站	邹城基地	2017-10-24 06:44	8	0	0.49	233	12.93	51.97	99.41	8	76.43
5	1#气象站	邹城基地	2017-10-24 06:29	0	0	0.5	14	12.03	54.43	99.41	7.95	77.4
6	1#气象站	邹城基地	2017-10-24 06:14	1	0	0.15	36	11.98	54.37	99.41	7.91	78.16
7	1#气象站	邹城基地	2017-10-24 05:59	6	0	0	238	13.5	51.39	99.41	7.93	75.46
8	1#气象站	邹城基地	2017-10-24 05:44	12	0	0	39	10.94	59.42	99.41	7.64	79.63
9	1#气象站	邹城基地	2017-10-24 05:29	12	0	0.57	38	9.94	62.31	99.41	8.11	77.41
10	1#气象站	邹城基地	2017-10-24 05:14	0	0	1.21	64	10.59	59.74	99.41	7.92	78.68

10　第1　共76页　显示1到10,共755记录

Copyright©2017-2020

图 5-74　气象站月信息

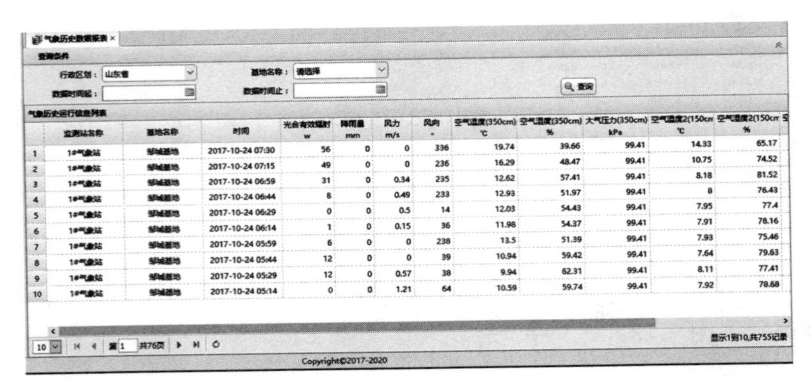

气象历史数据报表

查询条件

行政区划：山东省　基地名称：请选择

数据时间起：　数据时间止：　查询

气象历史运行信息列表

	监测站名称	基地名称	时间	光合有效辐射 w	降雨量 mm	风力 m/s	风向 °	空气温度(350cm) ℃	空气湿度(350cm) %	大气压力(350cm) kPa	空气温度2(150cm ℃	空气湿度2(150cm %
1	1#气象站	邹城基地	2017-10-24 07:30	56	0	0	336	19.74	39.66	99.41	14.33	65.17
2	1#气象站	邹城基地	2017-10-24 07:15	49	0	0	236	16.29	48.47	99.41	10.75	74.52
3	1#气象站	邹城基地	2017-10-24 06:59	31	0	0.34	235	12.62	57.41	99.41	8.18	81.52
4	1#气象站	邹城基地	2017-10-24 06:44	8	0	0.49	233	12.93	51.97	99.41	8	76.43
5	1#气象站	邹城基地	2017-10-24 06:29	0	0	0.5	14	12.03	54.43	99.41	7.95	77.4
6	1#气象站	邹城基地	2017-10-24 06:14	1	0	0.15	36	11.98	54.37	99.41	7.91	78.16
7	1#气象站	邹城基地	2017-10-24 05:59	6	0	0	238	13.5	51.39	99.41	7.93	75.46
8	1#气象站	邹城基地	2017-10-24 05:44	12	0	0	39	10.94	59.42	99.41	7.64	79.63
9	1#气象站	邹城基地	2017-10-24 05:29	12	0	0.57	38	9.94	62.31	99.41	8.11	77.41
10	1#气象站	邹城基地	2017-10-24 05:14	0	0	1.21	64	10.59	59.74	99.41	7.92	78.68

10　第1　共76页　显示1到10,共755记录

Copyright©2017-2020

图 5-75　气象站年信息

6. 灌溉信息

（1）灌溉控制。通过动态示意图的方式来展示整个水肥一体化的灌溉流程（图 5-76）。根据种植用户所提供的输入参数（苹果品种、种植时间、区域坐标、乡镇、土壤类型、灌溉方式）、实时监测的土壤墒情及录入的灌溉水量或

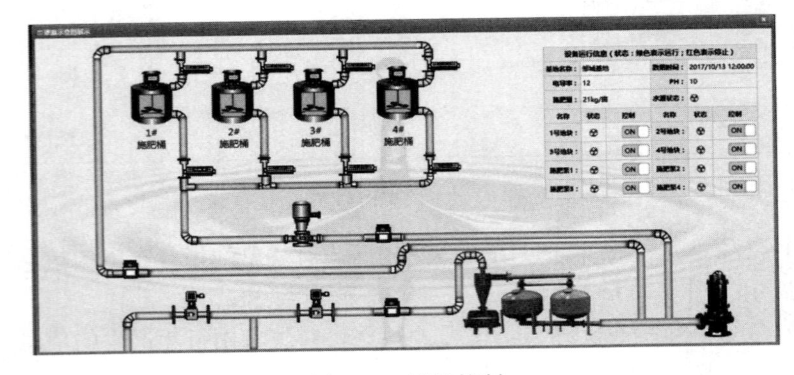

图 5-76　灌溉控制

灌溉时间，自动对地块进行灌溉。也可根据分析决策功能中的灌溉分析决策所提供的墒情水分情况提供数据依据及参考。

（2）灌溉记录。通过人工录入和自动采集的方式，对每次的灌溉记录进行统计并展示（图 5-77）。

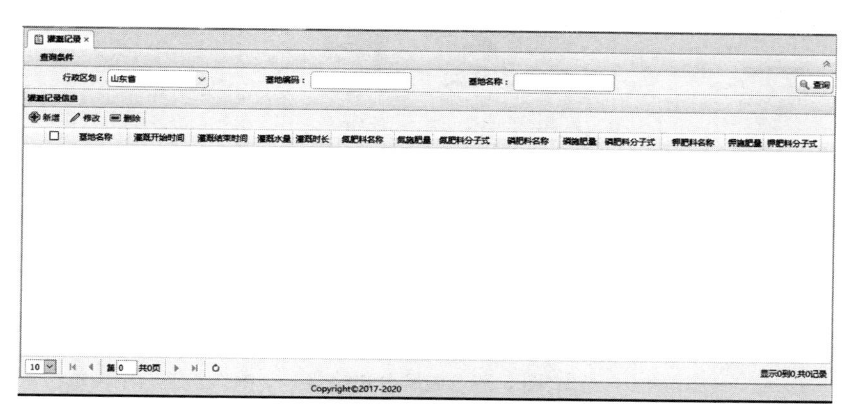

图 5-77　灌溉记录

7. 分析决策

（1）灌溉分析决策。通过列表的方式实时显示当前土壤的田间持水量，并通过实时监测数据来分析决策是不是需要灌溉，并反映针对此次灌溉分析数据是否执行（图 5-78）。

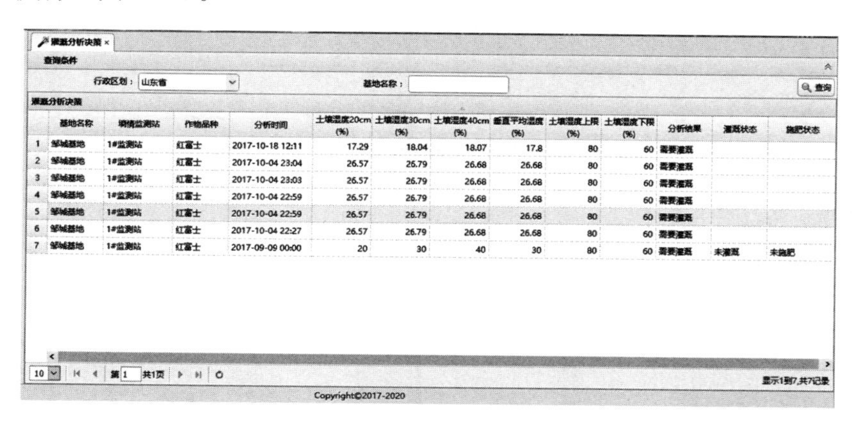

	基地名称	墒情监测站	作物品种	分析时间	土壤湿度20cm (%)	土壤湿度30cm (%)	土壤湿度40cm (%)	垂直平均湿度 (%)	土壤湿度上限 (%)	土壤湿度下限 (%)	分析结果	灌溉状态	施肥状态
1	邹城基地	1#监测站	红富士	2017-10-18 12:11	17.29	18.04	18.07	17.8	80	60	需要灌溉		
2	邹城基地	1#监测站	红富士	2017-10-04 23:04	26.57	26.79	26.68	26.68	80	60	需要灌溉		
3	邹城基地	1#监测站	红富士	2017-10-04 23:03	26.57	26.79	26.68	26.68	80	60	需要灌溉		
4	邹城基地	1#监测站	红富士	2017-10-04 22:59	26.57	26.79	26.68	26.68	80	60	需要灌溉		
5	邹城基地	1#监测站	红富士	2017-10-04 22:59	26.57	26.79	26.68	26.68	80	60	需要灌溉		
6	邹城基地	1#监测站	红富士	2017-10-04 22:27	26.57	26.79	26.68	26.68	80	60	需要灌溉		
7	邹城基地	1#监测站	红富士	2017-09-09 00:00	20	30	40	30	80	60	需要灌溉	未灌溉	未施肥

图 5-78　灌溉分析决策

（2）施肥分析决策。根据土壤养分检测数据与肥料的养分含量等大数据进行分析决策，得出肥料的年施肥量，并能够通过分配比例进行单次的施肥量，能够通过列表的方式进行展示（此功能参照灌溉分析决策文档中的方法），见图 5-79。

（3）墒情曲线数据。通过历史数据，对所采集的墒情数据通过曲线的方式进行分析对比（图 5-80）。

（4）气象曲线数据。通过历史数据对气象的每个监测参数，通过曲线的方式进行对比分析（图 5-81）。

图 5-79　施肥分析决策

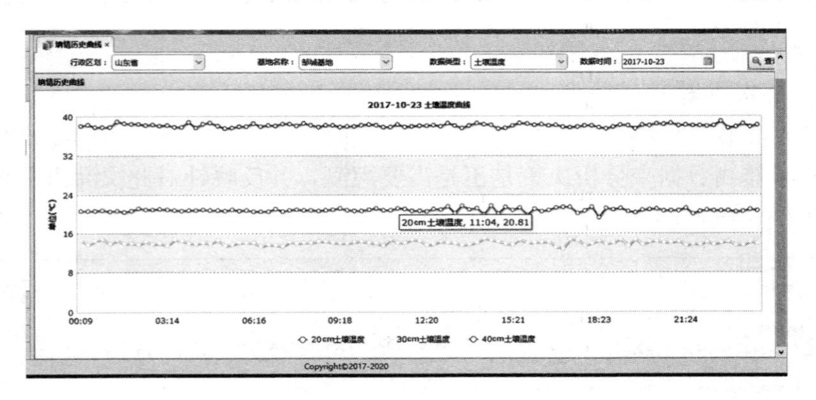

图 5-80　墒情曲线数据

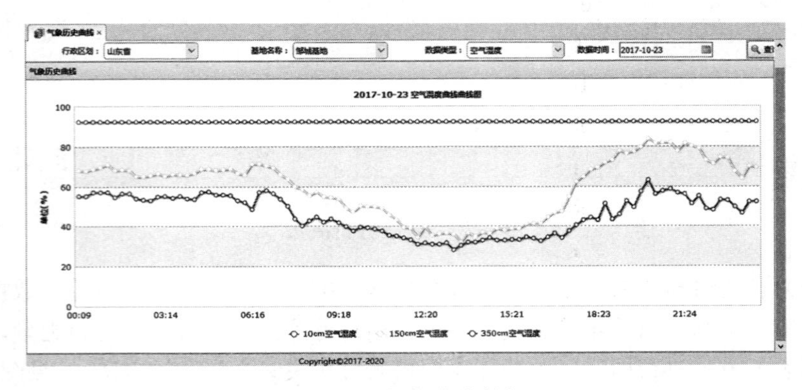

图 5-81　气象曲线数据

8. 手机 APP 功能　能够通过手机 APP 实现基本信息的查询、实时监测数据查询、自动控制功能、灌溉记录查询、墒情曲线数据等功能。

9. 数据接口服务　编制数据接口接收气象站的实时监测数据及水肥设备的状态，并可发送水肥设备启动停止命令。所有数据接口所接收的数据均为 json 格式。

接口地址和接口格式示例如下（示例中，“base”：1，“devices”：1，即是接口地址）：


```
{
    "base":1,
    "devices":1,
    "sr":0,
    "ph":0,
    "rainfall":0,
    "windpower":0,
    "winddirection":126,
    "soiltemperature1":26.57,
    "soilhumidity1":50.03,
    "ec1":485,
    "soiltemperature2":26.79,
    "soilhumidity2":49.52,
    "ec2":496,
    "soiltemperature3":26.68,
    "soilhumidity3":50.38,
    "ec3":509,
    "airtemperature":32.6,
    "airlhumidity":61.61,
    "atmosphere":100.314,
    "airtemperature2":32.6,
    "airlhumidity2":61.61,
    "airtemperature3":32.6,
    "airlhumidity3":61.61
}
```


接口说明见表 5-12。

表 5-12　接口说明

序号	字段名称	说　明	备　注
1	base	基地代号	范围 1～255，整数，可以通过采集器进行设置
2	devices	设备代号	范围 1～255，整数，可以通过采集器进行设置
3	sr	光合有效辐射	范围 0～2 000，整数，单位：W
4	ph	pH	范围 0～14，保留 2 位小数
5	rainfall	降雨量	范围 0～65 535，保留 2 位小数，单位：mm
6	windpower	风力	范围 0～40，保留 2 位小数单位：m/s
7	winddirection	风向	范围 0～360，整数，单位：度
8	soiltemperature1	土壤温度（20cm）	范围－20～100，保留 2 位小数，单位：℃
9	soilhumidity1	土壤湿度（20cm）	范围 0～100，保留 2 位小数，单位：%
10	ec1	土壤电导率（20cm）	范围 0～6 000，整数，单位：μS/cm
11	soiltemperature2	土壤温度（30cm）	范围－20～100，保留 2 位小数，单位：℃
12	soilhumidity2	土壤湿度（30cm）	范围 0～100，保留 2 位小数，单位：%
13	ec2	土壤电导率（30cm）	范围 0～6 000，整数，单位：μS/cm
14	soiltemperature3	土壤温度（40cm）	范围－20～100，保留 2 位小数，单位：℃
15	soilhumidity3	土壤湿度（40cm）	范围 0～100，保留 2 位小数，单位：%
16	ec3	土壤电导率（40cm）	范围 0～6 000，整数，单位：μS/cm
17	airtemperature	空气温度（350cm）	范围－20～100，保留 2 位小数，单位：℃
18	airlhumidity	空气湿度（350cm）	范围 0～100，保留 2 位小数，单位：%
19	atmosphere	大气压力（350cm）	范围 1～120，保留 3 位小数，单位：kPa
20	airtemperature2	空气温度（150cm）	范围－20～100，保留 2 位小数，单位：℃
21	airlhumidity2	空气湿度（150cm）	范围 0～100，保留 2 位小数，单位：%
22	airtemperature3	空气温度（10cm）	范围－20～100，保留 2 位小数，单位：℃
23	airlhumidity3	空气湿度（10cm）	范围 0～100，保留 2 位小数，单位：%
24	DateTime	数据时间	精确到分

10. 系统管理　系统管理主要服务于系统管理员，主要是对用户资料、系统权限管理、系统参数设置、系统日志进行管理。

（1）用户管理主要包括用户资料及在基地信息。记录用户账号、姓名、身份证、电话、基地名称、用户角色等主要资料（图 5-82）。

（2）系统权限管理为整个系统建立使用角色及使用用户，并为每个使用用户分配相应的角色权限。掌管所有用户的操作权限，防止用户越权操作或恶意删改数据，确保数据准确性。能够限制不同岗位或不同分工的使用用户分别操作不同的功能菜单。主要包括系统用户信息、系统角色信息、系统菜单信息。

（3）系统参数设置主要是针对系统中需要设定的参数进行管理。主要包括代号编码、代号名称、编码代号、编码名称等信息（图 5-83）。

（4）系统日志主要是对系统的登录用户进行查询，并能够对登录用户所做的使用操作进行查询。主要包括系统登录日志及系统操作日志。

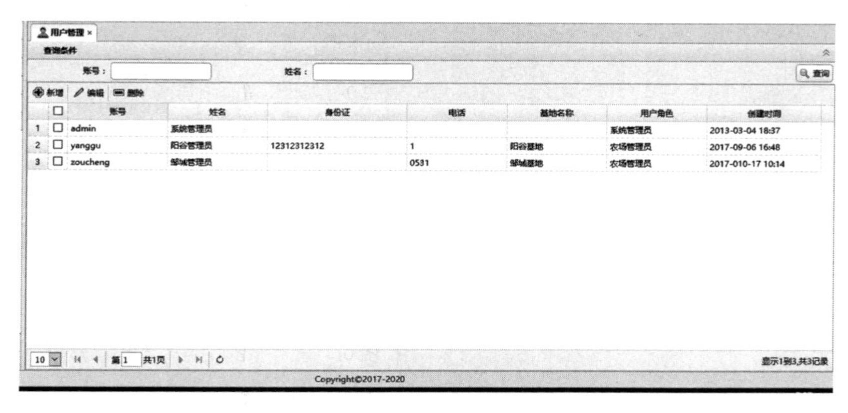

图 5-82　用户管理

图 5-83　参数设置

（三）数据处理

1. 数据采集　通过数据接口的方式来接收气象站的实时监测数据及水肥设备的状态。通过解析协议来将相应的数据进行存储。

主要采集数据为气象站运行信息，主要是能够实时显示监测信息。主要包括监测站名称、基地名称、空气温度、空气湿度、风力、风向、降雨量、光合有效辐射、20cm 土壤温度、20cm 土壤湿度、20cm 土壤电导率、30cm 土壤温度、30cm 土壤湿度、30cm 土壤电导率、40cm 土壤温度、40cm 土壤湿度、40cm 土壤电导率、土壤 pH、1.5m 空气温度、1.5m 空气湿度、10cm 空气温度、10cm 空气湿度的实时监测数据。

采集的设备信息为设备状态、设备运行时间、停止时间、施肥开始时间、施肥结束时间。

2. 设备控制 通过数据接口的方式给水肥设备发送启动及停止命令。

参 考 文 献

陈大新，2018. 农业灌溉水利用系数分析方法及运用实践微探 [J]. 陕西水利 (3)：101-102.

成斌斌，2014. 土壤 pH 的测定 [J]. 化学教与学 (4)：95-97.

初光勇，宰青青，谭晓波，等，2018. 基于单片机的山地果园无线水肥一体灌溉系统设计 [J]. 自动化应用 (2)：17-18、35.

崔弼峰，2017. 夏玉米控水控肥一体化灌溉技术研究 [D]. 郑州：华北水利水电大学.

范寒柏，胡杨，党武松，2013. 七电极电导率传感器测量电路设计与实现 [J]. 电子科技，26 (12)：75-77.

范颖洁，2016. 农用地土壤污染防治法律制度研究 [D]. 杭州：浙江农林大学.

冯培存，魏正英，张育斌，等，2018. 基于云平台的智能精量水肥灌溉控制系统设计 [J]. 中国农村水利水电 (2)：20-22、27.

高鹏，简红忠，魏样，等，2012. 水肥一体化技术的应用现状与发展前景 [J]. 现代农业科技 (8)：250、257.

耿仲钟，肖海峰，2017. 我国农用化肥施用强度的时空差异与区域收敛 [J]. 干旱区资源与环境，31 (2)：69-73.

龚琦，王雅鹏，2011. 我国农用化肥施用的影响因素——基于省际面板数据的实证分析 [J]. 生态经济 (2)：33-38、43.

郭强，汤璐，郭佳，等，2015. 基于 STM32 的智能水肥一体化控制系统的设计 [J]. 工业控制计算机，28 (4)：38-39、42.

韩冰，雷志强，朱来普，2010. 一种新型的果实尺寸传感器 [J]. 吉林大学学报（理学版），48 (2).

韩亚男，赵柏秦，吴南健，2016. 面向 WSN 的土壤盐分、水分、温度传感器的设计 [J]. 仪表技术与传感器 (11)：5-9、18.

郝明，2018. 大田微喷灌水肥一体化技术研究与设备研制 [D]. 泰安：山东农业大学.

何凡，2019. 灌溉水利用系数的相关研究和展望 [J]. 治淮 (5)：12-13.

何祖源，刘银萍，马麟，等，2019. 小芯径多模光纤拉曼分布式温度传感器 [J]. 红外与激光工程，48 (4)：285-291.

贺芳，2015. 基于 Zigbee 与 GPRS 的灌溉施肥控制系统的研究与实现 [D]. 海口：海南大学.

姜楠，2016. 区域灌溉水利用效率评价指标与方法的研究 [D]. 杨凌：西北农林科技大学.

姜岩，2018. 基于物联网技术的智能水肥一体机控制系统 [D]. 青岛：青岛理工大学.

孔霄，林森，2016. 前馈-反馈 PID 算法在水肥一体化控制系统中的应用 [J]. 现代农业科技 (15)：294-296.
赖武刚，郭勇，詹鹏，2010. 大气压强传感器 TP015P 在海拔高度测量中的应用 [J]. 电子元器件应用，12 (8)：11-13.
雷永富，2006. 水肥耦合灌溉控制系统的研究 [D]. 武汉：华中农业大学.
李宝庆，杨克定，张道帅，1987. 用实测土壤水势值推求土壤蒸发量 [J]. 水利学报 (3)：35-40.
李斌，万利军，2015. 农田灌溉水有效利用系数研究 [J]. 江苏水利 (10)：43-45.
李凤芝，2018. 基于农业物联网的水肥一体化系统设计与实现 [D]. 郑州：郑州大学.
李莊娜，2007. 自动化施肥控制系统的研究 [D]. 天津：天津大学.
李加念，洪添胜，冯瑞珏，等，2012. 柑橘园水肥一体化滴灌自动控制装置的研制 [J]. 农业工程学报，28 (10)：91-97.
李建国，2009. 高性能七电极电导率传感器技术研究 [J]. 海洋技术，28 (2)：4-10.
李建军，许燕，张冠，等，2015. 基于 BP 神经网络预测和模糊控制的灌溉控制器设计[J]. 机械设计与研究，31 (5)：150-154.
李堃，2016. 基于实时控制灌溉系统的温室黄瓜土壤水分传感器合理埋设位置研究 [D]. 银川：宁夏大学.
李茂娜，2018. 圆形喷灌机条件下苜蓿水氮高效管理及灌溉决策系统的研究 [D]. 北京：中国农业大学.
李帅帅，李莉，穆永航，等，2017. 基于 Fuzzy-Smith 控制器的营养液 pH 调控系统研究 [J]. 农业机械学报，48 (S1)：347-352、393.
李嵩，周建平，许燕，2019. 基于 PSO 优化 Fuzzy-PID 精量灌溉控制系统设计 [J]. 节水灌溉 (3)：90-93.
李尤亮，王杰，曹言，等，2018. 我国农田灌溉水有效利用系数研究进展 [C] //云南省水利学会、云南省科学技术协会．云南省水利学会 2018 年度学术交流会论文集：7.
连煜阳，刘静，吴亚男，2018. 中国化肥施用环境风险评价研究 [J]. 经济研究参考 (33)：10-16.
林彦宇，2014. 黑土稻作控制灌溉条件下水肥调控试验研究 [D]. 哈尔滨：东北农业大学.
刘慧，赵伟强，刘建，等，2015. 植物光合有效光辐射测量技术的现状及需求 [J]. 中国照明电器 (8)：35-39.
刘洋，傅巍，郑伟，2017. 一种四电极电导率传感器的研制与实验 [J]. 环境技术 (3).
罗孝兵，刘冠军，王军涛，等，2013. 一种四电极电导率传感器的研制 [J]. 传感器与微系统，32 (2)：105-107.
骆凯，王彬，罗昆，等，2018. 一种土壤温湿度智能监测系统设计 [J]. 科技经济导刊 (26)：75.
马婷，景跃波，宁德鲁，2017. 以色列水肥精准化控制技术对云南油橄榄园管理的启示 [J]. 林业科技通讯 (4)：19-22.
牛寅，2016. 设施农业精准水肥管理系统及其智能装备技术的研究 [D]. 上海：上海大学.

潘慧君，陈鹏，2015. 灌溉水利用系数分析及其影响因素探讨［J］. 水利科技与经济，21（5）：101-103.

任图生，张晓，陆森，2010. 一种测定土壤原位蒸发量的传感器：中国，2010201965339［P］.

宋金龙，2015. 水肥一体化通用控制设备研发［D］. 哈尔滨：东北农业大学.

宿晓锋，刘映杰，张浩晨，2017. 一种土壤酸碱度和湿度测量仪的设计［J］. 科技创新与应用（10）：70-71.

孙风光，张洪泉，刘秀洁，等，2018. 四电极海水电导率传感器设计［J］. 传感器与微系统，37（12）：86-89.

孙锋申，马伟顺，李合菊，2017. 精准水肥药一体化灌溉控制系统［J］. 电子技术与软件工程（8）：141.

孙锋申，魏燕，马伟顺，等，2019. 基于小波神经网络的水肥一体化控制技术［J］. 南方农机，50（8）：12-13.

孙林林，2018. 苹果园水肥一体化施肥模型研究［D］. 泰安：山东农业大学.

田敏，2018. 基于物联网技术的作物养分信息快速获取与精准施肥智能控制系统研究［D］. 石河子：石河子大学.

王伯宇，2018. 水肥一体化精量控制器设计［D］. 保定：河北农业大学.

王常云，1995. 测量土壤表面水分蒸发量的装置［J］. 农业新技术新方法译丛（1）：42-45.

王枫，2006. 基于 GPS 土壤水肥检测系统的研究［D］. 长春：吉林大学.

王丽娟，吕途，马刚，等，2018. 基于模糊控制的水肥一体化控制策略［J］. 江苏农业科学，46（23）：238-241.

王孝龙，2018. 水肥精准配比控制系统研发［D］. 杨凌：西北农林科技大学.

王应武，华春莉，2017. 农业灌溉节水潜力估算研究［J］. 河南水利与南水北调，46（10）：22-23.

蔚磊磊，魏正英，张育斌，等，2017. 基于模型设计的水肥灌溉控制器快速开发［J］. 节水灌溉（7）：124-129.

魏凯，2013. 基于 PLC 与 HMI 恒压滴灌系统研究［D］. 兰州：甘肃农业大学.

魏全盛，谷利芬，2017. 温室智能水肥一体化微喷灌装置设计［J］. 农机化研究，39（9）：134-138.

温淑红，许浩，潘占兵，2015. 蒸腾测量方法研究综述［J］. 宁夏农林科技（10）：38-42.

吴景来，2018. 现代山地水肥一体化关键装置研究与应用［D］. 贵阳：贵州大学.

吴景来，李家春，陈跃威，等，2018. 模糊控制模型在水肥一体化中的应用研究［J］. 中国农村水利水电（2）：11-14、19.

吴朋林，2015. 温室大棚智能控制系统研究［D］. 济南：山东大学.

吴七斤，顾太义，王甫，2017. 小型灌区灌溉水利用系数测定及影响因素研究［J］. 水资源与水工程学报，28（2）：244-248.

谢小婷，2009. 基于 J2EE 的水稻水肥耦合模型专家系统研究［D］. 长沙：湖南农业大学.

辛忠伟，2018. 基于 PLC 的果园水肥一体化自动控制系统设计［D］. 保定：河北农业大学.

杨芳，2014. 基于电流-电压四端法的无线土壤电导率传感器研究［J］. 西南师范大学学报（自然科学版），39（6）：59-63.
么丽丽，2012. 基于 PLC 和 MB+的灌溉施肥模糊控制系统的设计［D］. 太原：太原理工大学.
姚瑞，2018. 基于物联网架构的智能配肥控制系统研究与开发［D］. 济南：山东大学.
叶永伟，洪莉，林美华，等，2019. 精准水肥药一体化灌溉控制系统［J］. 农业开发与装备（4）：91、119.
叶云飞，2016. 一种风速传感器的结构设计与分析［D］. 合肥：合肥工业大学.
尤兰婷，2011. 水肥一体化精准控制系统的设计与开发［D］. 武汉：华中农业大学.
宰松梅，2010. 水肥一体化灌溉模式下土壤水分养分运移规律研究［D］. 杨凌：西北农林科技大学.
詹攀，2016. 精准配肥控制系统的设计与研究［D］. 重庆：西南大学.
张健，谢守勇，刘军，等，2018. FDR 土壤湿度传感器的温度补偿模型研究［J］. 农机化研究，40（4）：177-182、189.
张建阔，2018. 文丘里施肥器变量施肥调控装置设计与试验［D］. 昆明：昆明理工大学.
张杰，熊显名，张馨，等，2012. 光合有效辐射传感器及其调理电路设计［J］. 自动化与仪表，27（6）：12-15.
张伟，2017. 果园水肥一体化控制系统设计与实现［D］. 南昌：华东交通大学.
张育斌，魏正英，简宁，等，2017. 水肥精量配比灌溉系统设计［J］. 农机化研究，39（12）：107-111.
张育斌，魏正英，张磊，等，2017. 果园精量水肥无线灌溉控制设备设计与应用［J］. 现代电子技术，40（10）：1-4、9.
张育斌，魏正英，朱新国，等，2017. 精量水肥灌溉系统控制策略及验证［J］. 排灌机械工程学报，35（12）：1088-1095.
赵常，耿爱军，张姬，等，2018. 水肥药精准管理技术研究现状与发展趋势［J］. 中国农机化学报，39（11）：28-33.
赵春梅，陈柏杰，金荣荣，2019. 不同光照强度对甜瓜叶色黄化突变体幼苗生理指标的影响［J］. 蔬菜（5）：18-23.
赵建凯，2019. 基于 STM32 的 EL15-2C 风向传感器检测仪设计［J］. 农业与技术，39（8）：153-154.
周亮亮，2013. 温室 PLC 模糊灌溉施肥控制系统研究［D］. 昆明：昆明理工大学.